高等工程教育实践与创新能力培养系列

基于 3D 打印技术的产品创新设计与研发

陈 鹏 编著

电子工业出版社

Publishing House of Electronics Industry

北京·BEIJING

内 容 简 介

本书从3D打印技术在新产品研发中的应用维度来系统探究新产品创新设计与研发。本书介绍了3D打印技术的基本原理、主要特点、研究现状、发展趋势和工程应用等，探讨了3D打印技术的基本工艺、成形设备和典型设备的使用方法，阐述了三维数字化建模技术、装配建模技术、机构运动仿真技术和开源硬件技术及其在新产品研发中的应用，并结合创意产品、教育机器人和机电产品的典型新产品研发工程案例，系统总结了3D打印技术在新产品创新设计与研发中的应用方法。

本书可作为应用型本科院校和高等职业院校机械制造与自动化、工业设计等专业的教材，也可供从事新产品研发的工程技术人员参考。

未经许可，不得以任何方式复制或抄袭本书之部分或全部内容。
版权所有，侵权必究。

图书在版编目（CIP）数据

基于3D打印技术的产品创新设计与研发/陈鹏编著．—北京：电子工业出版社，2016.8
ISBN 978-7-121-29782-3

Ⅰ．①基… Ⅱ．①陈… Ⅲ．①立体印刷－印刷术－高等学校－教材 Ⅳ．①TS853

中国版本图书馆CIP数据核字（2016）第203177号

策划编辑：朱怀永
责任编辑：底　波
印　　刷：北京盛通商印快线网络科技有限公司
装　　订：北京盛通商印快线网络科技有限公司
出版发行：电子工业出版社
　　　　　北京市海淀区万寿路173信箱　邮编　100036
开　　本：787×1092　1/16　印张：14.25　字数：364千字
版　　次：2016年8月第1版
印　　次：2023年6月第4次印刷
定　　价：34.00元

凡所购买电子工业出版社图书有缺损问题，请向购买书店调换，若书店售缺，请与本社发行部联系，联系及邮购电话：(010) 88254888，88258888。
质量投诉请发邮件至 zlts@phei.com.cn，盗版侵权举报请发邮件至 dbqq@phei.com.cn。
本书咨询联系方式：zhy@phei.com.cn。

前 言

3D 打印技术最早称为快速成形技术或快速原型制造技术，诞生于 20 世纪 80 年代后期，是在现代 CAD/CAM 技术、机械工程技术、分层制造技术、激光技术、计算机数控技术、精密伺服驱动技术，以及新材料技术的基础上集成发展起来的一种先进制造技术。可以自动、直接、快速、精确地将设计思想转变为具有一定功能的原型或直接制造零件，从而为零件原型制作、新设计思想的校验等提供一种高效低成本的实现手段。

传统制造技术是"减材制造技术"，3D 打印则是"增材制造技术"，它具有数字制造、分层制造、堆积制造、直接制造、快速制造等明显特点。3D 打印技术内容涵盖了产品生命周期前端的"快速原型"和全生产周期的"快速制造"相关的所有打印工艺、技术、设备和应用。

移动互联网、大数据、云计算、数字化设计与制造、开源软硬件、3D 打印等新技术的出现，让社会大众可以方便地将创意快速转化为现实产品，大大降低创新创造的门槛和成本。3D 打印技术、机器人技术、可穿戴计算技术、智能材料技术及开源硬件技术等正在赋予人类更强的创造发明的力量。

当前，市场竞争愈演愈烈，产品更新换代加速。制造业企业要保持新产品在国内外市场的竞争力，迫切需要在新产品开发中加大投入力度、增强创新意识的同时，积极采用先进的创新手段。3D 打印技术为新产品研发提供了一条极具成本价值的路径并能够完成反复的设计迭代，在关键开发的初始阶段，及时掌握产品设计反馈的信息，对新产品设计极有帮助，不仅可以迅速修改，降低成本，而且能够缩短新产品的上市时间，很快取得社会效益和经济效益。产品原型制作由于能够优化新产品的设计和开发，有效地缩短新产品研发周期，提升研发成功率，因而在新产品研发中得到了广泛的应用。3D 打印技术在新产品设计与研发中的应用主要分为三个方面：一是快速原型制作，二是新产品开发过程中的设计验证与功能验证，三是终端产品直接制造。

如何充分利用 3D 打印技术的优势，结合新产品创新设计与研发，改革传统工程教育模式，系统性地培养新产品研发工程师的新产品创新设计与研发能力？本书结合编者近五年的教学改革和科研实践经验，系统地探索上述问题的现实解决之道。本书正是立足于新产品研发工程师创新设计与研发能力培养为本的全新视觉，阐述在高等工程教育中，基于 3D 打印技术培养新产品研发工程师的现实途径。

本书既是编者五年 3D 打印技术理论研究与实践探索的结晶，也是江西省"卓越工程师教育计划"试点专业多年来人才培养模式改革的成果总结，更是近年来基于 3D 打印技术培养创新研发型新产品研发工程师的实践经验总结。本书的特点主要表现在以下方面：

先进性。编者在 3D 打印技术掀起第三次工业革命的背景下，面向新产品研发工程师的教育培养，系统性地介绍了前沿性的 3D 打印工艺，并开拓性地提出 3D 打印新技术在创意产品、机器人产品和机电产品中的应用。

综合性。本书研究的内容注重机械工程、工业设计、材料工程、增材制造等多学科知识与工程技术的交叉渗透，打破传统专业门类对学生知识结构和能力体系的束缚，突破传统学科、专业培养体系的樊篱，力求基于新产品研发的生命周期理论和模式，培养具有高创造性的新产品研发工程师。

创造性。本书所涉及的多个新产品创新设计与研发工程案例均来源于工程实际，具有新颖性、独特性和创造性，其中多项产品申请了发明专利与实用新型专利，大部分目前已经获得国家知识产权局的专利授权。创造性运用3D打印技术开展多项新产品研发的工程创造实践，重点培养工科学生的新产品创新设计与研发能力。

借鉴性。本书所采用的新产品创新设计与研发方法是编者五年来在高等工程教育人才培养模式改革实践中不断反思、总结、提炼和优化的教育新成果。多年的工程教育改革实践表明：3D打印技术、三维数字化技术和开源硬件技术的融合与创新应用，不仅激发了工科学生的学习兴趣与创造热情，而且大幅度提高了学生的工程实践能力、数字化产品开发技术应用能力、产品创新设计与研发能力，为制造业企业转型升级的需要，培养了一批产品创新设计与研发人才。

基于上述特点，编者期待本书不仅能够为高校创新型工程科技人才培养的教育管理人员、广大教师和学生，企业从事新产品研发工作的管理人员、工程技术人员，以及高等工程教育研究者提供有价值的参考，而且能为政府教育行政管理部门、行业机构、企业组织及其他利益相关者提供有价值的建议和参考。

本书力求严谨细致，然而，限于编者的水平及新产品研发工作的复杂性、艰巨性和长期性，本书一定存在缺点和不足，期待能够得到兄弟院校的同人、企业和社会各界专家学者的批评指正。

在本书写作过程中，得到了编者的学生创客李云兰、梅永亮、赵国建、王春喜、徐文超、姚志良、杜巧勇、刘文祥等的鼎力相助，梅永亮负责了差速器智能演示小车的研发工作，李云兰负责了教育机器人和创意花瓶的研发工作，赵国建、王春喜负责了创意笔筒的研发工作，徐文超负责了微型硬币清分机的研发工作。他们在编者的创客教育培养理念下不断成长，在新产品研发中集体表现出的开拓进取精神与创新实践能力让身为导师的编者倍感欣慰，在此一并表示衷心的感谢，感谢他们为新产品研发所付出的汗水与智慧，感谢他们让编者的创客教育改革积累了宝贵的实践经验，更感谢他们让编者更加坚定了自己的创客教育理想。

希望本书的出版不仅能够聚焦和引导人们对3D打印技术创新工程教育人才培养模式的关注点，而且能够切实可行地为新产品研发工程师等优秀工程科技人才培养的改革和发展起到抛砖引玉的作用，为推动教育部"卓越工程师教育培养计划"的顺利有效实施尽绵薄之力。

编　者

2015年12月

目 录

第1章 3D打印技术 ·· 1
1.1 3D打印技术概述 ··· 1
1.2 3D打印技术原理及特点 ·· 2
1.3 3D打印技术的发展现状 ·· 4
   1.3.1 国际3D打印技术发展状况 ·· 4
   1.3.2 我国3D打印技术的发展 ··· 6
   1.3.3 3D打印技术发展趋势 ··· 10
1.4 3D打印技术的工程应用 ·· 12
   1.4.1 3D打印技术应用领域 ··· 12
   1.4.2 3D打印技术应用案例 ··· 14

第2章 3D打印工艺 ·· 18
2.1 3D打印工艺技术概述 ··· 18
2.2 3D打印的工艺过程 ·· 19
2.3 非金属材料3D打印工艺技术 ·· 21
   2.3.1 光固化成形 ·· 21
   2.3.2 选区激光烧结 ··· 24
   2.3.3 熔融沉积成形 ··· 30
   2.3.4 3D立体打印 ··· 33
2.4 金属材料3D打印工艺技术 ··· 35
   2.4.1 选区激光熔化 ··· 35
   2.4.2 激光近净成形 ··· 37
   2.4.3 电子束熔丝沉积 ·· 38
   2.4.4 电子束选区熔化 ·· 39

第3章 3D打印机 ··· 42
3.1 光固化成形设备 ·· 42
3.2 选区激光烧结设备 ··· 44
3.3 熔融沉积成形设备 ··· 46
3.4 3D立体打印设备 ··· 50
3.5 激光选区熔化设备 ··· 53
3.6 激光近净成形设备 ··· 59

- 3.7 电子束选区熔化设备 ... 60
- 3.8 电子束熔丝沉积设备 ... 61

第4章 Pro/Engineer 三维数字化建模技术 ... 63

- 4.1 Pro/Engineer 特征建模 ... 63
- 4.2 Pro/Engineer 设计工具 ... 64
- 4.3 Pro/Engineer 参数化技术 ... 68
- 4.4 工程案例 ... 72
  - 4.4.1 支架的特征建模 ... 72
  - 4.4.2 直齿圆柱齿轮的参数化建模 ... 80

第5章 Pro/Engineer 装配建模与机构运动仿真 ... 95

- 5.1 装配建模基本功能 ... 95
- 5.2 装配建模 ... 96
  - 5.2.1 约束装配 ... 96
  - 5.2.2 连接装配 ... 98
- 5.3 装配模型的创建与修改 ... 99
  - 5.3.1 在装配模型中创建零件 ... 99
  - 5.3.2 在装配模型中修改零件 ... 102
- 5.4 机构运动仿真 ... 104
  - 5.4.1 机构运动仿真原理 ... 104
  - 5.4.2 机构运动仿真概述 ... 105
  - 5.4.3 Pro/Engineer 机构运动仿真 ... 108
- 5.5 装配建模实训项目 ... 115
  - 5.5.1 滑块曲柄机构装配建模及运动仿真 ... 115
  - 5.5.2 振荡凸轮装配建模及运动仿真 ... 125
  - 5.5.3 齿轮油泵装配建模及运动仿真 ... 128

第6章 应用3D打印机制作产品 ... 147

- 6.1 应用熔融沉积成形工艺制作产品 ... 147
  - 6.1.1 创意笔筒的三维建模 ... 147
  - 6.1.2 产品三维模型的数据处理 ... 147
  - 6.1.3 应用FDM工艺制作产品 ... 148
  - 6.1.4 MakerBot Replicator Z18 问题解决 ... 153
- 6.2 应用立体光固化成形工艺制作产品 ... 154
  - 6.2.1 洗发瓶喷嘴的三维建模 ... 154
  - 6.2.2 产品三维模型的数据处理 ... 154
  - 6.2.3 洗发水喷嘴的快速成形制作 ... 159
  - 6.2.4 MPS280 激光快速成形机操作规程 ... 161

第 7 章　3D 打印创意产品设计与研发 ········· 164

7.1　创意产品设计与研发 ········· 164
- 7.1.1　3D 打印技术在创意设计中的价值 ········· 164
- 7.1.2　3D 打印技术在产品创意中的应用 ········· 165

7.2　3D 打印创意笔筒设计与研发 ········· 167
7.3　3D 打印创意花瓶设计与研发 ········· 172

第 8 章　3D 打印教育机器人产品设计与研发 ········· 179

8.1　教育机器人 ········· 179
- 8.1.1　教育机器人概况 ········· 179
- 8.1.2　教育机器人产品 ········· 180

8.2　3D 打印六足教育机器人的设计与研发 ········· 182
8.3　3D 打印八足教育机器人的设计与研发 ········· 189
8.4　项目总结 ········· 195

第 9 章　3D 打印机电产品研发的项目实践 ········· 196

9.1　开源硬件 ········· 196
- 9.1.1　开源硬件开发平台 ········· 196
- 9.1.2　积木式开源硬件 ········· 199

9.2　3D 打印微型硬币清分机设计与研发 ········· 200
9.3　差速器智能演示小车的设计与研发 ········· 207

参考文献 ········· 217

第1章

3D 打印技术

1.1　3D 打印技术概述

3D 打印技术，也称增材制造（Additive Manufacturing，AM）技术，该技术是通过 CAD 设计、采用材料逐层累加的方法制造实体零件的技术，相对于传统的材料去除（切削加工）技术，是一种"自下而上"材料累加的制造方法。3D 打印技术自 20 世纪 80 年代末逐步发展为一种全新概念的先进制造技术。3D 打印技术涉及 CAD 建模、测量、接口软件、数控技术、精密机械、激光、材料等学科。

美国材料与试验协会（ASTM）2009 年成立的 3D 打印技术委员会（F42 委员会）对 3D 打印有明确的概念定义：3D 打印是一种与传统的材料加工方法截然相反，基于三维 CAD 模型数据，通过增加材料逐层制造三维物理实体模型。3D 打印技术内容涵盖了产品生命周期前端的"快速原型"（Rapid Prototyping）和全生产周期的"快速制造"（Rapid Manufacturing）相关的所有打印工艺、技术、设备类别和应用。

3D 打印技术最早称为快速成形技术或快速原型制造技术，诞生于 20 世纪 80 年代后期，是在现代 CAD/CAM 技术、机械工程、分层制造技术、激光技术、数控技术、精密伺服驱动技术以及新材料技术的基础上集成发展起来的一种先进制造技术。可以自动、直接、快速、精确地将设计思想转变为具有一定功能的原型或直接制造零件，从而为零件原型制作、新设计思想的校验等方面提供了一种高效低成本的实现手段。

3D 打印技术不需要传统的刀具、夹具及多道加工工序，利用三维设计数据在一台设备上可快速而精确地制造出任意复杂形状的零件，从而实现"自由制造"，解决许多过去难以制造的复杂结构零件的成形问题，并人为减少了加工工序，缩短了加工周期。并且越是复杂结构的产品，其制造效率越显著。近年来，3D 打印技术取得了快速的发展。3D 打印原理与不同的材料和工艺结合形成了许多 3D 打印技术设备，目前 3D 打印设备种类已达到 20 多种。

2012 年 4 月，英国著名杂志《经济学人》发表专题报告指出，全球工业正在经历第三次工业革命，与以往不同，本次革命将对制造业的发展产生巨大影响。其中一项具有代表性的技术就是 3D 打印（3D Printing）技术，认为它将"与其他数字化生产模式一起推动实现第三次工业革命"。认为该技术将改变未来生产与生活模式，实现社会化制造，每个人都可以成为一个工厂，它将改变制造商品的方式，并改变世界的经济格局，进而改变人类的生活方式。该技术一出现就取得了快速的发展，在各个领域都取得了广泛的应用，如在消费电子产品、汽车、航天航空、医疗、军工、地理信息、艺术设计等方面。3D 打印技术的特点是单件或小批量的快速制造，这一技术特点决定了 3D 打印技术在产品创新中具有显著的作用。

2013 年麦肯锡发布"展望 2025"，3D 打印被纳入决定未来经济的 12 大颠覆技术之一，为我国制造业发展和升级提供了历史性机遇。增材制造可以快速、高效地实现新产品物理原型的制造，为产品研发提供快捷技术途径。该技术降低了制造业的资金和人员技术门槛，有助于催生小微制造服务业，有效提高就业水平，有助于激活社会智慧和资金资源，实现制造业结构调整，促进制造业变大变强。

1. 为创新、创业开拓了巨大空间

3D 打印适用于复杂形状结构、多品种、小批量的制造以及众多领域的应用。人们可以通过优化拓扑设计及多材料制造功能梯度结构，最大限度地发挥材料的功能，为许多装备设计和制造带来前所未有的进步，使设计摆脱了传统技术的约束，给创新设计提供巨大的空间。

2. 崭新的生产组织模式为创业提供了无限商机

增材制造带来集散制造的崭新模式，即通过网络平台，实现个性化订单、创客设计、制造设备，乃至资金的集成规划与分散实施，这一生产模式可以有效实现社会资源的最大发挥，为全民创业和泛在制造提供技术支撑。

3. 学促进学科交叉研究的革命性发展

发展微型冶金试验平台，应用于材料基因研究，创造新合金材料。可以通过细胞打印、组织工程，发展器官再造，通过建设干细胞试验台，快速、高效地进行干细胞诱导试验，发展基因打印，为生命科学发展提供跃进式发展途径。

4. 为我国制造业发展和升级带来重大机遇

3D 打印是产品创新的利器，已经成为先进开发模式。而生产能力过剩，产品开发能力严重不足，是我国制造业发展的瓶颈。将 3D 打印迅速在各个领域推广应用，是快速发展高技术产业、实现制造业结构调整和促进制造业由大变强的重要手段。

1.2　3D 打印技术原理及特点

3D 打印技术主要应用离散、堆积原理。任何产品都可以看作是许多等厚度的二维平面轮廓沿某一坐标方向叠加而成。3D 打印技术的成形过程是：首先由 CAD 软件设计出所需产品的计算机三维 CAD 模型，表面三角化处理，存储成 STL 文件格式；然后根据其工艺要求，将其按一定厚度进行分层切片，把原来的三维 CAD 模型切分成二维平面几何信息即截面轮廓信息，再将分层后的数据进行一定的处理，加入加工参数并生成数控代码；

最后在计算机控制下数控系统以平面加工方式有顺序地连续加工，从而形成各截面轮廓、逐步叠加并使它们自动粘接而成立体原型，经过后续处理最终得到所需要成形的零件。3D 打印离散和堆积过程如图 1-1 所示。

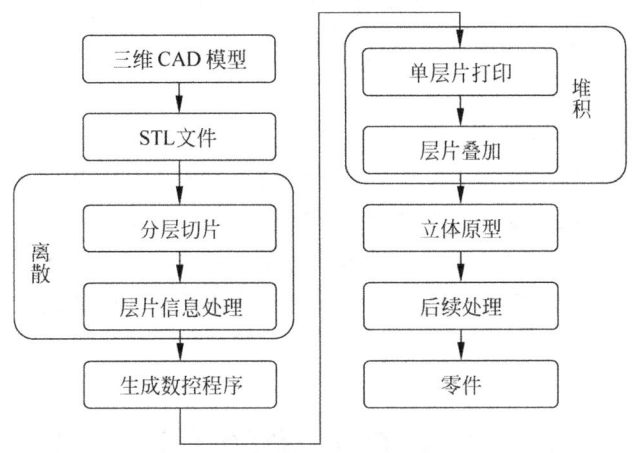

图 1-1　3D 打印离散和堆积过程

和其他先进制造技术相比，3D 打印技术具有如下特点。

(1) 数字制造

借助 CAD 等软件将产品结构数字化，驱动机器设备加工制造成器件，数字化文件还可借助网络进行传递，实现异地分散化制造的生产模式。

(2) 分层制造

分层制造即把三维结构的物体先分解成二维层状结构，逐层累加形成三维物品。因此，原理上 3D 打印技术可以制造出任何复杂的结构，而且制造过程更柔性化。

(3) 堆积制造

"从下而上"的堆积方式对于实现非匀致材料、功能梯度器件的制造更有优势，同时材料利用率大幅度提高。

(4) 直接制造

任何高性能难成形的部件均可通过"打印"方式一次性直接制造出来，不需要通过组装拼接等复杂过程来实现，因此，可制造出传统工艺方法难以加工甚至无法加工的结构。同时大大缩短了复杂零部件的制造周期，同时允许设计人员设计出更复杂的零件而不受制造方法的限制。

(5) 快速制造

3D 打印制造工艺流程短、全自动、可实现现场制造，因此，制造更快速、更高效。不需要刀具、模具，所需工装、夹具大幅度减少，因此，零部件生产准备周期大幅度缩短，整体制造周期缩短。

3D 打印技术的应用特点如下。

(1) 适合复杂结构的快速打印

3D 打印技术可制造传统方法难加工（如自由曲面叶片、复杂内流道等）甚至是无法加工（如立体栅格结构、内空结构等）的复杂结构，在航空航天、汽车、模具及生物医疗等领域具有广阔的应用前景。

(2) 适合产品的个性化定制

传统大规模、批量生产需要做大量的工艺技术准备，以及大量的工装、设备和刀具等，3D打印在快速生产和灵活性方面极具优势，适合珠宝、人体器官、文化创意等个性化定制生产、小批量生产以及产品定型之前的验证性制造，可大大降低个性化、定制生产和创新设计的制造成本。

(3) 适合高附加值产品制造

3D打印技术诞生只有20多年，相比较传统制造技术还很不成熟。现有的3D打印工艺加工速率较低、设备尺寸受限、材料种类有限，主要应用于单件成形、小批量和常规尺寸制造，在大规模制造、大尺寸和微米纳米尺寸等方面不具备效率优势。因此，3D打印技术主要应用于航空航天等高附加值产品大规模生产前的设计验证以及生物医疗等个性化产品制造。

1.3 3D打印技术的发展现状

1.3.1 国际3D打印技术发展状况

经过近30年的发展，目前美国已经成为增材制造领先的国家。3D打印技术不断融入人们的生活，催生出许多新的产业。人们可以用3D打印技术自己设计物品，使得创造越来越容易。美国为保持其技术领先地位，最早尝试将3D打印技术应用于航空航天等领域。1985年，在五角大楼主导下，美国秘密开始了钛合金激光成形技术研究，直到1992年这项技术才公之于众。2002年，美国国家航空航天局（NASA）就研制出3D打印机，能制造金属零件。同年，美国将激光成形钛合金零件装上了战机。为提高制造效率，美国人开始采用42kW的电子束枪，Sciaky的3D打印机每小时能打印6.8~18.1kg金属钛，而大多数竞争者仅能达到2.3kg/h。目前，使用3D打印钛合金零件的F-35已经进行了试飞。据估计，如果3000多架战机都使用该技术制造零部件，不仅大大提高"难产"的F-35战机的部署速度，而且还能节省数十亿美元，如原本相当于材料成本1~2倍的加工费现在只需原来的10%。加工1000kg重的钛合金复杂结构件，传统工艺成本大约2500万元，而激光3D焊接快速成形技术的成本在130万元左右，仅是传统工艺的5%。2012年7月，美国太空网透露，NASA正在测试新一代3D打印机，可以在绕地球飞行时制造设备零部件，并期望将其送到火星上。

世界科技强国和新兴国家都将增材制造技术作为未来产业发展新的增长点加以培育和支持，以抢占未来科技产业的制高点。2012年，美国提出了"重振制造业"战略，将"增材制造"列为第一个启动项目，成立了国家增材制造创新研究院（NAMII）。欧盟国家认识到增材制造技术对工业乃至整个国家发展的重要作用，纷纷加大支持力度。德国政府在2013年财政预算案中宣布政府在《高技术战略2020》和《德国工业4.0战略计划实施建议》等纲领性文件中，明确支持包括激光增材制造在内的新一代革命性技术的研发与创新。澳大利亚政府倡导成立增材制造协同研究中心，促进以终端客户驱动的协作研究。新加坡,将 5 亿美元的资金用于发展增材制造技术,让制造企业能够拥有全球最先进的增材制造技术。可以说,增材制造技术正在带动新一轮的世界科技和产业发展与竞争。

美国专门从事增材制造技术咨询服务的 Wohlers 协会在 2015 年度报告中对行业发展情况进行了分析。2014 年增材制造设备与服务全球直接产值为 41.03 亿美元,2014 年增长率为 35.2%,其中设备材料为 19.97 亿美元,增长 31.6%;服务产值为 21.05 亿美元,增长 38.9%;其发展特点是服务相对设备材料增长更快。在增材制造应用方面,工业和商业设备领域占据了主导地位,然而其比例从 18.5% 降低到 17.5%;消费商品和电子领域所占比例为 16.6%;航空航天领域从 12.3% 增加到 14.8%;机动车领域为 16.1%;研究机构占 8.2%,政府和军事领域占 6.6%,二者较 2013 年均有所增加;医学和牙科领域占 13.1%。在过去 10 年的大部分时间内,消费商品和电子领域始终占据着主导地位。目前,美国在设备拥有量上占全球的 38.1%,居首位,日本占第二位,中国于 2014 年赶超德国,以 9.2% 列第三位。在设备销售量方面,2014 年度美国增材制造设备产量最高,中国次之,日本和德国分别位居第三和第四位。

3D 打印技术不断融入人们的生活,在食品、服装、家俱、医疗、建筑、教育等领域大量应用,催生许多新的产业。3D 打印设备已经从制造业设备变成生活中的创造工具。人们可以用 3D 打印技术自己设计物品,使创造越来越容易。人们可以自由地开展创造活动,创造活力成为引领社会发展的热点。3D 打印技术正在快速改变传统的生产方式和生活方式,欧美等发达国家和新兴经济国家将其作为战略性新兴产业,纷纷制定发展战略,投入资金,加大研发力量和推进产业化。

1. 3D 打印产业不断壮大

3D 打印企业正在进行公司间的合并,兼并的对象主要是设备供应商、服务供应商以及其他的相关公司。其中最引人注目的是 Z Corp 公司被 3D Systems 公司收购,还有 Stratasys 公司计划与 Objet 公司合并。Delcam 公司(英国)收购了 3D 打印软件公司 Fabbify Software 公司(德国)的一部分。据预计,Fabbify Software 会在 Delcam 公司的设计及制造软件里增添 3D 打印应用项。3D Systems 公司购买了参数化计算机辅助设计(CAD)软件公司 Alibre,以实现对计算机辅助设计(CAD)和 3D 打印的捆绑。2011 年 11 月,EOS 公司(德国)宣布该公司已经安装超过 1000 台的激光烧结成形机。

2. 新材料新器件不断出现

Objet 公司发布了一种类 ABS 的数字材料以及一种名为 VeroClear 的清晰透明材料。3D Systems 公司也发布了一种名为 Accura Caster 的新材料,该种材料可用于制作熔模铸造模型。同期,Solidscape 公司(美国)也发布了一种可使蜡模铸造铸模更耐用的新型材料 PlusCAST。2011 年 8 月,Kelyniam Global(美国)宣布它们正在制作聚醚醚酮(PEEK)颅骨植入物。利用 CT 或 MRI 数据制作的光固化头骨模型可以协助医生进行术前规划,在制作规划的同时,加工 PEEK 材料植入物。据估计,这种方法会将手术时间降低 85%。2011 年 6 月,Optome 公司(美国)发布了一种可用于 3D 打印的新型气溶胶喷射打印头。

3. 新市场新产品不断涌现

2011年7月，Objet公司发布了一种新型打印机Objet260 Connex，该种打印机可以构建更小体积的多材料模型。2011年7月，Stratasys公司发布了一种复合型3D打印机Fortus250mc，该成形机可以将ABS打印材料与一种可溶性支撑材料进行复合。Stratasys公司还发布了一种适用于Fortus400mc及900mc的新型静态损耗材料ABS-ESD7。2011年9月，Bulidatron Systems公司（美国）宣布推出基于RepRap的Buildaronl 3D打印机。这种单一材料打印机既可以作为一种工具箱使用（售价1200美元），也作为组装系统使用（售价2000美元）。Objet公司引入了一种新型生物相容性材料MED610，这种材料适用于所有的PolyJet系统。刚性材料主要面向医疗市场。3D Systems公司发布了一种基于覆膜传输成像的打印机PROJET1500，同时也发布了一种从二进制信息到字节的3D触摸产品。2012年1月，MakerBot（美国）推出了售价1759美元的新机器MakerBot Replicator，与它的前身相比，该机器可以打印更大体积的模型，并且第二个塑料挤出机的喷头可以更换，从而挤出更多颜色的ABS或PLA。3D Systems公司推出了一种名Cube的单材料、消费者导向型3D打印机，其售价低于1300美元。该机器装有无线连接装置，从而具有了从3D数字化设计库中下载3D模型的功能。2012年2月，法国EasyClad公司发布了MAGIC LF600大框架3D打印机，该成形机可构建大体积模型，并具有两个独立的5轴控制沉积头，从而可具有图案压印、修复及功能梯度材料沉积的功能。3D Systems公司推出了一种可用于计算机辅助制造程序，如Solidworks、Pro/Engineer的插件Print3D。通过3D Systemss'ProPart服务机构，这种插件可对零件及装配体进行动态的零件成本计算。2012年3月，BumpyPhoto公司（美国）正式推出了一款彩色3D打印的照片浮雕。先输入数字照片，再在24位色打印机ZPrinter上打印，就能形成3D照片浮雕。从最初79美元的3D照片变为89美元的3D刻印图样。

4. 新标准不断更新

2011年7月，同期，美国试验材料学会（ASTM）的3D打印制造技术国际委员会F42发布了一种专门的3D打印制造文件（AMF）格式，新格式包含了材质、功能梯度材料、颜色、曲边三角形及其他的STL文件格式不支持的信息。10月份，美国试验材料学会国际（ASTM）与国际标准化组织（ISO）宣布，ASTM国际委员会F42与ISO技术委员会将在3D打印制造领域进行合作，该合作将降低重复劳动量。此外，ASTM F42还发布了关于坐标系统与测试方法的标准术语。

1.3.2 我国3D打印技术的发展

3D打印技术自20世纪90年代初传入我国起，一直受到国内广大科研工作者的高度重视。从3D打印设备到打印材料研发，以及3D打印与传统成形相结合的复合成形技术，国内都有深入的研究。如今，3D打印的节材、节能技术特点高度契合我国的可持续发展战略。因此，国内近期持续掀起3D打印热，许多企业甚至地方政府也都纷纷踏足到3D

打印产业中。

我国研发出了一批 3D 打印装备,在典型成形设备、软件、材料等方面研究和产业化方面获得了重大进展,到 2000 年初步实现的设备产业化,接近国外产品水平,改变了该类设备早期仰赖进口的局面。在国家和地方的支持下,在全国建立了 20 多个服务中心,设备用户遍布医疗、航空航天、汽车、军工、模具、电子电器、造船等行业,推动了我国制造技术的发展。一方面近 5 年国内 3D 打印市场发展不大,主要在工业领域应用,并未在消费品领域形成快速发展的市场;另一方面,研发方面投入不足,在产业化技术发展和应用方面落后于美国和欧洲。

1. 高校与研究机构

我国自 20 世纪 90 年代初,在国家科技部等多部门持续支持下,西安交通大学、华中科技大学、清华大学、北京隆源公司等在典型的成形设备、软件、材料等方面的研究和产业化获得了重大进展。随后国内许多高校和科研机构也开展了相关研究,如西北工业大学、北京航空航天大学、华南理工大学、南京航空航天大学、上海交通大学、大连理工大学、中国工程物理研究院等单位都在做探索性的研究和应用工作。

清华大学是国内最早开展快速成形技术研究的单位之一,在基于激光、电子束等 3D 打印技术基础理论、成形工艺、成形新材料及应用方面都有深入的研究,该校的颜永年教授也被业界誉为"中国 3D 打印第一人"。清华大学自行制备 LOM 工艺用纸,同时成功地解决了 FDM 工艺用蜡和 ABS 丝材的制备,并开发出了系列成形设备。其先进成形制造教育部重点实验室研制出国内第 1 台 EBSM-150 电子束快速制造装置,并与西北有色金属研究院联合开发了第 2 代 EBSM-250 电子束快速成形系统。基于此设备,西北有色金属研究院在电子束快速成形制造工艺及变形控制等方面进行了深入的研究,申请了相关专利,并制造出复杂的钛合金叶轮样件。西安交通大学也在电子束熔融直接金属成形,以及光固化成形等 3D 打印基础工艺方面有深入的研究,并自行研制了 LPS 系列用光固化树脂。不过,他们研发的树脂由于色泽、机械性能等较差,使用量很小。华中理工大学,早在 20 世纪 90 年代初就与新加坡 KINERGY 公司合作,开发出基于分层叠纸式(LOM)快速成形技术的 Zippy 系列快速成形系统,并建立起 LOM 成形材料性能的测试指标和测试方法。

LOM 技术的代表性单位是清华大学和华中科技大学。华中科技大学的史玉升团队在 SLS 方面有深入的研究,该校开发的 1.2m×1.2m 的"立体打印机"(基于粉末床的激光烧结快速制造装备),是目前世界上最大成形空间的快速制造装备。西北工业大学的黄卫东团队采用 LENS 直接制造金属零件,并已成功地对航空发动机叶片进行了再制造修复。2007 年,华南理工大学与广州瑞通激光科技有限公司合作开发的 SLM 制造设备 DiMetal-280,在特定材料的关键性能方面可以与国外同类产品相媲美。但在成形过程稳定性控制、材料成分控制等方面与国外商品化设备还有一定的差距。中科院沈阳自动化研究所开展了基于形状沉积制造 SDM(Shape Deposition Manufacturing)原理的金属粉末激光成形技术(Metal Powder Laser Shaping,MPLS)研究,并成功地制备出具有一定复杂外形且能满足直接使用要求的金属零件。沈阳航空航天大学激光快速成形实验室也进行了 MPLS 方面的研究,并开发出相应的可以加工成形全密度金属功能近成形零件的系统。该系统能加工零件的最大成形尺寸为 200mm×200mm×100mm，精度达到 0.1mm。

我国金属零件直接制造技术也有达到国际领先水平的研究与应用，例如北京航空航天大学、西北工业大学和北京航空制造技术研究所制造出大尺寸金属零件，并应用在新型飞机研制过程中，显著提高了飞机研制速度。北京航空航天大学在激光堆积成形技术成形大型钛合金件研究方面卓有成就。该校的王华明教授成功开发出飞机大型整体钛合金主承力结构件激光快速成形工程化成套装备，并已成形出世界上最大的钛合金飞机主承力结构件，使我国成为世界上第一个，也是唯一一个掌握飞机钛合金大型主承力结构件激光快速成形技术并实现装机应用的国家。目前该技术已广泛地应用于我国的航空航天领域。

2. 企业方面

高校研究团队的相关研究成果往往是从事 3D 打印产业的各大公司的技术来源，为企事业提供技术支撑。国内比较著名的 3D 打印企业与高校，及其从事 3D 打印产业的相关情况见表 1-1。

表 1-1　国内主要 3D 打印产业公司业务及其支撑科研团队

企业名称	技术支撑团队	3d 打印产业
北京太尔时代科技有限公司	清华大学颜永年团队	生产 FDM、SLA 工艺设备及光敏树脂、ABS 塑料打印材料
陕西恒通智能机器有限公司	西安交通大学卢秉恒团队	生产 SLA 工艺设备及光敏树脂打印材料
飞而康快速制造科技有限责任公司	英伯明翰大学先进材料设计和加工研究室吴鑫华团队	高密度、高精度粉末冶金零件，各类新材料与复杂部件的研发、生产、销售
武汉滨湖机电技术产业有限公司	华中科技大学史玉升团队	生产 SLS、FDM、SLA、SLM、LOM 等工艺设备
上海富奇凡机电科技有限公司	华中科技大学王运赣团队	生产 SLS、FDM、SLA、SLM 等工艺设备
中科院广州电子技术有限公司	中科院广州电子技术研究所	生产 SLA 工艺设备
杭州先临三维科技股份有限公司	浙江大学 CAD&CG 国家重点实验室	从事打印服务，扫描、打印设备销售及打印材料研发
西安铂力特激光成形技术有限公司	西北工业大学黄卫东团队	高性能致密金属零件的制造及修复
中航激光成形制造有限公司	北京航空航天大学王华明团队	金属零件打印服务

目前，国内从事 3D 打印产业的企事业单位根据其主要从事的 3D 打印产业内容大致可分为 3 类：主要从事打印材料研发的上游公司、从事相关打印设备研发与销售的中游公司，以及从事 3D 打印服务的下游公司。

另外，其他各大公司如广西玉柴、海尔集团，以及浙江的万向、吉利、众泰、海康威视、苏泊尔等大企业，也都已经利用 3D 打印技术进行新产品研发，以期利用先进技术提高自己产品的竞争力。

3. 各地政府方面

政府方面，为借助高科技，助推当地经济发展，各地政府、各省市纷纷出台措施，通过成立3D打印产业园，或建立3D打印产业加工和服务基地等方式大力支持当地3D打印相关产业发展，吸引3D项目投资。2013年世界3D打印技术产业联盟发起成立，总部基地落户南京。6月，华曙高科3D打印产业基地在长沙高新区开工建设，中国科学院湖南技术转移中心3D打印研发中心同时挂牌成立。7月20日，香洲特别行政区与中国3D打印技术产业联盟签署《共建中国3D打印技术产业（珠海）创新中心合作协议》，创新中心落户珠海香洲。同期，潍坊滨海区建设"中国3D打印技术产业加工和服务基地"，青岛市高新区盘古科技园建立3D打印产业园。

2013年3月，贵州省首个3D打印项目落户贵阳国家高新区。据报道，该项目将设立3D打印机研发中心，并计划5年内建成3D打印机规模化生产基地。6月27日，成都增材制造（3D打印）产业技术创新联盟成立，致力于打造国家航空产业3D打印示范基地。另外，据悉，山西太原、陕西渭南等地也已着手建立3D打印产业园。

此外，随着3D打印技术的不断发展，打印设备价格持续走低，许多小微企业甚至个人也都涉足到3D打印行业。自从2012年11月全国第1家3D打印体验馆"上拓3D打印体验馆"在京开馆以来，类似的照相馆/体验馆等3D打印服务实体店如雨后春笋般在全国各大城市中蔓延开来。目前，国产桌面式3D打印设备售价仅几千元，3D打印逐渐开始进入寻常百姓家。

4. 存在的问题

在技术研发方面，我国3D打印装备的部分技术水平与国外先进水平相当，但在关键器件、成形材料、智能化控制和应用范围等方面较国外先进水平落后。我国3D打印技术主要应用于模型制作，在高性能终端零部件直接制造方面还具有非常大的提升空间。例如，在增材的基础理论与成形微观机理研究方面，我国在一些局部点上开展了相关研究，但国外的研究更基础、系统和深入；在工艺技术研究方面，国外是基于理论基础的工艺控制，而我国则更多依赖于经验和反复的试验验证，导致我国3D打印工艺关键技术整体上落后于国外先进水平；材料的基础研究、材料的制备工艺以及产业化方面与国外相比存在相当大的差距；部分3D打印工艺装备国内都有研制，但在智能化程度与国外先进水平相比还有差距；我国大部分3D打印装备的核心元器件还依靠进口。

目前，我国3D打印产业处于起步阶段，存在如下一系列影响3D打印产业快速发展的问题。

第一，缺乏宏观规划和引导。3D打印产业上游包括材料技术、控制技术、光机电技术、软件技术，中游是立足于信息技术的数字化平台，下游涉及国防科工、航空航天、汽车摩配、家电电子、医疗卫生、文化创意等行业，其发展将会深刻影响先进制造业、工业设计业、生产性服务业、文化创意业、电子商务业及制造业信息化工程。但在我国工业转型升级、发展智能制造业的相关规划中，对3D打印产业的总体规划与重视不够。

第二，对技术研发投入不足。我国虽已有几家企业能自主制造3D打印设备，但企业规模普遍较小，研发力量不足。在加工流程稳定性、工件支撑材料生成和处理、部分特种材料的制备技术等诸多环节，存在较大缺陷，难以完全满足产品制造的需求。而占据3D打印产业主导地位的一些美国公司，每年研发投入占销售收入的10%左右。目前，欧美一些3D打印企业依托其技术优势，正加紧谋划拓展我国市场。我国对3D打印技术的研发投入与美国有较大差距，占销售收入的比重很少。

第三，产业链缺乏统筹发展。3D打印产业的发展需要完善的供应商和服务商体系和市场平台。在供应商和服务商体系中，包含工业设计机构、3D数字化技术提供商、3D打印机及耗材提供商、3D打印设备经销商、3D打印服务商。市场平台包含第三方检测验证支持、金融支持、电子商务、知识产权保护等支持。而目前国内的3D打印企业还处于"单打独斗"的初级发展阶段，产业整合度较低，主导的技术标准、开发平台尚未确立，技术研发和推广应用还处于无序状态。

第四，缺乏教育培训和社会推广。目前，我国多数制造企业尚未接受"数字化设计"、"批量个性化生产"等先进制造理念，对3D打印这一新兴技术的战略意义认识不足。企业购置3D打印设备的数量非常有限，应用范围狭窄。在机械、材料、信息技术等工程学科的教学课程体系中，缺乏与3D打印技术相关的必修环节，还停留在部分学生的课外兴趣研究层面。

1.3.3 3D打印技术发展趋势

1. 难点与挑战

3D打印技术代表着生产模式和先进制造技术发展的趋势，产品生产将逐步从大规模制造向定制化制造发展，满足社会多样化需求。目前3D打印2012年直接产值约22亿美元，仅占全球制造业市场0.02%，但是其间接作用和未来前景难以估量。3D打印优势在于制造周期短、适合单件个性化需求、大型薄壁件制造、钛合金等难加工易热成形零件制造、结构复杂零件制造，在航空航天、医疗等领域，产品开发阶段，计算机外设发展和创新教育上具有广阔发展空间。

3D打印技术相对传统制造技术还面临许多新挑战和新问题。目前增材技术主要应用于产品研发，使用成本高（10～100元/g），制造效率低，例如金属材料成形为100～3000g/h，制造精度尚不能令人满意。其工艺与装备研发尚不充分，尚未进入大规模工业应用。应该说目前3D打印技术是传统大批量制造技术的一个补充。任何技术都不是万能的，传统技术仍有强劲的生命力，3D打印应该与传统技术优选、集成，形成新的发展增长点。对于3D打印技术需要加强研发，培育产业，扩大应用。通过形成协同创新的运行机制，积极研发、科学推进，使之从产品研发工具走向批量生产模式，技术引领应用市场发展，改变人们的生活。

2. 3D打印技术发展趋势

（1）向日常消费品制造方向发展

3D打印是国外近年来的发展热点，该设备称为3D打印机，将其作为计算机一个外部输出设备而应用。它可以直接将计算机中的三维图形输出为三维的彩色物体。在科学教育、工业造型、产品创意、工艺关术等有着广泛的应用前景和巨大的商业价值。其发展方向是提高精度、降低成本、高性能材料。

（2）向功能零件制造发展

采用激光或电子束直接熔化金属粉，逐层堆积金属，形成金属直接成形技术。该技术可以直接制造复杂结构金属功能零件，制件力学性能可以达到锻件性能指标。进一步的发展方向是提高精度和性能，同时向陶瓷零件和复合材料的 3D 打印技术方向发展。

（3）向智能化装备发展

目前 3D 打印设备在软件功能和后处理方面还有许多问题需要优化。例如：成形过程中需要加支撑，软件智能化和自动化需要进一步提高；制造过程，工艺参数与材料的匹配性需要智能化；加工完成后的粉料或支撑需要去除等。这些问题直接影响设备的使用和推广，设备智能化是走向普及的保证。

（4）向组织与结构一体化制造发展

实现从微观组织到宏观结构的可控制造。例如在制造复合材料时，将复合材料组织设计制造与外形结构设计制造同步完成，在微观到宏观尺度上实现同步制造，实现结构体的"设计—材料—制造"一体化。支撑生物组织制造、复合材料等复杂结构零件的制造，给制造技术带来革命性发展。

3. 关键技术

（1）智能化增材制造装备

增材制造装备是高端制造装备重点方向，在增材制造产业链中居于核心地位。增材制造装备制造包括制造工艺、核心元器件和技术标准及智能化系统集成。面向装备发展需求，应重点研究装备的系统集成和智能化，包括多材料、多结构、多工艺增材制造装备，增材制造数据规范与软件系统平台，材料工艺数据库建设与装备的智能控制，增材制造装备关键零部件及系统集成技术。

（2）增材制造材料工艺与质量控制

增材制造的材料累积过程对构件成形质量有重要影响，主要体现在零件性能和几何精度上。为保证制造质量，需要不断研发面向增材制造的新材料体系；通过材料、工艺、检测、控制等多学科交叉，提升制件质量。研究内容包括：面向增材制造的新材料体系，金属构件成形质量与智能化工艺控制，难加工材料的增材制造成形工艺，增材制造材料工艺的质量评价标准。

（3）功能驱动的材料与结构一体化设计

增材制造因其降维和逐点堆积材料的原理，给设计理论带来了新的发展机遇。一方面突破了传统制造约束的设计理念，为结构自由设计提供可能；另一方面超越传统均质材料的设计理念，为功能驱动的多材料、多色彩和多结构一体化设计提供新方向。研究内容包括：功能需求驱动的宏微结构一体化设计，多材料、多色彩的结构设计方法与智能化制造工艺集成，面向增材制造工艺的设计软件系统。

（4）生物制造

增材制造技术与生物医学结合形成了新的学科方向——生物制造（Biofabrication）。

它是制造、材料、信息和生命科学的交叉融合，目标是为生物组织从细胞和生物材料向有形大结构组织和器官发展提供结构载体，研发定制化组织器官及其替代物，发展新兴产业，为人类健康服务。重点研究包括：个性化人体组织替代物及其临床应用，人体器官组织打印及其与宿主组织融合，体外生命体组织仿生模型的设计与细胞打印。

（5）云制造环境下的增材制造生产模式

发挥并利用全社会智力和生产资源是未来社会形态变革的方向，增材制造正是促进这一社会模式形成的技术动力。新一代生产模式趋向于集散制造发展，实现工艺、数据、报价统一，形成众创、众包、众筹的运作方式。因此，需要技术和管理的集成创新，需要开展制造学科与管理学交叉融合的研究与应用实践。主要研究包括：增材制造技术与传统制造工艺的技术集成，增材制造服务业对社会化生产组织模式变化的影响，效益驱动的分散增材制造资源与传统制造系统的动态配置，分散社会智力资源和增材制造资源的快速集成。

1.4 3D打印技术的工程应用

1.4.1 3D打印技术应用领域

3D打印机的应用领域可以是任何行业，只要这些行业需要模型。正如康奈尔大学副教授、该校创意机器实验室主任霍德·利普森（Hod Lipson）所说："3D打印技术正悄悄进入从娱乐到食品、再到生物与医疗应用等几乎每一个行业。"目前，3D打印技术已在工业设计、模具制造、机械制造、航空航天、文化艺术、军事、建筑、影视、家电、轻工、医学、考古、教育等领域得到了应用。随着技术自身的发展，其应用领域将不断拓展。3D打印技术的主要应用领域如图1-2所示。

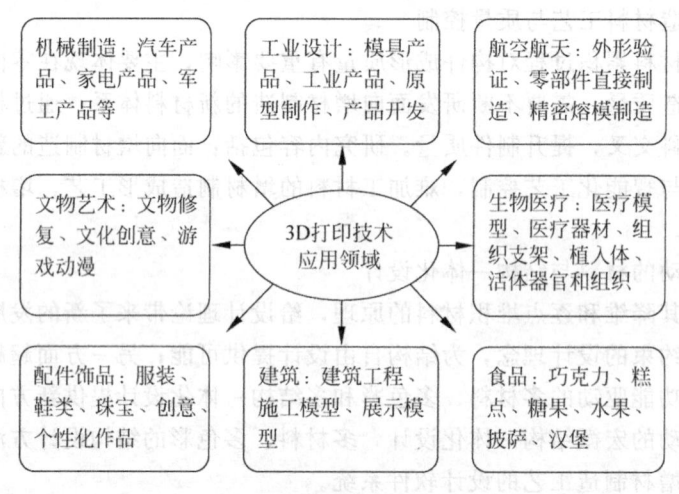

图1-2　3D打印技术的主要应用领域

3D 打印技术在上述八大领域中应用主要体现在以下十个方面。

1. 设计方案评审

借助于 3D 打印的实体模型，不同专业领域（设计、制造、市场、客户）的人员可以对产品实现方案、外观、人机功效等进行实物评价。

2. 制造工艺与装配检验

3D 打印可以较精确地制造出产品零件中的任意结构细节，借助 3D 打印的实体模型结合设计文件，就可有效指导零件和模具的工艺设计，或进行产品装配检验，避免结构和工艺设计错误。

3. 功能样件制造与性能测试

3D 打印的实体原型本身具有一定的结构性能，同时利用 3D 打印技术可直接制造金属零件，或制造出熔（蜡）模，再通过熔模铸造金属零件，甚至可以打印制造出特殊要求的功能零件和样件等。

4. 快速模具小批量制造

以 3D 打印制造的原型作为模板，制作硅胶、树脂、低熔点合金等快速模具，可便捷地实现几十件到数百件数量零件的小批量制造。

5. 建筑总体与装修展示评价

利用 3D 打印技术可实现模型真彩及纹理打印的特点，可快速制造出建筑的设计模型，进行建筑总体布局、结构方案的展示和评价。

6. 科学计算数据实体可视化

计算机辅助工程、地理地形信息等科学计算数据可通过 3D 彩色打印，实现几何结构与分析数据的实体可视化。

7. 医学与医疗工程

通过医学 CT 数据的三维重建技术，利用 3D 打印技术制造器官、骨骼等实体模型，可指导手术方案设计，也可打印制作组织工程和定向药物输送骨架等。

8. 首饰及日用品快速开发与个性化定制

利用 3D 打印制作蜡模，通过精密铸造实现首饰和工艺品的快速开发和个性化定制。

9. 动漫造型评价

借助于动漫造型评价可实现动漫等模型的快速制造，指导和评价动漫造型设计。

10. 电子器件的设计与制作

利用 3D 打印可在玻璃、柔性透明树脂等基板上，设计制作电子器件和光学器件，如 RFID、太阳能光伏器件、OLED 等。

1.4.2　3D 打印技术应用案例

案例 1-1　火箭发动机喷射器

高性能金属零件直接 3D 打印技术的发展，为航空航天产品从产品设计、模型和原型制造、零件生产，到产品测试都带了新的思想和技术途径，有望大幅缩短航空航天产品的研发和生产周期。美国国家航空航天局的工程师们 2013 年 8 月 28 日在位于阿拉巴马亨茨维尔的美国国家航空航天局马歇尔太空飞行中心，完成了 3D 打印火箭喷射器（见图 1-3）的测试工作。喷射器内采用液态氧与气态氢混合，燃烧温度达 6000°F（约 3315℃），可产生 2 万磅推力（约 9t），充分验证了 3D 打印技术应用于火箭发动机制造的可能性。该技术测试成功后将用于制造 RS-25 发动机，其作为美国国家航空航天局未来太空发射系统的主要动力，该火箭可运载航天员超越近地轨道，进入更遥远的太空。

制造火箭发动机的喷射器需要精度较高的加工技术，如果使用 3D 打印技术，就可以降低制造上的复杂程度。该机构利用"选择性激光熔融"工艺，用高能激光束把镍铬合金粉末熔化，再根据计算机设计的 3D 模型"打印"出喷射器。这项工艺使用镍铬合金粉末逐层打印出产品。之前的喷射器模型由 115 个部件组成，而这个 3D 打印的版本却只有两部分，这可以降低成本。一般而言，火箭发动机喷射器是火箭生产中最昂贵的组件之一。通过使用金属 3D 打印技术的工艺，成本能够减少 70% 以上，并且极大缩短开发时间，3D 打印只需要不到一个月，而传统的喷射器制作起来需要大约半年的时间。

案例 1-2　Steampunk 3D 打印吉他

新西兰梅西大学的机电一体化教授 Olaf 用 3D 打印技术设计制造了一把非常独特的 Steampunk3D 吉他（见图 1-4）。这个吉他有一个 3D 打印的琴体，上面带有可活动的齿轮和活塞。这些部件都是作为一个整体一次性打印出来的。这款吉他和此前其他利用 3D 技术打印出的长笛、小提琴等乐器相比具有不错的音色。

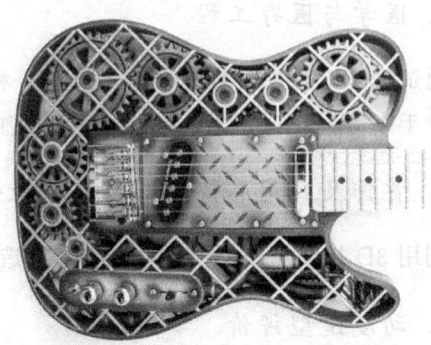

图 1-3　火箭发动机喷射器　　　　　　图 1-4　Steampunk 3D 打印吉他

案例 1-3 世界首款 3D 打印汽车 Urbee 2

2013 年 3 月 1 日,由 Jim Kor 和他的 Kor Ecologic 团队合力完成一款混合动力的汽车——世界首款全 3D 打印汽车 Urbee 2 面世,如图 1-5 所示。整个打印过程持续了 2500 小时。Urbee 2 包含了超过 50 个 3D 打印组件,但这相较传统制造工艺显得十分精简。车辆除底盘、动力系统和电子设备等外,超过 50% 的部分都是由 ABS 塑料打印而来,这使其与其他汽车相比重量减少一半以上,从而达到节油的目的。通常情况下,这款车每升汽油能在高速公路上行驶 85km,在城市道路上行驶 42km,相比来说具有良好的经济性能。

图 1-5 世界首款 3D 打印汽车 Urbee 2

案例 1-4 世界上第一座 3D 打印建筑

荷兰阿姆斯特丹建筑大学的建筑设计师 Janjaap Ruijssenaars 最近利用 3D 打印技术完成了全世界第一座 3D 打印建筑,其外形酷似"莫比乌斯环",将天花板延伸成为地板,建筑内部则可以延伸成为外墙,如图 1-6 所示。

图 1-6 世界上第一座 3D 打印建筑

Ruijssenaars 和数学家、艺术家 Rinus Roelofs 共同设计了这个项目,他们首先利用 3D 打印机将所需要的建筑块逐块打印出来,每一块的尺寸都达到了 6m×9m,然后拼接成一个整体建筑,预计需要耗时一年半才能完成。

这次使用的 3D 打印机也非常特殊,是由意大利发明家 Enrico Dini 设计出来的"D-Shape",体型上要比一般的 3D 打印机庞大得多,可以使用砂砾层、无机黏结剂打印出一幢两层小楼。不过尽管如此,打印一件完整的建筑物难度还是非常大的,超过 1000m² 的 3D 打印建筑仍需混凝土来加强。Ruijssenaars 称第一座 3D 打印的"观景房屋"将于 2014 年最终建成。

案例 1-5 色彩斑斓的个性化音响

一位名为 Evan Atherton 的 Autodesk 通过 3D 打印机打印出了一套 Objet Connex 500

音响（见图1-7）。与传统音响不同的是，它可以跟随音乐的变化呈现各种色彩斑斓的颜色，使用起来非常个性，而且造价方面也更为低廉。它的工作原理比较简单，首先用橡胶和塑料将音响的外壳打印出来，然后通过内嵌LumiGeek单片机对可寻址的RGB LED灯管进行控制，最终就能实现随着音乐脉动进行变色。为了能够更方便地进行控制，Atherton还为此专门研发了相关的配套应用。制作这套音响要耗时60小时，制作成本约为2000美元。

图1-7　色彩斑斓的个性化音响

案例1-6　开源3D打印人形机器人Poppy

由Inria Flower实验室（位于法国波尔多）研究小组创建的Poppy，是一台经济实惠、易于安装的人形机器人。人形机器人Poppy（见图1-8）更是从体型到功能都很强大，拥有灵活的硬件配置，而且完全开源，任何人都能够自由对其进行复制和更改。研究小组的开发目的在于为科学、教育、艺术和极客们提供一个经济的、可调试的人形机器人。

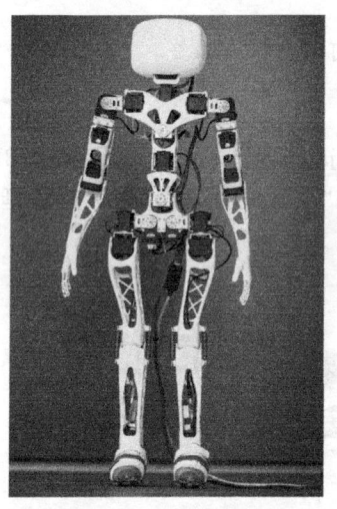 

图1-8　开源3D打印人形机器人Poppy与PLEN2

为了将各种功能组件组合在一起，Inria的团队设计并打印了轻量级的人形骨架，这具骨架独具巧思，其中最主要的是Poppy大腿的几何形状具有独特的曲线，从臀部到膝盖向内弯，这种结构提供了更好的平衡能力，还有两套灵活的脚趾帮助机器人以自然的步态行走。Poppy拥有可弯曲的腿、多关节的躯干和柔软的身体，如此设计能够加强其在行走过程中的健壮性、灵活性和稳定性。所有机械部件的设计都根据重量进行优化，尽可能地减轻Poppy的体重。为了大量"瘦身"，采用了动力稍弱的轻型电动机。

Poppy有25自由度，重量仅为3.5kg，身体比例和人体非常类似，身高84cm，宽25cm，厚10cm，包括25台伺服电机。Poppy由Raspberry Pi控制，带两个高清摄像头，并使用惯性测量单元控制平衡。除伺服电机和电子电路以外，Poppy的所有零件都是3D打印的，采用的是选择性激光烧结（SLS）工艺，材料为聚酰胺（PA）。

案例 1-7 "3D 打印"无人驾驶飞机

2011 年 8 月 1 日，英国南安普敦大学的工程师设计并放飞了世界上第一架"打印"出来的飞机，让飞机的设计与制造发生革命性改变。这款飞机名为"SULSA"（见图 1-9），是一种无人驾驶飞机，整个结构均采用打印这种方式，包括机翼、整体控制面和舱门。SULSA 使用 EOS EOSINT P730 尼龙激光烧结机打印，通过层层打印的方式，打印出塑料或者金属结构。整架飞机可在几分钟内完成组装并且无需任何工具。

图 1-9　3D 打印无人驾驶飞机

这款电动飞机翼展 2m，最高时速接近 100 英里/时（约合 160km/h），巡航时几乎不发出任何声响。激光烧结允许设计师打造通常情况下需要借助昂贵传统制造技术的形状和结构。这项技术让高度订制化的飞机从提出设想到首次飞行在短短几天内便可成为现实。如果使用常规材料和制造技术，这一过程往往需要几个月时间。此外，由于制造过程无需任何工具，飞机的外形和体积能够在没有额外成本情况下发生根本性变化。

第 2 章

3D 打印工艺

2.1 3D 打印工艺技术概述

3D 打印技术是一种采用逐点或逐层成形方法制造物理模型、模具和零件的先进制造技术，是综合材料科学、CAD/CAM、数控和激光等先进技术于一体的新型制造技术。3D 打印技术是基于离散/堆积的成形思想，将计算机上构建的零件三维 CAD 模型沿高度方向分层切片，得到每层截面信息，然后输出到 3D 打印设备上逐层扫描填充，再沿高度方向上粘结叠加，逐步形成三维实体零件。与传统机械加工中"减材料"的工艺相比，3D 打印技术能从 CAD 模型生产出零件原型，缩短了新产品设计和开发周期，是制造技术领域的一次重大突破。目前，3D 打印工艺技术已有十多种，按照成形材料，可分为金属材料 3D 打印工艺技术和非金属材料 3D 打印工艺技术两大类，其中典型的 3D 打印工艺技术见表 2-1。

表 2-1 3D 打印工艺技术及其应用领域

类别	工艺技术名称	使用材料	工艺特点	应用领域
金属材料 3D 打印工艺技术	激光选区熔化（SLM）	金属或合金粉末	可直接制造高性能复杂金属零件	复杂小型金属精密零件、金属牙冠、医用植入物等
	激光近净成形（LENS）	金属粉末	成形效率高、可直接成形金属零件	飞机大型复杂金属构件等
	电子束选区熔化（EBSM）	金属粉末	可成形难熔材料	航空航天复杂金属构件、医用植入物等
	电子束熔丝沉积（EBDM）	金属丝材	成形速度快、精度不高	航空航天大型金属构件等
非金属材料 3D 打印工艺技术	光固化成形（SLA）	液态树脂	精度高，表面质量好	工业产品设计开发、创新创意产品生产、精密铸造用蜡模等
	熔融沉积成形（FDM）	低熔点丝状材料	零件强度高、系统成本低	工业产品设计开发、创新创意产品生产等
	激光选区烧结（SLS）	高分子、金属、陶瓷、砂等粉末材料	成形材料广泛、应用范围广等	航空航天领域用工程塑料零部件、汽车家电等领域铸造用砂芯、医用手术导板与骨科植入物等
	三维立体打印（3DP）	光敏树脂、黏接剂	喷黏接剂时强度不高、喷头易堵塞	工业产品设计开发、铸造用砂芯、医疗植入物、医疗模型、创新创意产品、建筑等

2.2　3D打印的工艺过程

3D打印的工艺过程一般包括产品的前处理（三维模型的构建、三维模型的近似处理、三维模型的切片处理）、分层叠层成形和产品的后处理，如图2-1所示。

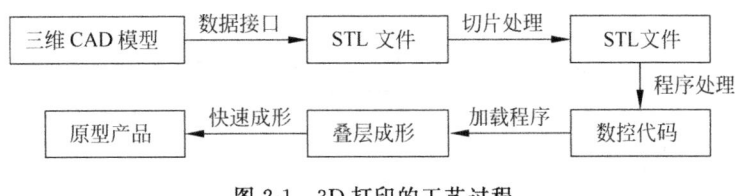

图2-1　3D打印的工艺过程

1. 数据处理

3D打印制造过程中的数据处理过程如图2-2所示。

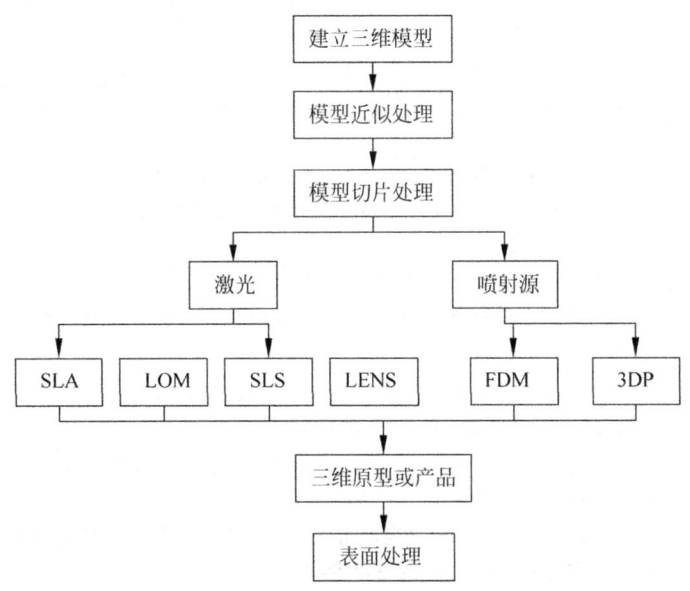

图2-2　3D打印中的数据处理

（1）三维模型的构建

RP系统是由产品的三维CAD模型直接数字化驱动，因此首先需要建立产品的三维CAD模型，然后才能进行切片处理。建立产品数字化模型的方法主要有两种：一是应用CAD软件（如Pro/E、SolidWorks、IDEAS、MDT、AutoCAD等），根据产品的要求设计三维CAD模型，或将已有产品的工程图转换为三维模型，如Pro/E的AutobuidZ；二是对已有的产品实体进行三坐标测量、激光扫描或CT断层扫描得到其点云数据，基于反求工程实现三维CAD模型的构建。

（2）三维模型的近似处理

产品上往往有一些不规则的自由曲面，因此成形前必须对其进行近似处理，以方便后续的数据处理。STL 格式文件是 3D 打印领域的标准接口文件，它是用一系列的小三角形平面来逼近自由曲面，每一个三角形用 3 个顶点的坐标和 1 个法矢量来描述，三角形的大小可以根据精度进行选择。典型的 CAD 软件都具有转换和输出 STL 格式文件的功能，如 Pro/E、SolidWorks、Simense NX、AutoCAD 等。CAD 造型软件输出 STL 文件方法见表 2-2。

表 2-2　CAD 造型软件输出 STL 文件方法

Alibre	File（文件）→Export（输出）→Save As（另存为，选择 .STL）→输入文件名→ Save（保存）
AutoCAD	输出模型必须为三维实体，且 XYZ 坐标都为正值。在命令行输入命令 "Faceters"→设定 FACETRES 为 1 到 10 之间的一个值（1 为低精度，10 为高精度）→在命令行输入命令 "STLOUT"→选择实体→选择 "Y"，输出二进制文件→选择文件名
CADKey	从 Export（输出）中选择 Stereolithography（立体光刻）
I-DEAS	File（文件）→Export（输出）→Rapid Prototype File（快速成形文件）→选择输出的模型→Select Prototype Device（选择原型设备）＞ SLA500.dat→设定 absolute facet deviation（面片精度）为 0.000395→选择 Binary（二进制）
Inventor	Save Copy As（另存复件为）→选择 STL 类型→选择 Options（选项），设定为 High（高）
IronCAD	右键单击要输出的模型→Part Properties（零件属性）＞Rendering（渲染）→设定 Facet Surface Smoothing（三角面片平滑）为 150→File（文件）＞Export（输出）→选择 .STL
Mechanical Desktop	使用 AMSTLOUT 命令输出 STL 文件 下面的命令行选项影响 STL 文件的质量，应设定为适当的值，以输出需要的文件 ① Angular Tolerance（角度差）——设定相邻面片间的最大角度差值，默认为 15°，减小可以提高 STL 文件的精度 ② Aspect Ratio（形状比例）——该参数控制三角面片的高/宽比。1 标志三角面片的高度不超过宽度。默认值为 0，忽略 ③ Surface Tolerance（表面精度）——控制三角面片的边与实际模型的最大误差。设定为 0.0000，将忽略该参数 ④ Vertex Spacing（顶点间距）——控制三角面片边的长度。默认值为 0.0000，忽略
Pro/Engineer	① File（文件）→ Export（输出）→ Model（模型） ② 或者选择 File（文件）→Save a Copy（另存一个复件）→选择 .STL ③ 设定弦高为 0，然后该值会被系统自动设定为可接受的最小值 ④ 设定 Angle Control（角度控制）为 1
Pro/E Wildfire	① File（文件）→ Save a Copy（另存一个复件）→ Model（模型）→选择文件类型为 STL（*.stl） ② 设定弦高为 0，然后该值会被系统自动设定为可接受的最小值 ③ 设定 Angle Control（角度控制）为 1
Rhino	File（文件）→ Save As（另存为 .STL）

续表

SolidDesigner	① File（文件）→ Save（保存）→选择文件类型为 STL ② File（文件）→External（外部）→ Save STL（保存 STL）→选择 Binary（二进制）模式→选择零件→输入 0.001mm 作为 Max Deviation Distance（最大误差）
SolidEdge	① File（文件）→Save As（另存为）→选择文件类型为 STL ② Options（选项）；设定 Conversion Tolerance（转换误差）为 0.001in 或 0.0254mm 设定 Surface Plane Angle（平面角度）为 45.00
SolidWorks	① File（文件）→Save As（另存为）→选择文件类型为 STL ② Options（选项）→ Resolution（品质）→ Fine（良好）→ OK（确定）
Think3	File（文件）→ Save As（另存为）→选择文件类型为 STL
Simense NX	① File（文件）> Export（输出）> Rapid Prototyping（快速原型）→设定类型为 Binary（二进制） ② 设定 Triangle Tolerance（三角误差）为 0.0025，设定 Adjacency Tolerance（邻接误差）为 0.12，设定 Auto Normal Gen（自动法向生成）为 On（开启），设定 Normal Display（法向显示）为 Off（关闭），设定 Triangle Display（三角显示）为 On（开启）

（3）三维模型的切片处理

3D 打印是对模型进行叠层成形，成形前必须根据加工模型的特征选择合理的成形方向，沿成形高度方向以一定的间隔进行切片处理，以便提取截面的轮廓。间隔的大小根据被成形件的精度和生产率进行选定。应用专业的切片处理软件，能自动提取模型的截面轮廓。

2. 截面轮廓的制造

根据切片处理得到的截面轮廓，在计算机的控制下，3D 打印系统中的成形头（激光头或喷头）在 X-Y 平面内将自动按截面轮廓信息作扫描运动，得到各层截面轮廓。每一层截面轮廓成形后，3D 打印系统将下一层材料送至成形的轮廓面上，然后进行新一层截面轮廓的成形，从而将一层层的截面轮廓逐步叠合在一起，并将各层相粘结，最终得到原型产品。

2.3 非金属材料 3D 打印工艺技术

2.3.1 光固化成形

光固化成形（Stereo Lithography Apparatus，SLA），也称立体光刻、光固化立体成形、立体平板印刷。光固化成形是最常见的一种 3D 打印工艺，由 Charles W. Hull 于 1984 年获得美国专利，也是最早发展起来的 3D 打印工艺，他于 1986 年创办了 3D Systems 公司。自 1998 年美国 3D Systems 公司最早推出 SLA-250 商品化 3D 打印机以来，SLA 已成为目前世界上研究最深入、技术最成熟、应用最广泛的一种 3D 打印工艺。

它以光敏树脂为原料，通过计算机控制紫外激光使其逐层凝固成形。这种方法能简捷、全自动地制造出表面质量和尺寸精度较高、几何形状较复杂的原型。

1. 光固化成形工艺原理

光固化立体造型工艺以光敏树脂为原料，其成形原理如图 2-3 所示。3D 打印机上有一个盛满液态光敏树脂的液槽，激光器发出的紫外激光束在控制设备的控制下，按零件的各分层截面信息在光敏树脂表面进行逐点扫描，使被扫描区域的树脂薄层吸收能量，产生光聚合反应而固化，形成零件的一个薄层截面。当一层固化完毕后，工作台下降一个层厚的高度，以使在原先固化好的树脂表面再敷上一层新的液态树脂，刮板将黏度较大的树脂液面刮平；然后进行下一层的扫描加工，新固化的层牢固地粘结在前一层上，如此反复直到整个零件原型制造完成。当实体原型完成后，首先将实体取出，并将多余的树脂去除。之后去掉支撑，进行清洗，完成成形原型后处理，从而获得成形原型件。

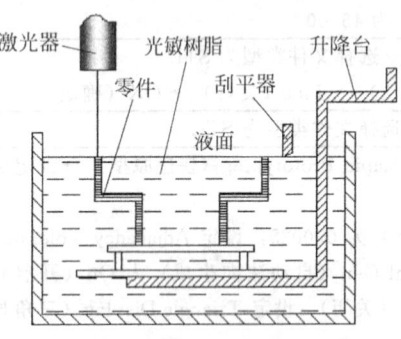

图 2-3 光固化成形工艺原理图

因为树脂材料的高黏性，在每层固化之后，液面很难在短时间内迅速流平，这将会影响实体的精度。采用刮板刮切后，所需数量的树脂便会被十分均匀地涂敷在上一叠层上，这样经过激光固化后可以得到较好的精度，使产品表面更加光滑和平整，并且可以解决残留体积的问题。

2. 光固化成形工艺过程

光固化 3D 打印工艺过程一般包括：前期数据准备（创建 CAD 模型、模型的面化处理、设计支撑、模型切片分层）、成形加工和后处理。

（1）前期数据准备

前期数据准备主要包括以下几个方面。

① 造型与数据模型转换

CAD 系统的数据模型通过 STL 接口转换到光固化 3D 打印系统中。STL 文件用大量的小三角形平面来表示三维 CAD 模型，这就是模型的面化处理。三角小平面数量越多，分辨率越高，STL 表示的模型越精确。因此高精度的数学模型对零件精度有重要影响，需要加以分析。

② 设计支撑

通过数据准备软件自动设计支撑。支撑可选择多种形式，例如点支撑、线支撑、网状支撑等。支撑的设计与施加应考虑可使支撑容易去除，并能保证支撑面的光洁度。

③ 模型切片分层

CAD 模型转化成面模型后，接下来的数据处理工作是将数据模型切成一系列横截面薄片，切片层的轮廓线表示形式和切片层的厚度直接影响零件的制造精度。切片过程中规定了两个参数来控制精度，即切片分辨率和切片单位。切片单位是软件用于 CAD 单位空间的简单值，切片分辨率定义为每 CAD 单位的切片单位数，它决定了 STL 文件从 CAD 空间转换到切片空间的精度。切片层的厚度直接影响零件的表面光洁度、切片轴方向的精度和制作时间，是光固化 3D 打印中最广泛使用的变量之一。当零件的精度要求较高时，应考虑更小的切片厚度。

（2）成形加工

通过数据处理软件完成数据处理后，通过控制软件进行制作工艺参数设定。主要制作工艺参数有：扫描速度、扫描间距、支撑扫描速度、跳跨速度、层间等待时间、涂铺控制及光斑补偿参数等。设置完成后，在工艺控制系统控制下进行固化成形。首先调整工作台的高度，使其在液面下一个分层厚度，开始成形加工，计算机按照分层参数指令驱动镜头使光束沿着 X-Y 方向运动，扫描固化树脂，底层截面（支撑截面）粘附在工作台上，工作台下降一个层厚，光束按照新一层截面数据扫描、固化树脂，同时牢牢地粘结在底层上。然后依次逐层扫描固化，形成实体原型。

（3）后处理

后处理是指整个零件成形完成后进行的辅助处理工艺，包括零件的清洗、支撑去除、打磨、表面涂覆以及后固化等。

零件成形完成后，将零件从工作台上分离出来，用酒精清洗干净，用刀片等其他工具将支撑与零件剥离，之后进行打磨喷漆处理。为了获得良好的机械性能，可以在后固化箱内进行二次固化。通过实际操作得知，打磨可以采用水砂纸，基本打磨选用 400～1000♯ 最为合适。通常先用 400♯，再用 600♯、800♯。使用 800♯ 以上的砂纸时最好沾一点水来打磨，这样表面会更平滑。

光固化成形件作为装配件使用时，一般需要进行钻孔和铰孔等后续加工。通过实际操作得知，光固化成形件基本满足机械加工的要求，如对 3mm 厚度的板进行钻孔，孔内光滑、无裂纹现象；对外径 8mm、高度 20mm 的圆柱体进行钻孔，加工出内径 5mm、高度 10mm 的内孔，孔内光滑，无裂纹。但是随着圆柱体内外孔径比值增大，加工难度增加，会出现裂纹现象。

3. 光固化成形工艺特点

经过多年的发展，光固化成形工艺技术已经日益成熟、可靠，光固化成形工艺具有以下这些显著的特点：

① 成形精度高，可以做到微米级别，比如 0.025mm。
② 表面质量优良，比较适合成形结构十分复杂、尺寸比较精细的零件。
③ 成形速度快，系统工作相对稳定。
④ 可以直接制作面向熔模精密铸造的具有中空结构的零件。
⑤ 制作的原型可以在一定程度上替代塑料件。
⑥ 材料利用率极高，接近 100%。

光固化成形工艺的缺点如下：

① SLA 设备造价昂贵，使用维护成本较高。
② 成形零件为树脂类零件，材料价格昂贵，强度、刚度、耐热性有限，不利于长期保存。

③ 光敏树脂对环境有污染，会使人皮肤过敏。
④ 成形时需要设计支撑，支撑去除容易破坏成形零件。
⑤ 经光固化成形后的原型，树脂并未完全固化，所以一般都需要二次固化。

4. 光固化成形工艺应用

光固化成形技术特别适合于新产品的开发、不规则或复杂形状零件制造（如具有复杂形面的飞行器模型和风洞模型）、大型零件的制造、模具设计与制造、产品设计的外观评估和装配检验、快速反求与复制，也适用于难加工材料的制造。这项技术不仅在制造业具有广泛的应用，而且在材料科学与工程、医学、文化艺术等领域也有广阔的应用前景。在航空航天领域，SLA 模型可直接用于风洞试验，进行可制造性、可装配性检验。

光固化成形工艺主要应用范围有如下几个方面：
① 各类注型、模具的设计与制造（特别是塑料模具）。
② 产品的外观设计及效果评价，如汽车、家电、化妆品、体育用品、建筑设计等。
③ 医疗、手术研究用骨骼模型、代用血管、人造骨骼模型等。
④ 流体实验用模型，如飞机、船舶、高大建筑等。
⑤ 艺术摄影作品实物化、胸像制作、首饰的金属模等。
⑥ 学术研究、分子和遗传因子的立体模型、利用生物显微镜切片制作立体模型等。

2.3.2 选区激光烧结

选区激光烧结（Selected Laser Sintering，SLS）技术是几种最成熟的 3D 打印技术之一，也称选择性激光烧结。选区激光烧结工艺最初是由美国德克萨斯大学奥斯汀分校的 Carl Deckard 于 1989 年在其硕士论文中提出的，之后组建 DTM 公司，并于 1992 年开发了基于 SLS 的商业成形系统 Sinterstation。选区激光烧结工艺利用粉末材料（金属或非金属）在激光照射下烧结的原理，在计算机控制下层层堆积成形。其原理与光固化成形十分相似，主要区别在于所使用的材料及其形状不同。使用粉末材料是选区激光烧结的主要优点之一，理论上任何可熔粉末都可以用来制造真实的原型制件。

1. 选区激光烧结工艺原理

选区激光烧结工艺的原理如图 2-4 所示，该工艺采用 CO_2 激光器作为能源，目前使用的造型材料多为各种粉末状材料（如塑料粉、陶瓷和黏结剂的混合粉、金属与黏结剂的混合粉）。成形时采用铺粉辊将一层粉末材料平铺在已成形零件的上表面，并加热至恰好低于该粉末烧结点的某一温度，控制系统控制激光束按照该层的截面轮廓在粉层上扫描，使粉末的温度升至熔化点，进行烧结并与下面已成形的部分实现粘接；当一层截面烧结完成后，工作台下降一个层的高度，铺粉辊又在上面铺上一层均匀密实的粉末，进

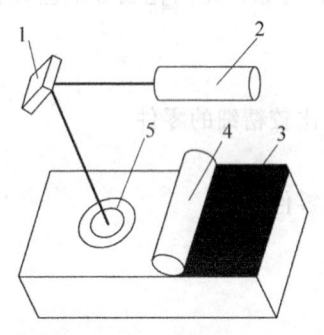

1—扫描镜；2—CO_2 激光器；3—粉末；
4—铺粉辊；5—当前加工截面轮廓线

图 2-4 选区激光烧结工艺原理图

行新一层截面的烧结，如此循环直到完成整个模型；全部烧结完后去掉多余的粉末，再进行打磨、烘干等处理便可获得零件。

目前，根据 SLS 成形材料以及烧结件是否需要二次烧结，金属粉末 SLS 技术分为直接法和间接法。直接法是指烧结件直接为全金属制件；间接法金属 SLS 的烧结件为金属粉末与聚合物黏结剂的混合物，要经过降解聚合物、二次烧结等后处理工序才能得到全金属制件。

2. 选区激光烧结工艺过程

和其他 3D 打印工艺过程一样，粉末激光烧结 3D 打印工艺过程也分为前处理、叠层制造及后处理三个阶段。下面以某壳型件的原型制作为例介绍粉末激光烧结 3D 打印工艺过程。

(1) 前处理过程

① CAD 模型及 STL 文件

各种快速原型制造系统的原型制作过程都是在 CAD 模型的直接驱动下进行的，因此有人将快速原型制作过程称为数字化成形。CAD 模型在原型的整个制作过程中相当于产品在传统加工流程中的图纸，它为原型的制作过程提供数字信息。用于构造模型的计算机辅助设计软件应有较强的三维造型功能，包括实体造型（Solid Modelling）和表面造型（Surface Modelling），后者对构造复杂的自由曲面有重要作用。

目前国际上商用的造型软件 Pro/E、UG、Catia、Cimatro、Solid Edge、MDT 等的模型文件输出格式都有多种，一般都提供了直接能够由快速原型制造系统中切片软件识别的 STL 数据格式，而 STL 数据文件的内容是将三维实体的表面三角形化，并将其顶点信息和法矢有序排列起来而生成的一种二进制或 ASCII 信息。随着 3D 打印制造技术的发展，由美国 3D 系统公司首先推出的 CAD 模型的 STL 数据格式已逐渐成为国际上承认的通用格式。

② 三维模型的切片处理

SLS 技术等快速原型制造方法是在计算机造型技术、数控技术、激光技术、材料科学等基础上发展起来的，在快速原型 SLS 制造系统中，除了 3D 打印设备硬件外，还必须配备将 CAD 数据模型、激光扫描系统、机械传动系统和控制系统连接起来并协调运动的专用操控软件，该套软件通常称为切片软件。

由于 3D 打印是按一层层截面形状来进行加工的，因此，加工前必须在三维模型上，用切片软件，沿成形的高度方向，每隔一定的间隔进行切片处理，以便提取界面的轮廓。间隔的大小根据被成形件精度和生产率的要求来选定。间隔越小，精度越高，但成形时间越长，否则反之。间隔的范围为 0.1～0.3mm，常用 0.2mm 左右，在此取值下，能得到比较光滑的成形曲面。切片间隔选定之后，成形时每层烧结材料粒度应与其相适应。显然，层厚不得小于烧结材料的粒度。

(2) 分层烧结堆积过程

① 工艺参数

从 SLS 技术的原理可以看出，该制造系统主要由控制系统、机械系统、激光器及冷却系统等几部分组成。SLS 3D 打印工艺的主要参数如下。

激光扫描速度：激光扫描速度影响着烧结过程的能量输入和烧结速度，通常根据激光器的型号规格进行选定。

激光功率：激光功率应当根据层厚的变化与扫描速度综合考虑选定，通常根据激光器的型号规格不同按百分比选定。

烧结间距：烧结间距的大小决定着单位面积烧结路线的疏密，影响烧结过程中激光能量的输入。

单层厚度：单层厚度直接影响制件的加工烧结时间和制件的表面质量，单层厚度越小，制件台阶纹越小，表面质量越好，越接近实际形状，同时加工时间也越长。并且单层厚度对激光能量的需求也有影响。

扫描方式：是激光束在"画"制件切片轮廓时所遵循的规则，它影响该工艺的烧结效率并对表面质量有一定影响。

② 原型烧结过程
- 预热。由于粉末烧结需要在一个较高的材料融化温度下进行，为了提高烧结效率改善烧结质量需要首先达到一个临界温度，为此烧结前应对成形系统进行预热。
- 原型制作。当预热完毕，所有参数设定之后，便根据给定的工艺参数自动完成原型所有切层的烧结堆积过程。

(3) 后处理过程

从 SLS 成形系统中取出的原型包裹在敷粉中，需要进行清理，以便去除敷粉，露出制件表面，有的还需要进行后固化、修补、打磨、抛光和表面处理等，这些工序统称后处理。

① 制件清理

制件清理是将成形件附着的未烧结粉末与制件分离，露出制件真实烧结表面的过程。制件清理是一项细致的工作，操作不当会对制件质量产生影响。大部分附着在制件表面的敷粉可用毛刷刷掉，附着较紧或细节特征处应仔细剔除。制件清理过程在整个成形过程中是很重要的，为保证原型的完整和美观，要求工作人员熟悉原型，并有一定的技巧。

② 后处理

为了使烧结件在表面状况或机械强度等方面具备某些功能性需求，保证其尺寸稳定性、精度等方面的要求，需要对烧结件进行相应的后处理。

对于具有最终使用性功能要求的原型制作，通常采取渗树脂的方法对其进行强化；而用作熔模铸造型芯的制件，通过渗蜡来提高表面光洁度。

另外，若存在原型件表面不够光滑，其曲面上存在因分层制造引起的小台阶，以及因 STL 格式化而可能造成的小缺陷。原型的薄壁和某些小特征结构（如孤立的小柱、薄筋）可能强度、刚度不足；原型的某些尺寸、形状还不够精确；制件表面的颜色可能不符合产品的要求时，通常需要采用修整、打磨、抛光和表面涂覆等后处理工艺。

3．选区激光烧结工艺用材料

激光对烧结粉末材料的作用本质上是一种热作用。从理论上讲，所有受热后能相互粘结的粉末材料或表面覆有热塑（固）形黏结剂的粉末都能用作选择性激光烧结的材料。但要真正用做选择性粉末激光烧结3D打印材料，则粉末材料必须具有良好的热塑（固）性、一定的导热性，粉末经激光束烧结后要有足够的粘结强度；粉末材料的粒度应适当，否则会影响成形件的精度；而且选择性粉末激光烧结3D打印材料还应有较窄的"软化-固化"温度范围，该温度范围较大时，制件的精度会降低。国内外使用的激光烧结粉末材料主要有蜡、高分子材料粉（包括尼龙、聚苯乙烯、聚碳酸酯等）、金属、陶瓷的包衣粉或与高分子材料的混合物等。

一般来说，选择性粉末激光烧结3D打印工艺对烧结材料的要求如下：具有良好的烧结成形性能，即无需特殊工艺即可快速精确成形；对于直接制作功能件时，其力学性能和物理性能（包括强度、刚性、热稳定性及加工性能）要满足使用要求；当成形件被间接使用时，要有利于快速、方便的后续处理和加工。常用的选择性粉末激光烧结快速工艺采用的材料如下。

（1）蜡粉

用于选择性粉末激光烧结3D打印的蜡粉既要具备良好的烧结成形性，又要考虑后续的精密铸造工艺。传统的熔模精铸用蜡（烷烃蜡、脂肪酸蜡等）其熔点在60℃左右，烧熔时间短，烧熔后残留物少，但其蜡模强度较低，难以满足精细、复杂结构铸件的要求；另外对温度敏感，烧结时熔融流动性大，使成形不易控制；粉末的制备也比较困难。针对这一情况，国内外采用了低熔点的高分子蜡的复合材料代替实际意义上的蜡粉。为满足精密铸造的要求，正在积极开发可达到精铸蜡模要求的烧结蜡粉。

（2）聚苯乙烯（PS）

聚苯乙烯属于热塑性塑料，其受热后可熔化、粘结，冷却后可以固化成形。聚苯乙烯材料吸湿率小，仅为0.05%，收缩率也比较小，其粉末材料经改性后，可以作为选择性激光烧结用粉末材料。该粉末材料熔点较低，烧结变形小，成形性良好，且粉末材料可以重复利用。其烧结的成形件经浸树脂后可进一步提高强度用作功能件，经浸蜡处理后，也可以作为精密铸造的蜡模使用。由于其成本低廉，目前是国内使用最为广泛的一种选择性粉末激光烧结3D打印材料。

（3）工程塑料（ABS）

ABS与聚苯乙烯的烧结成形性能相近，烧结温度比聚苯乙烯材料高20℃左右。可是ABS烧结成形工件的力学性能较高，其在国内外被广泛用于制作要求性能高的快速制造原型及功能件。

（4）聚碳酸酯（PC）

聚碳酸酯烧结性能良好，烧结成形工件力学性能高、表面质量较好，且脱模容易，主要用于制造熔模铸造的消失模，比聚苯乙烯更适合制作现状复杂、多孔、薄壁铸件。另外，聚碳酸酯烧结件可以通过渗入环氧树脂及其他热固性树脂来提高其密度和强度，来制作一些要求不高的模型。

（5）尼龙（PA）

尼龙材料可由选择性激光烧结成形方法烧制成功能零件，目前应用较多的有四种材料：标准的DTM尼龙（StandardNylon）、DTM精细尼龙（DuraForm GF）、DTM医用级的精细尼龙（Fine Nylon Medical Grade）、原型复合材料（ProtoForm TM Composite）。

(6) 金属粉末

粉末激光烧结快速成形采用的金属粉末，按其组成情况可以分为三种：单一的粉末；两种金属粉末的混合体，其中一种熔点低，起黏结剂作用；金属粉末和有机树脂粉末的混合体。目前多采用有机树脂包覆的金属粉末来进行激光烧结3D打印制造。

(7) 覆膜陶瓷粉末

覆膜陶瓷粉末制备工艺与覆膜金属粉末工艺类似。常用的陶瓷颗粒为：Al_2O_3、ZrO_2和SiC等；采用的黏结剂为金属黏结剂和塑料黏结剂（包括树脂、聚乙烯蜡、有机玻璃等），有时也采用无机黏结剂，如聚甲基丙烯酸酯作为黏结剂，可以制备铸造用陶瓷型壳。

(8) 覆膜砂

可以利用铸造用的覆膜砂进行选择性激光烧结快速成形制备形状复杂的工件的型腔来生产一些形状复杂的零件，也可以直接制作型芯等。铸造用的覆膜砂制备，工艺已经比较成熟。

(9) 纳米材料

用粉末激光烧结快速成形工艺来制备纳米材料是一项新工艺。目前所烧结的纳米材料多为基体材料与纳米颗粒的混合物，由于其纳米颗粒极其微小，在较小的激光能量冲击作用下，纳米颗粒粉末就会发生飞溅，因而利用SLS方法烧结纳米粉体材料是比较困难的。

4. 选区激光烧结工艺特点

选区激光烧结工艺作为3D打印技术的重要分支之一，是目前发展最快和应用最广的技术之一。它和SLA、LOM、FDM构成3D打印技术的核心技术。与其他3D打印技术相比，SLS以选材广泛、无需设计和制造复杂支撑、可直接生产注塑模、电火花加工电极以及可快速获得金属零件等功能性零件而受到越来越广泛的重视。选择性激光烧结工艺工作时具体的方法是，依据零件的三维CAD模型，经过格式转换后，对其分层切片，得到各层截面的轮廓形状，然后用激光束选择性地烧结一层层的粉末材料，形成各截面的轮廓形状，再逐步叠加成三维立体零件。该工艺具有如下一些特点。

① 可采用多种材料。从原理上说，选区激光烧结可采用加热时黏度降低的任何粉末材料，通过材料或各类含黏结剂的涂层颗粒制造出任何实体，适应不同的需要。

② 制造工艺比较简单。由于可用多种材料，选区激光烧结工艺按采用原料不同，可以直接生产复杂形状的原型、型腔模三维构件或部件及工具。例如：制造概念原型，可安装为最终产品模型的概念原型，蜡模铸造模型及其他少量母模，直接制造金属注塑模等。

③ 高精度。依赖于使用的材料种类和粒径、产品的几何形状和复杂程度，该工艺一般能够达到工件整体范围内±(0.05～2.5mm)的公差。当粉末粒径为0.1mm以下时，成形后的原型精度可达±10%。

④ 无需支撑结构。和叠层实体制造工艺类似，选区激光烧结工艺也无须设计支撑结构，叠层过程中出现的悬空层面可直接由未烧结的粉末来实现支撑。

⑤ 材料利用率高。由于选区激光烧结不需要支撑结构，也不像叠层实体制造工艺那样出现许多工艺废料，也不需要制作基底支撑，所以该工艺在常见的几种3D打印工艺中，材料利用率是最高的，可认为是100%。

选区激光烧结工艺的缺点如下。

① 成形零件精度有限。在激光烧结过程中，热塑性粉末受激光加热作用，要由固态变为熔融态或半熔融态，然后再冷却凝结为固态。在上述过程中会产生体积收缩，使成形工件尺寸发生变化，因收缩还会产生内应力，再加上相邻层间的不规则约束，以致工件产生翘曲变形，严重影响成形精度。

② 无法直接成形高性能的金属盒陶瓷零件，成形大尺寸零件时容易发生翘曲变形。

③ 由于使用了大功率激光器，整体制造和维护成本非常高，一般消费者难于承受。

④ 目前成形材料的成形性能大多不太理想，成形坯件的物理性能不能满足功能性制品的要求，并且成形性能较好的国外材料，价格都比较昂贵，使得生产成本较高。

5．选区激光烧结工艺应用

选区激光烧结成形技术一直以速度最快、原型复杂系数最大、应用范围最广、运行成本最低著称，在产品概念设计可视化、造型设计评估、装配检验、熔模铸造型芯、精密铸造、快速制模母模等方面得到了迅速应用。

(1) SLS 在快速铸造工艺中的应用

3D 打印与传统铸造技术相结合形成快速铸造技术（Rapid Casting，RC），其基本原理是利用 3D 打印技术直接或间接地制造铸造用消失模、聚乙烯模、蜡样、模板、铸型、型芯或型壳，然后结合传统铸造工艺，快捷地铸造零件，大大地提高了企业的竞争力。SLS 技术与铸造结合，所得到的铸件精度高、光洁度好，能充分发挥复杂形状制造能力，极大地提高了生产效率和制造柔性，经济、快捷，大大缩短了制造周期，对铸造产品质量的提高、加速新产品的开发以及降低新产品投产时工装模具的费用等方面都具有积极意义。

(2) SLS 在航空航天中的应用

SLS 在航空航天中的应用主要是以下三个方面：一是外形验证，整机和零部件外形评估和测试、验证；二是直接制造产品，例如无人飞机的机翼、云台、油箱、保护罩等，美国一些大飞机中也有 30 多个部件采用 SLS 工艺直接制造零件；三是精密熔模铸造的原型制造，采用精密浇铸工艺来制作部件前的原型。

(3) SLS 在电子电器中应用

SLS 工艺在电子产品加工有独到的优势，特别适合小尺寸零件的打样和小尺寸塑胶类有力学要求或绝缘要求的零件小批量甚至中等批量的生产。比如塑胶类的卡扣、小电机的绝缘片、电器接线端子、紧固件、螺钉等。在电器产品方面特别合适小尺寸的结构复杂的外壳件打样。

(4) SLS 在汽车中应用

SLS 工艺已经在汽车零部件的开发和赛车的零部件制造方面得到了广泛的应用。这些应用包括汽车仪表盘、动力保护罩、装饰件、水箱、车灯配件、油管、进气管路、进气歧管等零件。

(5) SLS 在艺术产品中应用

SLS 工艺可以直接制造传统注塑工艺不能脱模的产品，从此塑胶艺术品开始得以普及；也是城市雕塑工程招投标、快速制造样品的首选。

2.3.3 熔融沉积成形

熔融沉积成形（Fused Deposition Modeling Molding，FDM），又称熔丝沉积成形，由美国学者 Scott C 博士于 1988 年率先提出。熔融沉积成形是最常见的一种同步送料型工艺，也是继光固化成形和叠层实体制造工艺后的另一种应用比较广泛的 3D 打印工艺。

1. 熔融沉积成形工艺原理

熔融沉积 3D 打印工艺是利用成形和支撑材料的热熔性、粘结性，在计算机控制下进行层层堆积成形。FDM 系统主要包括喷头、送丝机构、运动机构、加热系统、工作台 5 个部分。3D 打印机的加热喷头在计算机的控制下，可根据截面轮廓的信息，作 X-Y 平面运动和 Z 方向的运动。材料由供丝机送至喷头，在喷头中被加热熔化，喷头底部有一喷嘴将熔融的材料以一定的压力挤出，喷头沿零件截面轮廓和填充轨迹运动时挤出材料；然后被选择性地涂覆在工作台上，快速冷却后形成截面轮廓，一层成形完成后，工作台下降一截面层的高度，再进行下一层的涂覆，并与前一层粘结并在空气中迅速固化，如此循环最终形成成形产品。熔融沉积成形原理图如图 2-5 所示。

(1) 喷头

喷头的主要作用是将其内部的固相材料加热至熔融状态，然后由相关机构将熔融状态的物料从喷嘴挤出，挤出的材料按照切片数据层层粘结、固化，按照预定程序不断地进行，最终获得实体。在制造悬臂件时，悬臂部分由于无支撑易产生变形，为了避免悬臂部分变形情况的发生，需要添加支撑部分，这点与其他快速制造模型时有所不同。当支撑与模型材料为同一种材料，可以采用单喷头的形式，但现在多用两个喷头且相互之间独立加热的形式，各自用不同的材料制造零件和支撑，由于两种材料的特性不同，制作完毕后更易进行后处理工作。

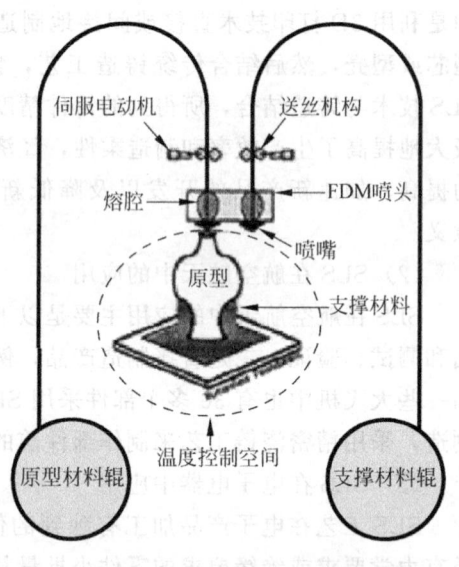

图 2-5 熔融沉积成形原理图

(2) 送丝机构

送丝机构的主要功能是平稳、可靠地为喷头输送原料。原材料的丝径尺寸为 1～2mm，而喷嘴的直径在 0.2～0.5mm，丝径与喷嘴直径的压力差保证了熔融物料能够在喷头扫描时被挤出成形。由两台直流电动机带动相关轮齿构成的送丝机构，通过 D/A 控制的形式控制送丝的速度及开闭。为保证送丝过程的稳定、可靠，有效避免成形过程中出现断丝或积瘤现象，送丝机构和喷头能够对丝料采用推、拉，控制进料速度。

(3) 运动机构

运动机构在立体空间内 X、Y、Z 三个方向进行轴运动，快速成形技术的基本原理是将三维模型加工转化为平面层的堆积，只需要二轴联动就能完成，简化了机床对运动轴的控制。

(4) 加热系统

加热系统的作用是给成形过程提供一个恒定的温度环境。熔融丝料在挤出过程中出现的翘曲和开裂，主要是由温差过大、冷却速度加快引起的。传统的可控硅和温控器结合的硬件控制形式精度远落后于先进的新型模糊 PID 控制，在以后选择中可重新设计。

(5) 运动控制器

FDM 利用三轴步进电动机运动控制卡作为控制系统。这种卡控系统能够实现准确的 X、Y、Z 位置控制以及精确的旋转控制。系统主要包括三部分：限位、原点开关信号输入模块，脉冲、方向信号输出模块，数字量输入输出模块。

(6) 电动机及驱动器

步进电动机是一种感应电动机，根据脉冲信号产生相应的位移，驱动送丝机构及螺杆的旋转。步进电动机主要应用于开环系统中，它的结构非常简单，调试方便、工作可靠、成本低。在一定条件下（如增加编码器、光栅尺）步进电动机也可应用到闭环或半闭环的控制系统中。

2. 熔融沉积成形工艺过程

跟其他 3D 打印工艺一样，FDM 工艺过程一般分为前处理（包括设计三维 CAD 模型、CAD 模型的近似处理、确定摆放方位、对 STL 文件进行分层处理）、原型制作和后处理三部分。

(1) 前处理

前处理内容包括以下几方面的工作。

① 建立打印件的三维 CAD 模型。

因为三维 CAD 模型数据是成形件的真实信息的虚拟描述，它将作为 3D 打印系统的输入信息，所以在加工之前要先利用计算机软件建立好成形件的三维 CAD 模型。设计人员根据产品的要求，利用计算机辅助设计软件设计出三维 CAD 模型，这是快速原型制作的原始数据，CAD 模型的三维造型可以在 Pro/E、Solidworks、AutoCAD、UG 及 Catia 等软件上实现，也可采用逆向造型的方法获得三维模型。

② 三维 CAD 模型的近似处理。

由于要成形的零件通常都具有比较复杂的曲面，为了便于后续的数据处理和减小计算量，我们首先要对三维 CAD 模型进行近似处理。在这里我们采用 STL 格式文件对模型进行近似处理，它的原理是用很多的小三角形平面来代替原来的面，相当于将原来的所有面进行量化处理，而后用三角形的法矢量以及它的三个顶点坐标对每个三角形进行唯一标识，可以通过控制和选择小三角形的尺寸来达到我们所需要的精度要求。由于生成 STL 格式文件方便、快捷，且数据存储方便，目前这种文件格式已经在快速成形制造过程中得到了广泛的应用。而且计算机辅助设计软件均具有输出和转换这种格式文件的功能，这也加快了该数据格式的应用和普及。

③ 确定打印件的摆放方位。

将 STL 文件导入 FDM3D 打印机的数据处理系统后，确定原型的摆放方位。摆放方位的处理是十分重要的，它不仅影响制件的时间和效率，更会影响后续支撑的施加和原型的表面质量。一般情况下,若考虑原型的表面质量,应将对表面质量要求高的部分置于上平面或水平面。为了减少成形时间,应选择尺寸小的方向作为叠层方向。

④ 三维CAD模型数据的切片处理。

3D打印实际完成的是每一层的加工,然后工作台或打印头发生相应的位置调整,进而实现层层堆积。因此想要得到打印头的每层行走轨迹,就要获得每层的数据。故对近似处理后的模型进行切片处理,提取出每层的截面信息,生成数据文件,再将数据文件导入快速成形机中。切片时切片的层厚越小,成形件的质量越高,但加工效率变低;反之则成形质量低,加工效率提高。

(2) 原型制作

① 支撑的制作。

由于FEM的工艺特点,3D打印系统必须对产产品三维CAD模型做支撑处理,否则,在分层制造过程中,当前截面大于下层截面时,将会出现悬空,从而使截面部分发生塌陷或变形,影响零件的成形精度,甚至使产品不能成形。支撑还有一个作用就是建立基础层,在工作平台和原型的底层之间建立缓冲层,使原型制作完成后便于剥离工作平台,此外,基础支撑还可以给制造过程提供一个基准平面。设计支撑时,需要考虑影响支撑的几个主要因素:支撑的强度、稳定性、加工时间和可去除性等。

② 实体制作

在支撑的基础上进行实体的造型,自下而上层层补加形成三维实体,这样可以保证实体造型的精度和品质。

(3) 后处理

3D打印的后处理主要是对原型进行表面处理。去除实体的支撑部分,对部分实体表面进行处理,使原型精度、表面粗糙度等达到要求。但是,原型的部分复杂和细微结构的支撑很难去除,在处理过程中会出现损坏原型表面的情况,从而影响原型的表面品质。于是,1999年Stratasys公司开发出水溶性支撑材料,有效地解决了这个难题。目前,我国自行研发的FDM工艺还无法做到这一点,原型的后处理仍然足一个较为复杂的过程。

3. 熔融沉积成形工艺特点

FDM发展如此迅速,主要是因为它有以下其他工艺无法比拟的优点。

(1) 不使用激光,维护简单,成本低

多用于概念设计的FDM成形机对原型精度和物理化学特性要求不高,便宜的价格是其能否推广开来的决定性因素。

(2) 塑料丝材,清洁,更换容易

与其他使用粉末和液态材料的工艺相比,丝材更加清洁,易于更换、保存,不会在设备中或附近形成粉末或液体污染。材料性能一直是FDM工艺的主要优点,其ABS原型强度可以达到注塑零件的三分之一。近年来又发展出PC、PC/ABS、PPSF等材料,强度已经接近或超过普通注塑零件,可在某些特定场合(试用、维修、暂时替换等)下直接使用。虽然直接金属零件成形(近年来许多研究机构和公司都在进行这方面的研究,是当今快速原型领域的一个研究热点)的材料性能更好,但在塑料零件领域,FDM工艺是一种非常适宜的快速制造方式。随着材料性能和工艺水平的进一步提高,会有更多的FDM原型在各种场合直接使用。

（3）后处理简单

仅需要几分钟到一刻钟的时间剥离支撑后，原型即可使用。而现在应用较多的 SL、SLS、3DP 等工艺均存在清理残余液体和粉末的步骤，并且需要进行后固化处理，需要额外的辅助设备。这些额外的后处理工序一是容易造成粉末或液体污染，二是增加了几个小时的时间，不能在成形完成后立刻使用。

（4）成形速度较快

一般来讲，FDM 工艺相对于 SL、SLS、3DP 工艺来说，速度是比较慢的，但是其也有一定的优势。当对原型强度要求不高时，可通过减小原型密实程度的方法提高 FDM 成形速度。通过试验，具有某些结构特点的模型，最高成形速度已经可以达到 $60cm^3/h$。通过软件优化及技术进步，预计可以达到 $200cm^3/h$ 的高速度。

熔融沉积成形工艺具有以下特点：

① 设备构造原理和操作简单，维护成本低，设备运行安全。
② 可以使用无毒的原材料，设备可以在办公环境中安装使用。
③ 用蜡成形的零件原型，可以直接用于失蜡铸造。
④ 可以成形任意复杂程度的零件，常用于成形具有很复杂的内腔、孔等零件。
⑤ 原材料在成形过程中无化学变化，制件的翘曲变形小。
⑥ 原材料利用率高，且材料寿命长。
⑦ 支撑去除简单，无须化学清洗，分离容易。
⑧ 采用多喷头时，可将多种成分的材料融合入同一个实体中。

另外，除以上优点外，熔融沉积制造工艺还有以下缺点：

① 成形精度不高，最高为 0.1mm，成形零件表面粗糙，需要后续抛光处理。成形尺寸有限，由于工作台的限制，FDM 工艺只能成形中小型件。
② 成形速度较慢，由于成形设备的喷头是机械式结构，导致成形较慢。
③ 成形表明质量较差，由于 FDM 工艺是由喷头喷出的具有一定厚度的丝逐层粘接堆积而成的，因此不可避免地会产生台阶（阶梯）效应，表面有较明显的条纹。
④ 需要设计和制作支撑材料，并且对整个表面进行涂覆，成形时间较长。制作大型薄板件时，易发生翘曲变形。沿成形轴方向的零件强度比较弱。

2.3.4 3D 立体打印

3D 打印快速成形技术的概念最早是由美国麻省理工学院的 Scans E. M. 和 Cima M. J. 等人于 1992 年提出的。3D 打印是一种基于液滴喷射成形的快速成形技术，单层打印成形类似于喷墨打印过程，即在数字信号的激励下，使打印头工作腔内的液态材料在瞬间形成液滴或者由射流形成液滴，以一定的频率和速度从喷嘴喷出，并喷射到指定位置，逐层堆积，形成三维实体零件。根据喷射材料的不同，将 3D 打印快速成形技术分为粉末粘结成形 3D 打印和直接成形 3D 打印。该技术的优点是成形速度快，不用支撑结构，缺点是模型精度和强度不高。但是在制药工业应用方面，该技术比较容易生成多孔结构，在药物可控释放上有显著的优势。

1. 3D 立体打印工艺原理

(1) 粉末粘结成形 3D 打印

3D 打印采用静电墨水喷嘴，按照制件截面轮廓信息，有选择性地向已铺好的粉末材料层喷射液体黏结剂，层层粘接成形制件。铺粉过程跟选择性激光烧结工艺一样，采用粉末材料成形，如陶瓷粉末、金属粉末，所不同的是材料粉末不是通过烧结连接起来的，而是通过喷头用黏接剂（如硅胶）将零件的截面"印刷"在材料粉末上面。

粉末粘结成形 3D 打印是通过打印头喷射（打印）黏结剂将粉末材料逐层粘结成形以得到制件的成形方法。其工作过程如图 2-6 所示，首先在成形室工作台上均匀地铺上一层粉末材料，接着打印头按照零件截面形状，将黏结剂材料有选择性地打印到已铺好的粉末材料上，使零件截面有实体区域内的粉末材料粘结在一起，形成截面轮廓；一层打印完后工作台下移一定高度，然后重复上述过程；如此循环逐层打印直至工件完成，最后除去未粘结的粉末材料并经固化或打磨等后处理，得到成形制件。

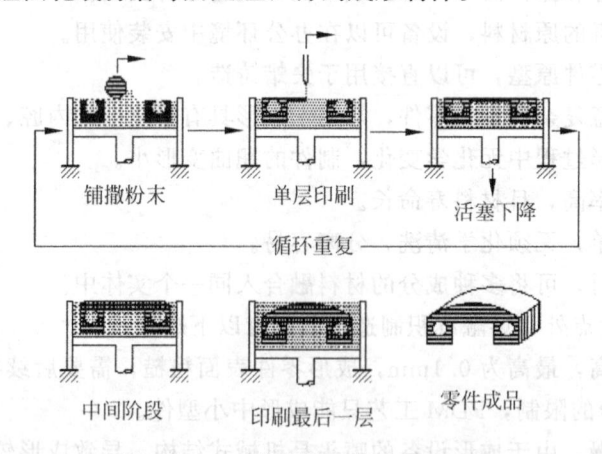

图 2-6 3D 立体打印工艺的具体过程

3D 立体打印采用粉末材料成形，如陶瓷粉末、金属粉末。材料粉末不通过烧结连接起来，而通过喷头用黏结剂（如硅胶）将零件的截面"印刷"在材料粉末之上。黏结剂粘结的零件强度较低，还要进行后处理，即先烧掉黏结剂，然后高温渗入金属，使零件致密化以提高强度。

由粉末粘结成形 3D 打印的工作原理可知，基于该技术的 3D 打印快速成形系统主要应由以下几部分组成：打印头及其控制系统（包括打印头、打印头控制和黏结剂材料供给与控制）、粉末材料系统（包括粉料存储、喂料、铺料及回收）、三个方向的运动机构与控制（包括打印头在 X 轴和 Y 轴方向的运动，工作台在 Z 轴方向的运动）、成形室、控制硬件和软件。

由于未粘结的粉末材料可以作为支撑，因此粉末粘结成形 3D 打印中不需要考虑支撑，打印头的个数最少可以只设置 1 个。若将黏结剂材料制成彩色，则粉末粘结成形 3D 打印可以直接制造出彩色的模型或原型件。

(2) 直接成形 3D 打印快速成形

直接成形 3D 打印快速成形是直接由打印头打印出光固化成形材料、热熔性成形材料或其他成形材料，然后经固化成形得到制件。

图 2-7 是光固化 3D 打印快速成形（由打印头喷射光敏树脂材料）的工作原理图，其工作过程如下：根据零件截面形状，控制打印头在截面有实体的区域打印光固化实体材料和在需要支撑的区域打印光固化支撑材料，在紫外灯的照射下光固化材料边打印边固化。如此逐层打印逐层固化直至工件完成，最后除去支撑材料得到成形制件。打印其他成形材料 3D 打印快速成形的工作原理与此相似，只是固化方式有所不同。

与粉末粘结成形的 3D 打印快速成形系统相比，直接成形的 3D 打印快速成形系统因其中没有粉末材料系统，结构和控制相对要简单。直接成形 3D 打印快速成形中，对于制件有悬臂的地方需要制作支撑，因此，基于该技术的快速成形系统中打印头的数量至少要设置两个，一个打印实体材料，另一个打印支撑材料。

图 2-7 光固化 3D 打印快速成形的工作原理图

2. 3D 立体打印工艺特点

3D 立体打印工艺具有以下特点：
① 成形速度快，耗材价格便宜，一般的石膏粉都可以成形原型零件。
② 成形过程不需要支撑材料，多余粉末容易去除，尤其适用内部结构复杂的原型零件制作。
③ 能够直接打印彩色原型零件，不需要后期上色。

3D 立体打印工艺具有以下缺点如下：
① 石膏强度较低，只能做概念模型，而不能做功能性试验。
② 成形的精度不高，制作的原型零件表面粗糙。

2.4 金属材料 3D 打印工艺技术

金属零件 3D 打印技术作为整个 3D 打印体系中最为前沿和最有潜力的技术，是先进制造技术的重要发展方向。随着科技发展及推广应用的需求，利用 3D 打印直接制造金属功能零件成为了 3D 打印主要的发展方向。目前可用于直接制造金属功能零件的 3D 打印方法主要有选区激光熔化、激光近净成形（Laser Engineered Net Shaping，LENS）、电子束熔丝沉积（Electron Beam Direct Manufacturing，EBDM）、电子束选区熔化（Electron Beam Selective Melting，EBSM）等。

2.4.1 选区激光熔化

选区激光熔化的概念在 20 世纪 90 年代由德国 Fraunhofer 激光技术研究所首次提出。目前 SLM 装备研发机构主要有德国的 SLM Solutions、ConceptLaser、EOS，英国的

Renishaw,国内的华南理工大学、华中科技大学等。在原理上,选区激光熔化与选区激光烧结相似,但因为采用了较高的激光能量密度和更细小的光斑直径,成形件的力学性能、尺寸精度等均较好,只需要简单后处理即可投入使用,并且成形所用原材料无须特别配制。

1. 选区激光熔化工艺原理

在设备中的具体成形过程如图 2-8 所示,激光束开始扫描前,铺粉装置先把金属粉末平推到成形缸的基板上,激光束再按当前层的填充轮廓线选区熔化基板上的粉末,加工出当前层,然后成形缸下降一个层厚的距离,粉料缸上升一定厚度的距离,铺粉装置再在已加工好的当前层上铺好金属粉末。设备调入下一层轮廓的数据进行加工,如此逐层加工,直到整个零件加工完毕。整个加工过程在通有惰性气体保护的加工室中进行,以避免金属在高温下与其他气体发生反应。

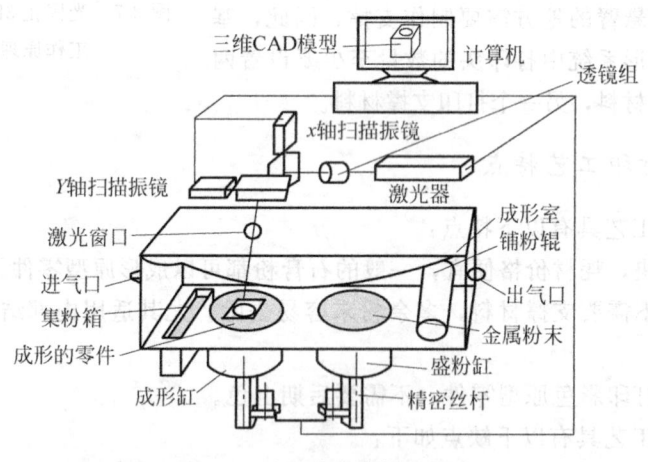

图 2-8 选区激光熔化原理图

2. 选区激光熔化工艺过程

SLM 技术的基本工艺过程是:先在计算机上利用 Pro/E、UG、CATIA 等三维造型软件设计出零件的三维实体模型,然后通过切片软件对该三维模型进行切片分层,得到各截面的轮廓数据,由轮廓数据生成填充扫描路径,设备将按照这些填充扫描线,控制激光束选区熔化各层的金属粉末材料,逐步堆叠成三维金属零件。

3. 选区激光熔化工艺特点

这种方法是在选区激光烧结(SLS)基础上发展起来的,但又区别于选区激光烧结技术,选区激光熔化工艺具有以下特点:

① 直接制造金属功能件,无需中间工序。

② 良好的光束质量,可获得细微聚焦光斑,从而可以直接制造出较高尺寸精度和较好表面粗糙度的功能件。

③ 金属粉末完全熔化,直接制造出的金属功能件具有冶金结合组织,致密度较高,具有较好的力学性能,无需后处理。

④ 粉末材料可为单一材料也可为多组元材料,原材料无须特别配制。

⑤ 可直接制造出复杂几何形状的功能件，适合各种复杂形状的工件，尤其适合内部有复杂异型结构（如空腔）、用传统方法无法制造的复杂工件。

⑥ 特别适合于单件或小批量的功能件制造。

4．选区激光熔化工艺应用

选区激光熔化快速成形技术是模具或金属零件的一次成形技术，也是简化中间环节的终端技术，是激光快速成形发展的必然趋势。生产出的工件经抛或简单表面处理可直接作为模具、工件或医学金属植入体使用。该技术将主要应用于模具产品的快速开发应用，原型的快速设计和自动制造保证了工具的快速制造。无需数控铣削，无需电火花加工，无需任何专用工装和工具，直接根据原型而将复杂的工具和型腔制造出来。一般来说，采用选区激光熔化快速成形技术，模具的制造时间和成本均为传统技术的 1/3。并且该技术在复合材料、梯度材料的工件实体制造中也有很好的发展潜力。

2.4.2 激光近净成形

激光近净成形（Laser Engineered Net Shaping，LENS），又叫激光工程化净成形、激光熔覆成形（Laser Cladding Forming，LCF）或激光立体成形（Laser Solid Forming，LSF）是一种新的快速成形技术，它由美国 Sandia 国家实验室开发并获得专利的一种 3D 打印工艺。它利用 3D 打印思想结合自动送粉激光熔覆技术能够直接制造金属零件。激光近净成形工艺创于 1984 年并在 1989 年出现了第一台商业化的设备。它具有无模具、短周期、低成本、快速响应等优点，并且适用材料广泛，成形材料性能好、结构复杂，因此在航空、航天、汽车等高新技术领域展示出广泛的发展前景。

1．激光近净成形工艺原理

激光近净成形工艺原理图如图 2-9 所示。金属粉末通过喷嘴送入激光束作用区域内并熔化形成熔池，并随着喷头相对工作台运动形成熔道。零件单片层信息最终引导熔道搭接

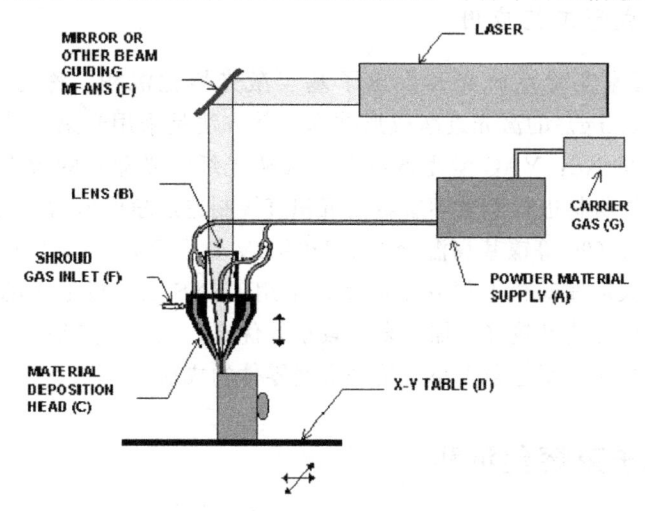

图 2-9 激光近净成形原理图

成与零件轮廓相对应的熔覆层。然后喷头相对工作台沿成形方向移动一个切片层厚，接着在前一层的基础上叠加形成后续的熔覆层，保证前后两层熔合在一起，如此循环最后形成整个零件。

在 LENS 系统中，同轴送粉器包括送粉器、送粉头和保护气路 3 部分。送粉器包括粉末料箱和粉末定量送给机构，粉末的流量由步进电动机的转速决定。为使金属粉末在自重作用下增加流动性，将送粉器架设在 2.5m 的高度上。从送粉器流出的金属粉末经粉末分割器平均分成 4 份并通过软管流入粉头，金属粉末从粉头的喷嘴喷射到激光焦点的位置完成熔化堆积过程。全部粉末路径由保护气体推动，保护气体将金属粉末与空气隔离，从而避免金属粉末氧化。

2. 激光近净成形工艺特点

激光近净成形工艺具有以下特点：
① 高性能金属材料的快速凝固制备与大型复杂零部件的"近净成形"同步完成，零件制造工艺流程短。
② 零件具有晶粒细小、成分均匀、组织致密的快速凝固组织，综合力学性能优异。
③ 与传统锻造成形技术相比，无需零件毛坯制备和锻压成形模具加工，无需大型或超大型锻铸工业装备及其相关配套设施。
④ 直接实现零件的少无余量近净成形，后续机械加工余量小、材料利用率高、机加时间短。
⑤ 零件生产工序少、制造周期短、成本低并具有高度的柔性和对构件设计变化的"超常"快速响应能力。
⑥ 激光束能量密度高，可以方便地实现对包括 W、Mo、Nb、Ta、Ti、Zr 等各种难熔、难加工、高活性、高性能金属材料的快速凝固材料制备和复杂零件的直接"近净成形"。
⑦ 可根据零件的工作条件和服役性能要求，通过灵活改变局部激光熔化沉积材料的化学成分，实现多材料梯度复合高性能金属材料构件的直接近净成形。

3. 激光近净成形工艺应用

美国 Sandia 国家实验室研究开发出了基于激光熔化沉积、称为"LENS"(Laser Engineered Net Shaping) 的激光近净成形技术，其方法是采用光束尺寸较小、激光功率较低 (300～750W 的 Nd：YAG 激光器或 1～2kW 光纤激光器) 的激光束，分别利用金属粉末及金属丝为原材料进行激光逐层熔化沉积直接制造近净成形的金属零件，已制造出了包括 IN718、625、690 等镍基高温合金，Ti6Al4V 钛合金，304、316 等不锈钢小型零件，部分零件已在火箭发动机上得到了应用。采用 LENS 工艺成形出的金属零件，具有尺寸精度较高、表面光洁度较好、加工余量较小等优点，但其缺点是生产效率低，成形零件尺寸小，因而该方法主要适合于小型精密金属零件的成形。

2.4.3 电子束熔丝沉积

电子束熔丝沉积 (Electron Beam Direct Manufacturing，EBDM) 3D 打印技术是近年

来发展起来的一种新型技术。

1995年麻省理工学院的 V. R. Dave，J. E. Matz 和 T. W. Eagar 等人提出了一种利用电子束将金属粉末熔化进行三维零件快速成形的设想，类似于激光烧结的过程。2001年瑞典 Arcam AB 公司将这种设想成功实现，开发出电子束熔融成形（EBM）技术并申请专利和进行商业化运作。目前该公司的电子束熔融成形设备在英国剑桥真空工程研究所、英国华威大学、美国南加州大学等多家研究机构得到了使用，主要应用于汽车、航空航天及医疗器械等领域。

1. 电子束熔丝沉积工艺原理

电子束熔丝沉积工艺原理如图 2-10 所示。这种 3D 打印技术是通过添加增材的方式生成零件。利用真空环境下的高能电子束流作为热源，直接作用于工件表面，在前一层增材或基材上形成熔池。送丝系统将丝材从侧面送入，丝材受电子束加热融化，形成熔滴。随着工作台的移动，使熔滴沿着一定的路径逐滴沉积进入熔池，熔滴之间紧密相连，从而形成新一层的增材，层层堆积，直至零件完全按照设计的形状成形。

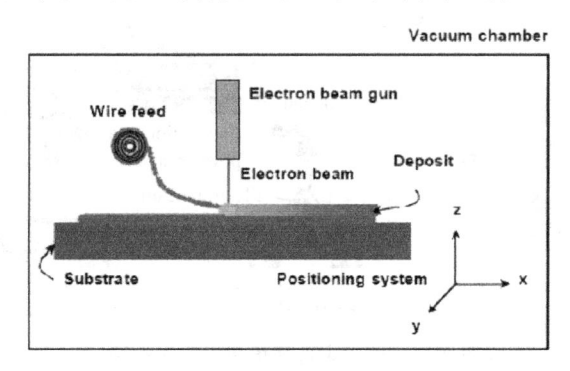

图 2-10 电子束熔丝沉积工艺原理图

2. 电子束熔丝沉积工艺特点

与其他 3D 打印技术一样，需要对零件的三维 CAD 模型进行分层处理，并生成加工路径。利用电子束作为热源，熔化送进的金属丝材，按照预定路径逐层堆积，并与前一层面形成冶金结合，直至形成致密的金属零件。该技术具有成形速度快、保护效果好、材料利用率高、能量转化率高等特点，适合大中型钛合金、铝合金等活性金属零件的成形制造与结构修复。

2.4.4 电子束选区熔化

电子束选区熔化（Electron Beam Selective Melting，EBSM）也称电子束熔化成形（Electron Beam Melting，EBM），是 20 世纪 90 年代中期发展起来的一种金属零件 3D 打印技术，其工作原理与选区激光熔化类似，只是熔化金属粉末的能量源为电子束。电子束功率密度大，粉末对电子束能量吸收率高、吸收稳定，适合成形金属零件，特别是其他工艺难以成形的高反射率、高熔点金属零件，如铝合金。

EBSM 与 LENS 和 SLM 相比，该技术是一种以电子束为能量源的粉末增材制造技术，具有能量利用率高、无反射、功率密度高、扫描速度快、真空环境无污染等优点，原则上可以实现活性稀有金属材料的直接洁净快速制造。目前美国麻省理工学院、美国航空航天局、瑞典 Arcam 公司和我国清华大学均开发出了各自的基于电子束的快速制造系统。

1. 电子束选区熔化工艺过程

EBSM 技术与激光选区烧结类似，利用金属粉末在电子束轰击下熔化的原理，其工艺过程如下：首先将所设计零件的二维图形按一定的厚度切片分层，得到二维零件的所有一维信息；然后在真空箱内以电子束为能量源，电子束在电磁偏转线圈的作用下由计算机控制，根据零件各层截面的 CAD 数据有选择地对预先铺好在工作台上的粉末层进行扫描熔化，未被熔化的粉末仍呈松散状，可作为支撑；之后一层加工完成后，工作台下降一个层厚的高度，再进行下一层铺粉和熔化，同时新熔化层与前一层熔合为一体；最后重复上述过程直到零件加工完后从真空箱中取出，用高压空气吹出松散粉末，得到二维零件。电子束选区熔化工艺过程如图 2-11 所示。

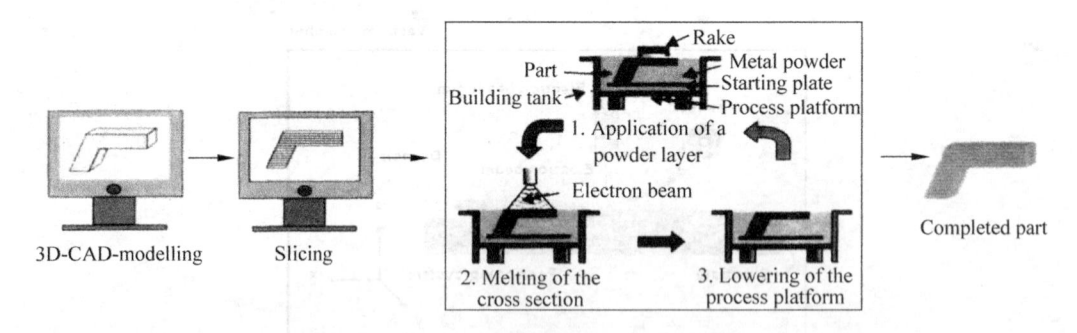

图 2-11 电子束选区熔化工艺过程图

2. 电子束选区熔化系统的组成

清华大学颜永年团队自行研制的电子束选区熔化成形系统 EBSM 150-I，如图 2-12 所示。EBSM 技术主要有送粉、铺粉、熔化等工艺步骤，因此，在其真空室应具备铺送粉机构、粉末回收箱及成形平台。同时，还应包括电子枪系统、真空系统、电源系统和控制系统。其中，控制系统包括扫描控制系统、运动控制系统、电源控制系统、真空控制系统和温度检测系统。

3. 电子束选区熔化工艺特点

电子束选区熔化具有以下特点：
① 在真空环境下电子束成形材料不会被氧化，不像激光一样会被反射。
② 电子束的最大功率能达到激光的数倍，其连

图 2-12 EBSM 150-I 系统示意图

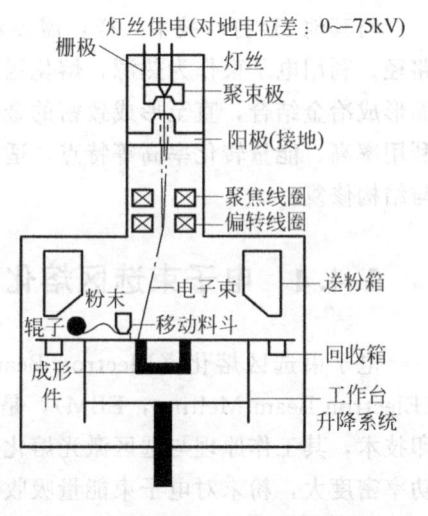

续热源功率密度要比激光高,成形速度更快。

③ 电子束的焦点半径比激光小,因而能够微细地聚焦,加工出的零件或模具精度和细微特征要比激光加工的好,减少了加工余量和后处理工序。

④ 电子束可控的高速扫描速度能达到 900m/s,成形时同一层上材料的熔凝几乎能够同时完成,因而制件的内应力必会相应减少。

4. 电子束选区熔化应用

电子束选区熔化成形技术具有能量利用率高、无反射、功率密度高、扫描速度快、真空环境无污染、低残余应力等优点,特别适合活性、难熔、脆性金属材料的直接成形,在航空航天、生物医疗、汽车、模具等领域具有广阔的应用前景。

目前 EBSM 技术所展现的技术优势已经得到广泛的认可,吸引了诸如美国 GE、NASA、橡树岭国家实验室等一批知名企业和研究机构的关注,投入了大量的人力物力进行研究和开发,制备的零件主要包括复杂 Ti-6Al-4V 零件、脆性金属间化合物 TiAl 基零件及多孔性零件,并且已经在生物医疗、航空航天等领域取得一定的成就。

第3章

3D 打印机

3.1 光固化成形设备

成形设备的研究与开发是快速成形制造技术的重要部分,其先进程度是衡量快速成形技术发展水平的标志。自从1988年3D Systemss公司推出第一台商品化快速成形设备SLA-250以来,世界范围内相继推出了多种快速成形工艺的商品化设备和实验室阶段设备。

光固化成形设备的研发机构有美国的3D Systemss公司、Aaroflex公司,德国的EOS公司、F&S公司,法国的Laser 3D公司,日本的SONY/D-MEC公司、Teijin Seiki公司、Denken Engineering公司、Meiko公司、Unipid公司、CMET公司,以色列的Cubital公司以及国内的西安交通大学、华中科技大学、上海联泰科技有限公司等。

3D Systemss公司生产的ProX 950立体光刻(SLA)打印机,如图3-1所示,能够精确无缝地成形尺寸为1500mm×750mm×550mm、最大零件质量为150kg、外观和力学性能优良的制件,支持多种SLA工业材料,可以打印韧性强的类ABS材料,也可以打印透明的类树脂材料。

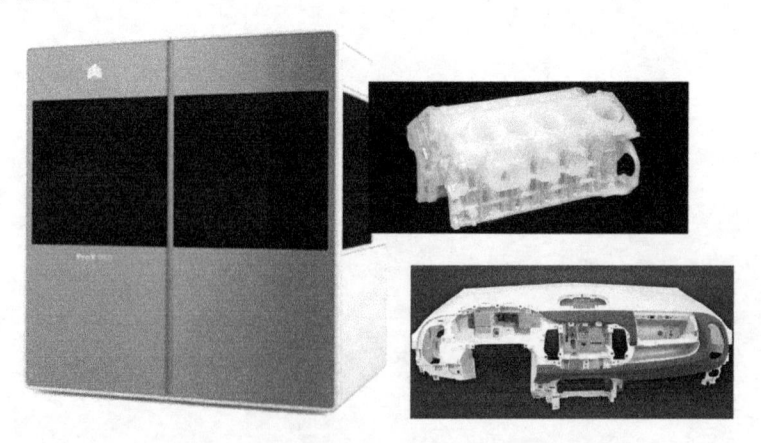

图3-1 ProX 950立体光刻(SLA)打印机及打印件

陕西恒通智能机器有限公司开发的SPS系列光固化激光快速成形机,如图3-2和图3-3所示,技术参数见表3-1和表3-2。

图 3-2　SPS 系列光固化激光快速成形机 1

表 3-1　SPS 系列技术参数 1

型　号	SPS800	SPS600	SPS450	SPS350
最大激光扫描速度/(m/s)	10			
激光光斑直径/mm	≤0.15			
成形空间/(mm×mm×mm)	800×600×400	600×600×400	450×450×350	350×350×350
加工精度/mm	±0.1（L≤100）或±0.1%（L＞100）			
加工层厚/mm	0.06～0.2			
最大成形速度/(g/h)	80	80	60	60
设备体积/(mm×mm×mm)	2065×1245×2220	1865×1245×1930	1665×1095×1930	1565×995×1930
设备功率/kW	6	3	3	3

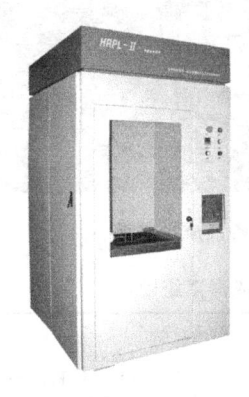

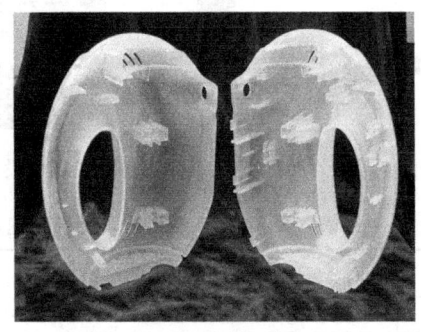

图 3-3　SPS 系列光固化激光快速成形机 2

表 3-2　SPS 系列技术参数 2

型　号	HRPL-Ⅱ	HRPL-Ⅲ
成形空间 $L×W×H$/(mm×mm×mm)	350×350×350	600×600×500
外形尺寸 $L×W×H$/(mm×mm×mm)	1060×1180×2030	
分层厚度/mm	0.05～0.3 连续可调	
制件精度/mm	±0.1（L≤100）或±0.1%（L＞100）	

续表

型号	HRPL-Ⅱ	HRPL-Ⅲ
电源要求	220V 10A 50Hz	
激光器	固态激光器 355nm/500nw	
最大扫描速度/（m/sec）	8	
扫描面光斑直径/mm	≤0.2	
成形材料	液态光敏树脂	
系统软件	Power Rp 终身免费升级	
软件工作平台	Windows 2000 运行环境	

3.2 选区激光烧结设备

选区激光烧结设备的研发机构有美国的 DTM 公司、3D Systemss 公司，德国的 EOS 公司以及国内的华中科技大学、北京隆源自动成形设备有限公司和中北大学。

华中科技大学目前已经研制成功世界上成形范围最大的 HRPS 系列选区激光烧结设备，如图 3-4 所示。该设备以粉末为原料，可直接制成蜡模、砂芯（型）或塑料功能零件，其平面扫描范围达 1400mm×1400mm×500mm，制件精度为 200mm±0.2mm 或 ±0.1%，层厚为 0.08~0.3mm。其规格见表 3-3。

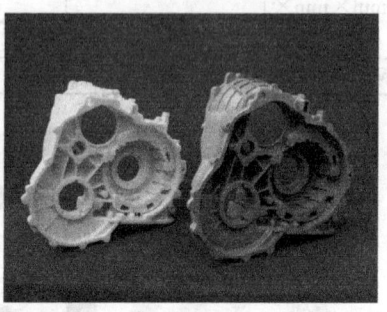

图 3-4 HRPS 系列快速成形设备及成形件

表 3-3 HRPS 系列粉末烧结快速成形系统规格

基本参数						
型号	HRPS-Ⅱ	HRPS-Ⅳ	HRPS-Ⅴ	HRPS-Ⅵ	HRPS-Ⅶ	HRPS-Ⅷ
成形空间 $L×W×H$ /（mm×mm×mm）	320×320 ×450	500×500 ×400	1000×1000 ×600	1200×1200 ×600	1400×700 ×500	1400×1400 ×500
外形尺寸 $L×W×H$ /（mm×mm×mm）	1610×1020 ×2050	1930×1220 ×2050	2150×2170 ×3100	2350×2390 ×3400	2520×1790 ×2780	2390×2600 ×2960
分层厚度/mm	0.08~0.3					
制件精度/mm	±0.2（$L≤200$）或 ±0.1%（$L>200$）					

续表

基本参数						
型号	HRPS-Ⅱ	HRPS-Ⅳ	HRPS-Ⅴ	HRPS-Ⅵ	HRPS-Ⅶ	HRPS-Ⅷ
送粉方式	三缸式下送粉	上/下送粉	自动上料、上送粉			
电源要求	三相四线、50Hz、380V、40A		三相四线、50Hz、380V、60A			
光学性能						
激光器	CO_2、进口					
最大扫描速度/（mm/s）	4000	5000	8000	7000	7000	
扫描方式	振镜式聚焦		振镜式动态聚集			
其他参数						
成形材料	HB系列粉末材料（聚合物、覆膜砂、陶瓷、复合材料等）					
系统软件	Power Rp 终身免费升级					
软件工作平台	Windows 2000 运行环境					
可靠性	无人看管下工作					

美国3D Systems是一家实力很强、设备很齐全的3D打印设备公司，其中主要以光固化设备和SLS设备为主，成形材料为树脂和高分子材料。目前也开发出了成形金属材料的sPro 140 SLS 和 sPro 230 SLS 设备，如图3-5所示，其设备规格见表3-4。

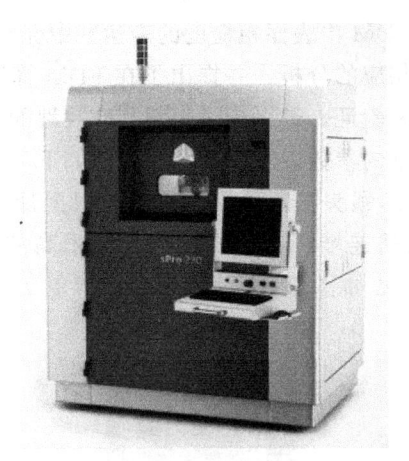

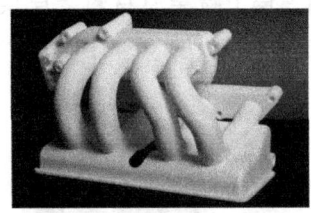

图3-5 sPro 140 SLS 和 sPro 230 SLS 设备

表3-4 sPro 140 SLS 和 sPro 230 SLS 设备规格

规格	sPro 140 Base	sPro 140 HS	sPro 230 Base	sPro 230 HS
建模外容量/(mm×mm×mm)	550×550×460，139l		550×550×750，227l	
粉末压模工具	精密对转辊			
层厚范围/mm	最小0.08；最大0.15，(0.1)			
成像系统	ProScan DX 数字成像系统	ProScan GX 双模式高速数字成像系统	ProScan DX 数字成像系统	ProScan GX 双模式高速数字成像系统
扫描速度/（m/s）	10	15	10	15
激光功率/类型	70W/CO_2	200W/CO_2	70W/CO_2	200W/CO_2
建模体积速率/(l/h)	3	5	3	5
电源系统	208V/17 kVA，50/60Hz，3-phase (Systems)			

3.3 熔融沉积成形设备

目前国外研究这种工艺的公司主要有 MakerBot 公司、Stratasys 公司、3D Systemss 公司、Object 公司等。其中 Stratasys 公司处于领导者的位置，在 1993 年就推出了世界上第一台商业化机型 FDM-1650 快速成形机，此后又推出了该型号的系列产品，值得关注的是五年后成功推出了 FDM-Quantum 机型，该机型首次采用挤出头磁浮定位系统，第一次实现了同时独立控制两个打印头，相应的成形速度提高到原来的 5 倍。Stratasys 公司又进行了成形材料与支撑辅助材料分离方面的研究，在 1999 年成功推出了水溶性支撑材料。由于支撑材料遇水消融而只保留成形件本体，这一技术成功地解决了复杂成形件支撑材料和成形件本体难以分离的问题。同时，国外的大学也对该技术进行研究并取得了相应的成果。比如美国南加州大学的 BarokKhoshnevis 申报了"Cotour Crafting"专利技术，该技术可以消除丝材在堆积过程中产生的台阶效应，将台阶变成光滑的曲面。目前 3D 打印主要的熔丝材料有 ABS、石蜡、PLA 以及低熔点金属陶瓷等。澳大利亚的 Swinburn 工业大学于 1998 年成功研制了一种塑料和金属混合的复合材料，向金属丝材的成功应用又迈进了一步。Daekeon Ahn 等人在文献《FDM 中表面粗糙度的表达》中介绍了基于 FDM 技术制造的零件，对其表面粗糙度进行了相应的分析，并提出了在 FDM 算法中适用的表面粗糙度模型，并对理论模型进行了比较和验证，进一步对影响其有效性的主要因素进行了分析。目前国外主要商业化的产品、设备的参数以及应用领域介绍如下。

MakerBot 公司作为当今 3D 打印设备的领头羊，采用的技术是根据计算机中的空间扫描图，在塑料薄层上喷涂原材料，层层粘连堆积，形成成形精度很高的的三维模型。MakerBot 公司主要生产的 3D 打印机产品如图 3-6 所示。2012 年 9 月 19 日，美国

图 3-6　MakerBot 公司 3D 打印机产品

MakerBot 推出 MakerBot Replicator 2，2013 年 CES 大会（国际消费类电子产品展览会）发布 MakerBot Replicator 2X，在 2014 年 1 月 6 日，MakerBot 公司在 CES 大会（国际消费类电子产品展览会）上发布了第五代新产品，一共三款打印机，包括 MakerBot Replicator，MakerBot Replicator Mini 和 MakerBot Replicator Z18。上述 MakerBot 公司 FDM 设备参数见表 3-5。目前 MakerBot 公司的桌面级产品在市场上的销量遥遥领先其他公司。

表 3-5　MakerBot 公司 FDM 设备参数

型　号	MakerBot Replicator 5 代	MakerBot Replicator MINI	MakerBot Replicator Z18	MakerBot Replicator 2X	MakerBot Replicator 2
成形范围 /(mm×mm×mm)	252×199×150	100×100×125	305×305×457	246×152×155	285×153×155
喷头数量	1	1	1	2	1
层分辨率		200μm	100μm	高：0.1mm 中：0.2mm 低：0.3mm	100μm
定位精度/μm	\multicolumn{5}{c}{X/Y 轴：11；Z 轴：2.5}
喷嘴直径/μm	\multicolumn{5}{c}{0.4}
打印耗材	PLA	PLA	PLA	ABS、PLA	PLA
耗材直径/mm	\multicolumn{5}{c}{1.75}

从近年的销售数据显示，Stratasys 公司生产的熔丝沉积型 3D 打印设备的销量在全世界一直处于领先地位，其设计制造的 Fortus 900mc 3D 打印机，具有很好的耐用性、精确性和互换性，制件尺寸达到了 914mm×610mm×914mm，生产零件的精准度为 ±0.09mm 或 ±0.0015mm，层厚度为 0.330mm、0.254mm、0.178mm，该系统配有两个材料仓，实现最大程度的不间断生产。900mc 在性能、生物相容性、静电耗散或耐热性、抗化学腐蚀性与紫外线辐射方面，为要求较高的应用提供了 12 种真正的热塑塑料。提供三种可供选择的层厚度，从而在打印速度和精细度之间取得平衡。该设备如图 3-7 所示。

在基于 FDM 工艺的产品中，3D Systemss 公司推出个人家用的 3D 打印机 Cube 系列，以其简易性和高可靠性著称，使用的打印材料为 ABS 和 PLA，可以打印的尺寸为 285.4mm×230mm×270.41mm，配置 Wi-Fi 技术，可以方便地在计算机与打印机之间进行无线通信，进行数据文件的传换。

美国上市公司 3D SYSTEMS 于 2014 年 1 月发布的 Cube Pro 系列 3D 打印产品，如图 3-8 所示。Cube Pro 分为单喷头、双喷头和三喷头三种不同型号，各有 23 种不同颜色的 PLA 和 ABS 材料供用户选择，两种打印材料可以同时打印。Cube Pro 的特点是具

图 3-7　Stratasys 公司 Fortus 900mc 3D 打印机

有大尺寸的内置打印平台，在超高精度的设定下，可达到 75μm 的最小层厚。Cube Pro 三头打印机，可以同时打印三种颜色，三种颜色和三种材料可以同时使用，使打印出的模型更具表现力。超过 20 种颜色组合的选择，可使颜色组合的设计更加独特。Cube Pro 系

列 3D 打印机技术参数见表 3-6。

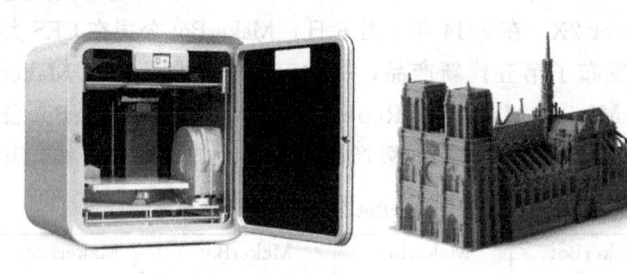

图 3-8　Cube Pro 系列 3D 打印机

表 3-6　Cube Pro 系列 3D 打印机技术参数

型号	Cube pro 3D 打印机（三头）	Cube pro 3D 打印机（双头）	Cube pro 3D 打印机（单头）
打印规格			
成形原理	塑料挤出打印（PJP）		
成形平台尺寸/（mm×mm×mm）	185×273×241	229×273×241	273×273×241
定位精度/mm	XY 轴：0.2；Z 轴：0.1		
打印厚度/mm	0.075		
打印喷头	三喷头	双喷头	单喷头
材料挤出速度/（mm³/s）	最大 15（与材料种类有关）		
耗材规格			
打印材料	ABS 塑料，PLA 塑料，尼龙		
材料颜色	同时打印 3 个颜色，多种颜色选择		
物理参数			
喷头工作温度/℃	280		
电源要求	AC 110～240V		

以色列的 Object 公司作为世界超薄层厚光敏树脂喷射成形技术的领导者，创造了 ObietPolyJetMatrixTM 技术，实现了不同模型材料同时喷射的技术，材料使用的是 ABS 与热塑性塑料的混合材料，主要产品有 Dimension 1200es，产品层厚为 0.254～0.33mm，最大制件尺寸为 254mm×254mm×305mm，使用的软件为 CatalystEX，将 CAD 的 STL 文件转化为 3D 模型的打印路径。

国内的科研技术人员自 20 世纪 90 年代初期才开始进入 3D 打印技术研究中。虽然已经有了 20 多年的发展，但目前我国在 3D 技术方面基本上处于向国外先进的技术和工艺学习的阶段，国内也有一些有实力的大学和科研院所开始着手相关创新工艺的开发和研究。清华大学进行了熔融沉积造型、光固化立体造型、分层实体造型等快速成形技术的研究工作，各种成形工艺都已推出了比较成熟的产品，并在此基础上成功研制出了多功能应用的快速成形设备。此外还有西安交通大学、上海交通大学、浙江大学等也都在开展有关 FDM 技术的研究工作。

北京殷华激光快速成形与模具技术有限公司依托清华大学激光快速成形中心，从研制快速成形系统和开发快速成形设备入手，向着自主研发产品进入市场的方向努力。其研发的 3D 打印快速成形机 GI-A 具有独特的路径填充技术，能够对网格进行优化设计，有效地提高了成形件的质量。与该打印机同时开发出的系统软件能够对 STL 格式文件进行自我检验和自我修复，此外还具有类似刀补的丝材宽度补偿，从软件、机械本体以及丝材等多方面来提高成形件的精度。成形精度为±0.2mm/100mm，成形厚度为 0.15～0.4mm，成形空间达到 255mm×255mm×310mm，成形材料主要有 ABS B230 和 ABS T601。3D 打印快速成形机 GI-A 设备与 MEM320 如图 3-9 所示。

图 3-9　3D 打印快速成形机 GI-A 与 MEM320

北京太尔时代科技有限公司研发的熔融挤压快速成形设备 Inspire A450，成形层厚为 0.15～0.4mm，成形速度为 5～60cm/h，采用双打印头设计，成形材料和支撑材料分别从每个打印头挤出，其中成形材料为 ABS B501，支撑材料为 ABS S301，两种材料成形空间达到 350mm×380mm×450mm。此外其研制的打印机 Up Plus 2，具有自动修复、提前估计打印时间和耗费等功能，成形平台尺寸为 140mm×140mm×135mm。基于其良好的性能，被美国 MAKE 杂志评为性价比最高的个人级 3D 打印机。北京太尔时代科技有限公司研发的产品如图 3-10 所示。Inspire 系列 3D 打印机技术参数见表 3-7。

图 3-10　北京太尔时代科技有限公司研发的 3D 打印机

表 3-7　Inspire 系列 3D 打印机技术参数

	Inspire D255	Inspire D290	InspireS	Inspire A370	Inspire A450
单喷头成形层厚 /mm	0.1		0.15		
双喷头成形层厚 /mm	0.15、0.175、0.2、0.25、0.3、0.35、0.4		0.2、0.25、0.3、0.35	0.15、0.175、0.2、0.25、0.3、0.35、0.4	
成形速度/（cm/h）	5～60				
成形空间 /（mm×mm×mm）	255×255×310	255×290×320	150×200×250	320×330×370	350×380×450
喷头系统	单/双喷头			双喷头	
成形材料	ABS B501				
支撑材料	ABS S301				
软件	Model Wizard				
电源要求	220～240V，良好的地线			380V，良好的地线	
额定功率/kW	2		1.5	6	
操作环境	温度 15～20℃；湿度 10～50％RH				

3.4　3D 立体打印设备

在 3D 打印快速成形技术十多年的发展过程中，有很多单位和机构进行过 3D 打印快速成形设备的研究，到目前为止已经成功实现商品化生产，影响较大的单位主要有 3 家：美国的 Z Corporation 公司、3D Systemss 公司和以色列的 ObJet 公司。

Z Corporation 公司 1995 年获得 MIT 的专利授权后，开始进行粉末粘结成形 3D 打印快速成形设备的研发，于 1997 年推出了第一台商用粉末粘结 3D 打印快速成形机 2402。该设备采用 Canon 喷墨打印头，拥有 128 个喷孔，成形材料为淀粉掺蜡或环氧树脂的复合材料。2402 因其成形速度快、价格便宜、运行和维护成本低，深受用户欢迎，迅速打开了销售局面。此后 Z Corporation 公司于 2000 年推出了能制作出彩色原型件的 3D 打印设备 Z402C，该设备采用 4 种不同颜色的黏结剂材料能产生 8 种不同的色彩。2001 年 Z Corporation 公司又推出了一台能够制作真彩色原型件的 3D 打印快速成形设备 2406，这是世界上第一台真正意义上的彩色快速成形设备，可以成形出颜色逼真的彩色原型件。2406 采用的是 HP 公司的 HP2000 打印机打印头，黏结剂材料有 4 种基本颜色，4 基色可组合成 600 万种颜色，每种颜色的打印头分别拥有 400 个喷嘴，共 1600 个喷嘴，因此可以快速地制造出颜色逼真的彩色原型件。可以制出通过有限元模拟得到的彩色原型件，用来表示零件 3D 空间内的热应力分布情况，切割开原型件，就可以清楚地看出零件内的温度和应力变化情况。Z Corporation 公司经过十来年致力于粉末粘结成形 3D 打印快速成形设备的研究，已成功开发出高速成形、彩色成形和大尺寸零件成形多个系列的 3D 打印快速成形机，成形材料遍及石膏、淀粉、人造高弹橡胶、熔模铸蜡和可直接铸造低熔点金属的铸造砂等。目前，Z Corporation 公司已成为全球最大的生产和销售粉末粘结快速成形机的公司，也是全球唯一生产彩色快速成形设备的公司。

3D Systemss 公司本是全球最大的生产 SLA 快速成形机的公司，但因 SLA 快速成形设备的价格昂贵，运行和维护成本也很高，一般用户难以享受，市场难以扩大。为了改变这种现状和适应快速成形技术发展的需要，3D Systemss 公司开展了成本相对较低的 3D 打印快速成形设备的研发，1999 年推出了首台热喷式（Thermojet）3D 打印快速成形机，该设备以蜡为材料，工作原理是将蜡熔融后从喷嘴中直接喷出经冷却成形，设备采用的打印头包含 352 个喷嘴，可以快速制造蜡质原型件。此后，3D Systemss 公司又开发出了热塑性塑料的热喷式 3D 打印快速成形机和喷打光敏树脂材料的 3D 打印快速成形机，该设备具有较高的成形精度，可以快速地制造出塑料件用于功能试验。目前，3D Systemss 公司正在把热喷式三维打印快速成形机向低价位、小型桌面化的快速成形设备方向发展，已取得了很好的销售业绩。

ObJet 公司主要致力于光固化三维打印快速成形设备的研发，2000 年正式推出了商业化的光固化 3D 打印快速成形机 Quadra，喷头有 1536 个喷嘴，每次喷射的宽度为 60mm，成形的精度非常高，每层厚度低至 $20\mu s$。此后，ObJet 公司又推出了成形精度更高的 Eden 系列 3D 打印快速成形机，成形的层厚为 $16\mu s$，成形分辨率达 600dpi（X 轴）×300 即 i（Y 轴）×1600dpi（Z 轴），可以成形较为平坦和光滑的表面，不需要打磨后处理，成形零件的整体尺寸精度误差小于 ±0.1mm。所使用的支撑材料是一种类似胶体的水溶性光敏树脂，零件制作完后可以用水洗轻松去除，后处理非常方便。目前，ObJet 公司正在向材料自由组装的三维打印快速成形机发展，即将两种或多种不同性能的成形材料根据设计的需要，按一定比例进行喷射组合（类似于彩色打印原理），以成形在不同部位具有不同性能的单个制件或同时成形具有不同性能的多个制件，利用这种技术可以直接快速地制造出具有多个不同性能零件装配在一起的部件，具有非常好的市场前景。

ProJet X60 全彩色 3D 打印机（原 Zprinter 系列三维打印机）如图 3-11 所示，技术参数见表 3-8。该设备采用的是彩色立体打印技术，与 SLS 粉末选择性烧结工艺类似，采用粉末材料成形，通过喷头用黏结剂将零件的截面"印刷"在材料粉末上面，层层叠加，从下到上，直到把一个零件的所有层打印完毕。

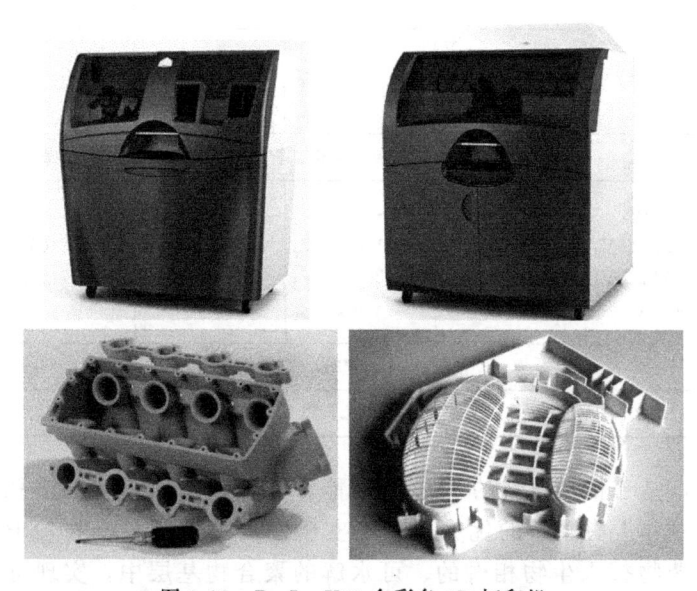

图 3-11 ProJet X60 全彩色 3D 打印机

图 3-11 ProJet X60 全彩色 3D 打印机（续）

表 3-8 ProJet X60 全彩色 3D 打印机（Zprinter 系列）技术参数

产品型号	ProJet 160	ProJet 260C	ProJet 360	ProJet 460Plus	ProJet 660Plus	ProJet 860Plus
特性	最物美价廉（单色）	最物美价廉（彩色）	环保型（单色）	适合办公室使用（彩色）	精选色彩，最高分辨率	工业级强度，精选色彩，最高分辨率
分辨率/dpi	300×450	300×450	300×450	300×450	600×540	600×540
最小细节尺寸/mm	0.4	0.4	0.15	0.15	0.1	0.1
色彩	白	64 色	白	2800000 色	6000000 色	6000000 色
垂直成形速度/（mm/h）	20	20	20	23	28	5～15 速度随着成形量的增加而提升
构建尺寸/(mm×mm×mm)	236×185×127	236×185×127	203×254×203	203×254×203	254×381×203	508×381×229
层厚/mm	0.1					
打印头数量	1	2	1	2	5	5
棒球大小模型可一次成形数量	10	10	18	18	36	96
远程控制	支持使用 PC、平板计算机、智能手机进行远程监控和操作					
电源要求	90-100V，7.5A110-120V，5.5A208-240V，4.0A	90-100V，7.5A110-120V，5.5A208-240V，4.0A	90-100V，7.5A110-120V，5.5A208-240V，4.0A	100-240V，15-7.5A	100-240V，15-7.5A	100-240V，15-7.5A
材料	VisiJet PXL（高性能复合材料）					
文件格式	STL、VRML、PLY、SDS、FBX、ZPR					

在制药方面，基于粘接材料的 3DP 技术能够生成药物所需要的多孔结构，因而在可控释放药物的制作上有独特的优势。MIT 实验室利用这种多喷嘴 3DP 技术，将几种用量相当精确的药物打入生物相融的、可水解的聚合物基层中，实现可控释药物的

制作。

上海的富奇凡机电科技有限公司基于粘接材料成形原理，成功研制出LTY系列三维打印快速成形机，当时该技术在国内尚属首创，成形件的最大尺寸为250mm×200mm×200mm，打印的分辨率为600×600dpi，成形件精度为±0.2mm，其所用的成形材料为特定配方的石膏粉与黏结剂、陶瓷粉与黏结剂，LTY系列3D打印快速成形设备及各种结构制件如图3-12所示。

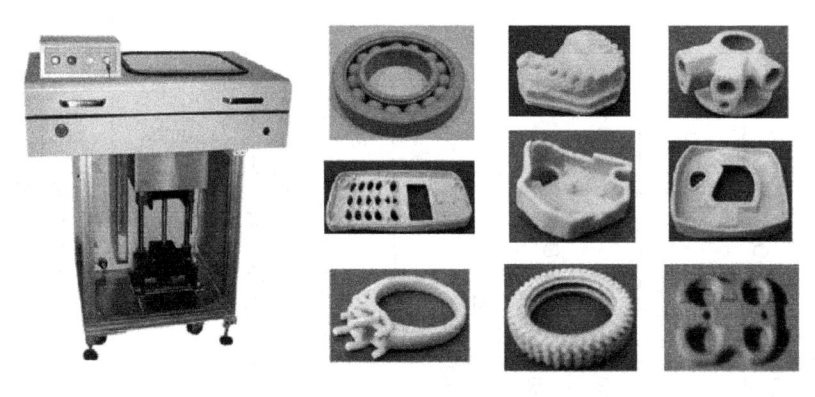

图3-12 LTY-200打印机及其制件

3.5 激光选区熔化设备

目前世界范围内已经有多家技术成熟的SLM设备制造商，包括德国EOS公司（EOSING M270及其M280）、ReaLizer公司、SLM Solutions公司、Concept Laser公司（M Cusing系列），美国3D公司（Sinterstation系列）、Renishaw PLC公司（AM系列）和Phenix systems公司等。上述厂家都开发出了不同型号的机型，包括不同的零件成形范围和针对不同领域的定制机型等，以适应市场的个性化需求。虽然各个厂家SLM设备的成形原理基本相同，但是不同设备之间的参数还是有很大的区别，对国外不同SLM设备的参数对比见表3-9。

EOS公司是一家较早进行激光成形设备开发和生产的公司，其生产的SLM设备具有世界领先的技术。图3-13所示是EOS生产的SLM设备EOSING M280，详细技术数据见表3-9，该设备具有很大的优势。EOSINT M280采用EOS公司研发的DMLS技术（Direct Metal Laser-Sintering）进行金属件制作。EOSINT M280激光烧结系统采用的是Yb-fibre激光发射器，具有效能高、寿命长等特点。精准的光学系统能够保证模型的表面光滑度和准确度。氮气发生装置以及空压系统则使设备的使用更加安全。

EOSING M280设备成形的金属零件致密度可以达到近乎100%，最大成形尺寸为250mm×250mm×325mm，尺寸精度为20～100μm，表面粗糙度为R_a15～40μm，打印速度为2～30mm³/s，最大功率为8500W，能够成形的最小壁厚是0.3～0.4mm。可以打印不锈钢、钴铬钼合金MP1、钴铬钼合金SP1、马氏体钢、钛合金、纯钛、超级合金IN718和铝合金等材料。

表 3-9 国外 SLM 设备各个参数对比

厂家	设备名称	典型材料	能量源	成形件范围/(mm×mm×mm)	铺粉装置	层厚/μm	光学系统	聚焦光斑直径/μm	最大扫描速度/(m/s)	成形室内环境
EOS	EOSING M270	铁基合金、铜合金、钛合金等	200W fiber laser	250×250×215	压紧式铺粉刷	30～100	F-Θ 焦镜+扫描振镜	100～500	5	预热+真空
EOS	EOSING M280	铜合金、钛合金等	200W/400W fiber laser	250×250×325	压紧式铺粉刷	30～60	F-Θ 焦镜+扫描振镜	60～300	7	预热+真空
ReaLizer	SLM 100	不锈钢、钛合金、钴铬合金等	50W fiber laser	Φ125×100	柔性铺粉刷	20～50	F-Θ 焦镜+扫描振镜	30～50	5	无预热+真空
ReaLizer	SLM 250	不锈钢、钛合金、钴铬合金等	200W fiber laser	250×250×300	柔性铺粉刷	20～50	F-Θ 焦镜+扫描振镜	50～100	5	无预热+真空
ReaLizer	SLM 300	不锈钢、钛合金、钴铬合金等	200W/400W fiber laser	300×300×300	柔性铺粉刷	20～100	F-Θ 焦镜+扫描振镜	70～200	5	无预热+真空
Concept laser	M1	不锈钢、钛合金、钴铬合金等	50W fiber laser	120×120×120	压紧式铺粉刷	20～50	F-Θ 焦镜+数控激光头移动	30～50	5	无预热+真空
Concept laser	M2	不锈钢、钛合金、钴铬合金等	200W fiber laser	250×250×280	压紧式铺粉刷	20～50	F-Θ 焦镜+数控激光头移动	50～200	5	无预热+真空
Concept laser	M3	不锈钢、钛合金、钴铬合金等	200W fiber laser	300×350×300	压紧式铺粉刷	20～50	F-Θ 焦镜+数控激光头移动	70～300	7	无预热+真空
Concept laser	Mlab	不锈钢、钛合金、钴铬合金等	100w/50w fiber laser	90×90×80	压紧式铺粉刷	20～50	F-Θ 焦镜+数控激光头移动	20～80	7	无预热+真空
SLM solutions	SLM 250HL	不锈钢、钛合金、钴铬合金、铜合金等	200W fiber laser	250×250×250	压紧式铺粉刷	30～100	F-Θ 焦镜+扫描振镜	70～300	5	无预热+真空
SLM solutions	SLM 280HL	不锈钢、钛合金、钴铬合金、铜合金等	400w/1000w fiber laser	280×280×350	压紧式铺粉刷	30～300	F-Θ 焦镜+扫描振镜	70～200	5	无预热+真空

续表

厂家	设备名称	典型材料	能量源	成形件范围/(mm×mm×mm)	铺粉装置	层厚/μm	光学系统	聚焦光斑直径/μm	最大扫描速度/(m/s)	成形室内环境
3D Systemss	sPro 125	不锈钢、钛合金等	100W fiber laser	150×150×150	柔性铺粉刷	50~100	F-θ 聚焦镜+扫描振镜	70~200	7	无预热+真空
3D Systemss	sPro 250	不锈钢、钛合金等	200W fiber laser	250×250×300	柔性铺粉刷	50~200		50~150	7	无预热+真空
Renishaw PLC	AM125	不锈钢、钛合金、钴铬合金	100W fiber laser	125×125×125	压紧式铺粉滚筒	30~100	F-θ 聚焦镜+扫描振镜	70~100	5	无预热+真空
Renishaw PLC	AM250	不锈钢、钛合金、钴铬合金	200W/400W fiber laser	250×250×300	压紧式铺粉滚筒	30~100		70~100	5	无预热+真空
Phenix systems	PXL	不锈钢、钛合金等	200W fiber laser	250×250×300	柔性铺粉刷	20~50	F-θ 聚焦镜+扫描振镜	50~100	7	无预热+真空

德国 Concept Laser 公司是 Hofmann 集团的成员之一，是世界上主要的金属激光熔铸设备生产厂家之一。公司 50 年来丰富的工业领域经验，为生产高精度金属熔铸设备夯实了基础。Concept Laser 公司目前已经开发了四代金属零件激光直接成形设备：M1、M2、M3 和 Mlab。其成形设备比较独特的是它并没有采用振镜扫描技术，而使用 x/y 轴数控系统带动激光头行走，所以其成形零件范围不受振镜扫描范围的限制，成形精度同样达到 $50\mu m$ 以内。该产品能广泛用于航空航天、汽车、医疗、珠宝设计等行业。

2015 年德国 Concept Laser 公司又推出了升级版最新机型 X line 2000R，刷新了激光烧结金属 3D 打印机构建容积的新纪录，如图 3-14 所示。Concept Laser 一直在激光熔化（Laser CUSING）技术领域处于领先地位，该公司在 2013 年宣布推出巨型激光烧结金属 3D 打印机 X line 1000R。X line 1000R 拥有 630mm×400mm×500mm 的构建容积，据称是世界最大的选择性激光烧结 3D 打印机。

图 3-13　EOSING M280　　　　图 3-14　Concept Laser 公司 X line 2000R

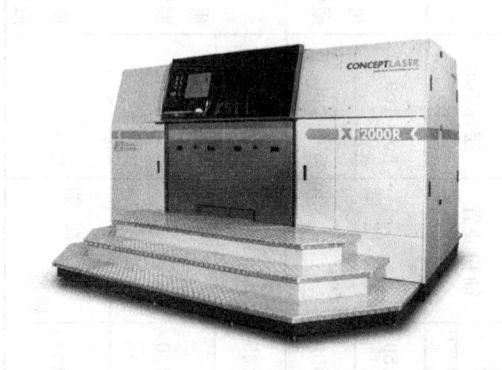

X line 2000R 构建体积相比 X line 1000R 增加了 27%。实际打印尺寸为 800mm×400mm×500mm。这款 3D 打印机主要面向航天航空及汽车制造领域，Concept Laser 是空客公司 Airbus 的最主要供应商之一。

它安装了双激光系统，每束激光在打印过程中释放出 1000W 能量，极大加速了成形速度，建造区域被分在两个不同区间。除了构建体积更大、打印速度更快之外，这个新系统还将滚筒筛置换为静音振动筛，全封闭设计则有利于保持打印环境的清洁。X line 2000R 还配置了封闭自动化的粉末循环室，在惰性气体环境下运作。这样既保证了金属粉末质量，又有利于保护操作人员安全。标准过滤器能够在水冲刷过程中钝化，在更换过滤器时保证安全。另外，用户可以选择采用双构建模块，加快生产效率。

德国 SLM Solutions 公司是一家总部位于吕贝克的 3D 打印设备制造商，专注于选择性激光烧结（SLM）技术。公司前身是 MTT 技术集团德国吕贝克有限公司，2010 年更名为 SLM Solutions GmbH。而 MMT 隶属于英国老牌上市公司 MCP 技术，2000 年推出 SLM 技术，2006 年推出第一个铝、钛金属 SLM 3D 打印机。主要产品有 SLM 125、SLM 280、SLM 500 系列选择性激光熔融——SLM 3D 金属打印机，最大成形空间达到 500mm×280mm×325mm，成形层厚为 20～200μm，扫描速度为 15m/s，甚至可以装配 2×400W 或 2×000W 的 YLR-Faser-Laser 激光器。这种技术是采用高精度激光束连续照射包括钛、钢、铝、金在内的金属粉末,将其焊接成形的技术,而德国 SLM Solutions 在这一技术上有着多项专利,居于领先地位。其 SLM 500(见图 3-15)已经应用于汽车、消费电子、科研、航空航天、工业制造、医疗等行业。

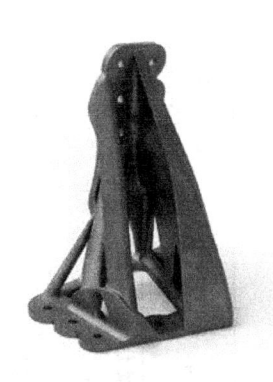

图 3-15 德国 SLM Solutions 公司 SLM 500

由于 SLM 技术的众多优点,近年来国内有部分高校和科研单位也从事了该项技术的研究和推广工作。随着研究的深入,国内研制的 SLM 设备在设备性能、工艺研究水准、成形材料开发、加工成形质量和精度方面都有了相当大的提高。国内的 SLM 领域,主要有华南理工大学、华中科技大学、南京航空航天大学、北京工业大学和中北大学等高校。每个单位的研究重点各有优势与不同。表 3-10 是国内 SLM 设备的参数对比。

华南理工大学与北京隆源自动化成形设备有限公司及武汉楚大工业激光设备有限公司合作,在国内的选择性激光烧结设备的基础上进行改进,开发了一种 SLM 快速成形设备 DiMetal-240(见图 3-16)。该设备采用了额定功率 200W、平均输出功率 100W 的半导体抽运 YAG 激光器,通过透镜组将激光束光斑直径聚焦到 $100\mu m$ 左右。采用高精度丝杆控制铺粉,铺粉厚度控制精确,误差在 $\pm 0.01mm$ 以内。采用整体和局部惰性气体保护的方法。所用软件包括 AT6400 电动机控制软件、Arps2000 扫描路径生成与优化软件、Afswin240 操作系统软件等。该设备的成形空间为 $80mm\times 80mm\times 50mm$,制件尺寸精度达到 $\pm 0.01mm$,表面粗糙度为 $R_a 30\sim 50\mu m$,相对密度接近 100%。

华中科技大学国家重点实验室模具快速制造中心是国内较早从事 SLM 技术研究工作的单位,并且已经在 SLM 系统制造技术上取得了创新和突破。目前,该中心先后推出了两套 SLM 设备 HRPM-Ⅰ和 HRPM-Ⅱ,HRPM-Ⅰ系统主机主要由 YAG 激光器及扫描装置、检测装置、自动送粉装置、可升降工作台、预热装置等组成。针对现有国外 SLM 系统难以直接制造大尺寸零件的现状,从预热装置、预热温度控制和激光扫描方式等相关方面进行攻关和创新,解决大尺寸 SLM 零件易于变形的难题,成功开发出具有大面积工作台面($250mm\times 250mm$)的 SLM 系统。HRPM-Ⅱ系统的主机和控制系统与 HRPM-Ⅰ系统基本相同,最大的区别在于激光器与送粉装置的不同,如图 3-17 所示。

总体来说,国内对于 SLM 设备的研究取得了越来越多的成果。但还需要更深入地研究激光熔化成形过程、零件的变形机理以及工艺参数优化,使国内 SLM 技术更加完善。

表3-10 国内SLM设备的主要技术参数对比

机构	设备名称	典型材料	能量源	成形件范围/(mm×mm×mm)	铺粉装置	层厚/μm	光学系统	聚焦光斑直径/μm	最大扫描速度/(m/s)	成形室内环境
华南理工大学	DiMetal-240	不锈钢与钛合金	200W YAG	240×240×250	压紧式铺粉滚筒	20~100	普通聚焦镜+扫描振镜	50~70	5	无预热+无真空
	DiMetal-280	纯钛、钛合金等、钴铬合金等	200W fiber laser	280×280×300	压紧式铺粉刷	20~100	F-θ偏聚焦镜+扫描振镜	50~70	5	
	DiMetal-100		200W fiber laser	100×100×130	柔性铺粉刷	20~100	F-θ偏聚焦镜+扫描振镜	20-60	7	
华中科技大学	HRPM-Ⅰ	不锈钢与钛合金等	150W YAG	250×250×400	压紧式铺粉滚筒	50~100	三维聚焦动态聚焦	60~120	5	无预热+无真空
	HRPM-Ⅱ		100W fiber laser	250×250×400	压紧式铺粉滚筒	50~100	F-θ偏聚焦镜+扫描振镜	50~80	5	

图 3-16　华南理工大学 DiMetal-240

图 3-17　华中科技大学 HRPM－Ⅱ系统及成形件

3.6　激光近净成形设备

20 世纪 90 年代中期，美国联合技术公司（UTC）与美国桑迪亚国家实验室（Sandia National Labs）合作开发了使用 Nd：YAG 固体激光器和同步粉末输送系统全新理念的激光工程化净成形技术（Laser Engineered Net Shaping，LENS），成功地把同步送粉激光熔覆技术和选择性激光烧结技术融合成先进的激光直接快速成形技术，使 RP 进入了激光近形制造的崭新阶段。

1998 年以来，Optomec 公司致力于 LENS 技术的商业开发，近来推出了第三代成形机 LENS850-R 设备，如图 3-18 所示，包含 5 轴数控设备、1kW 的光纤激光器、自动化的气体净化系统，具有 900mm×1500mm×900mm 的工作空间。

LENS 系统主要由连续 Nd：YAG 固体激光器、可调气体成分的手套箱、多轴计算机控制定位系统和送粉系统 4 部分构成。其中 Nd：YAG 激光器功率为 700W，波长为 1.064μm，此波长有利于金属元素吸收激光热辐射，使用 150mm 焦距的平凸透镜把激光束聚焦到加工平面上，数控运动系统可以灵活地加工复杂的零件。为了克服侧向气体送粉

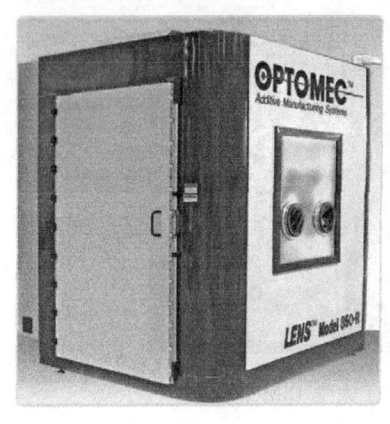

图 3-18 Optomec 公司 LENS850-R 设备

对扫描方向的限制，Sandia 开发了一种环形粉末喷嘴，送粉装置的独特设计可以通过控制水平轴的转速来实现送粉量的精确调节。为避免加工过程中金属材料与空气中氧、氮等元素发生反应，整个加工过程均在由惰性气氛保护下的手套箱中进行。

在国内，北京有色金属研究总院、北京航空航天大学、西北工业大学等科研院所和高等院校也先后进行了激光直接成形工艺的研究，取得了一定研究成果，并且已开始形成规模。北京有色金属研究总院张永忠等人从 1998 年开始开展了基于 LENS 原理的金属材料激光直接成形工艺的研究，建成了金属零件激光快速成形的专用系统，针对锡青铜、不锈钢、镍基高温合金及复合粉末等材料的激光熔覆快速成形开展了相关研究工作。激光快速成形系统主要由软件系统、2kW 横流 CO_2 激光器、四轴联动数控工作台（工作空间为 500mm×500mm×500mm）、同轴送粉系统及保护气氛装置等组成。应用该系统成功制备出具有一定复杂外形的零件，所制零件组织致密，成分均匀，具有快速凝固组织特征，力学性能与铸造及锻造退火态零件相当，可满足直接使用的要求。

3.7 电子束选区熔化设备

1995 年麻省理工学院的 V. R. Dave，J. E. Matz 和 T. W. Eagar 等人提出了一种利用电子束将金属粉末熔化进行三维零件快速成形的设想，类似于激光烧结的过程。瑞典 Arcam 公司是全球最早开展 SBEM 成形装备研究和商业化开发的机构，成立于 1997 年。Arcam 公司成立的基础是基于 Larson 等人在 1994 年申请的采用粉床选区熔化技术直接制备金属零件的国际专利 W 094/26446。1995 年美国麻省理工学院 Dave 等提出，利用电子束做能量源将金属熔化进行二维制造的设想。

2001 年瑞典 Arcam AB 公司将这种设想成功实现，开发出电子束熔融沉积成形技术并申请专利和进行商业化运作。Arcam AB 公司在粉末床上将电子束作为能量源，申请了国际专利 W 001/81031，并在 2002 年制备出 BESM 技术的原机 Beta 机器，2003 年推出了全球第一台真正意义上的商业化 BESM 装备 EBM-S12，随后又陆续推出了 A1、A2、A2X、A2XX、Q10、Q20 等不同型号的 BESM 成形装备。目前，Arcam 公司商业化

SBEM 成形装备最大成形尺寸为 200mm×200mm×350mm 或 350mm×380mm，铺粉厚度从 100μm 减小至现在的 50~70μm，电子枪功率为 3kW，电子束聚焦尺寸为 200μm，最大跳扫速度为 8000m/s，熔化扫描速度为 10~100m/s，零件成形精度为 ±0.3mm。

目前该公司的电子束熔融成形设备在英国剑桥真空工程研究所、英国华威大学、美国南加州大学等多家研究机构得到了使用，主要应用于汽车、航空航天及医疗器械等领域。图 3-19 是 Arcam AB 公司最新研发的电子束熔融成形设备，能够制作多种材料的具有复杂结构的大型金属零件。

(a) Arcam Q20　　　(b) Arcam A2X

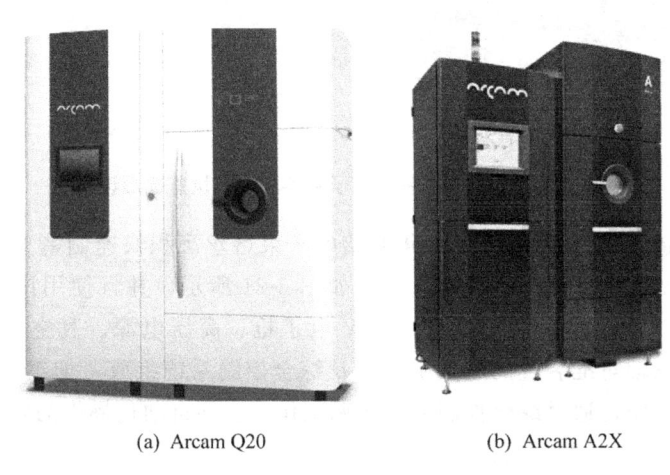

图 3-19　Arcam AB 公司最新的电子束熔融成形设备

2004 年清华大学林峰教授申请了我国最早的 BESM 成形装备专利 200410009948.X，并在传统电子束焊机的基础上开发出了国内第一台实验室用 BESM 成形装备，成形空间为 150mm×100mm。2007 年，汤慧萍联合林峰教授成功开发了针对钛合金的 SBEM-250 成形装备，最大成形尺寸为 230mm×230mm×250mm，层厚为 100~300μm，功率为 3kW，斑点尺寸为 200μm，熔化扫描速度为 10~100m/s，零件成形精度为 ±1mm。

清华大学激光快速成形中心与北京航空制造工程研究所是国内较早开展电子束快速成形研究的机构。清华大学在国家自然科学基金的支持下，对电子束熔融成形技术进行改进，开发了具有自主知识产权的电子束选区熔融成形（EBSM）技术。并且在粉末操纵装置、粉末预热系统的设计方面取得了较大的进展，自主研发了 EBSM-150 型与 EBSM-250 型电子束选区熔融成形设备。

3.8　电子束熔丝沉积设备

2002 年，美国航空航天局兰利研究中心的 K. M. B. Taminger 和 R. A. Hafley 等人最早研究出电子束熔丝沉积快速成形（Electron Beam Freeform Fabrication）技术。根据不同的应用要求开发出在地型（ground-based）和轻便型（on-orbit）两种成形设备，如图 3-20 所示。其中，在地型设备用于较大尺寸航天结构件的制造和修复，轻便型设备是未来空间站电子束熔丝沉积快速成形设备的原型机，用于较小尺寸航天结构件的制造、修复及在失重实验机上进行的相关研究。

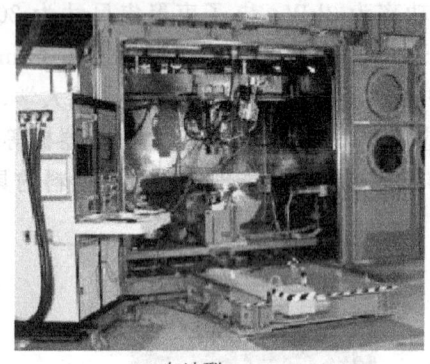

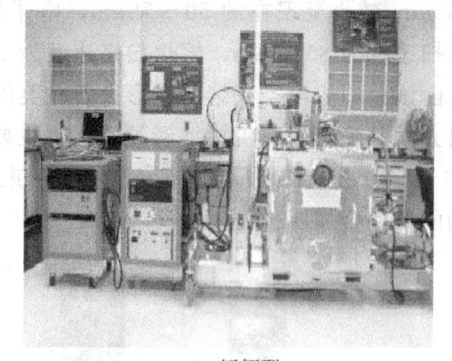

(a) 在地型　　　　　　　　　　　(b) 轻便型

图 3-20　NASA 开发的电子束熔丝沉积快速成形设备

北京航空制造工程研究所于 2006 年开始电子束熔丝沉积快速制造方面的研究，独立研制了 ZD60-10A 型电子束快速成形设备，如图 3-21 所示，并且使用该设备进行了钛合金零件的成功试制。该设备由 60kV/100kW 电子枪、高压电源、真空系统、观察系统、三维工作台、含三轴对准装置的送丝系统以及综合控制系统组成。加工过程中，电子枪、送丝系统和三维工作台通过综合控制系统协调工作，达到自动化操作的要求，保证熔积过程稳定进行。

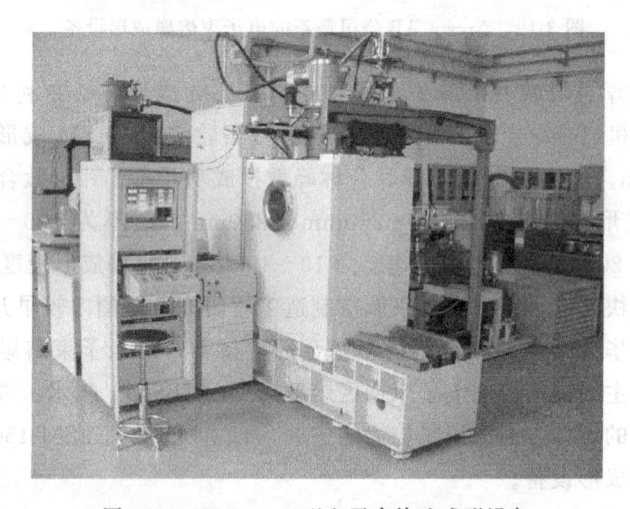

图 3-21　ZD60-10A 型电子束快速成形设备

第 4 章

Pro/Engineer 三维数字化建模技术

Pro/Engineer WildFire 5.0（野火版）是美国参数技术公司（Parametric Technology Corporation，PTC）推出的一款基于 PC 平台的三维 CAD/CAM/CAE 参数化软件，具有工业设计、机械设计、动态仿真、模具设计、模拟加工和数据管理等功能模块。PTC 公司提出的参数化设计、三维实体模型、特征驱动和单一数据库的设计概念彻底改变了 CAD 技术的传统观念，逐渐成为当今世界 CAD/CAM/CAE 领域的新标准。Pro/Engineer WildFire 5.0 以其强大的功能，广泛应用于机械、电子、工业设计、家电、玩具、模具、汽车、航空航天等领域。

4.1 Pro/Engineer 特征建模

特征建模建立在实体建模基础之上，加入包含实体的精度信息、材料信息、技术要求及其他相关信息，另外包含一些动态信息，如零件加工过程中工序图的生成、工序尺寸的确定等信息，以完整地表达实体信息。

传统造型的不足是仅含物体的几何信息和拓扑信息。特征建模将特征作为产品描述的基本单元，并将产品描述成特征的集合。每一个特征，通常又用若干属性来描述，以说明形成特征的制造工序类别及特征的形状、长、宽、直径、角度等满足生产的要求。除几何信息和拓扑信息外，还包含能反映物体属性的非几何信息等，如尺寸公差、表面处理工艺、制造信息。其功能有参数化设计功能，基于特征设计思想和采用通用数据交换标准。

特征是由具有一定拓扑关系的一组实体元素构成的特定形状，它还包括附加在形状之上的工程信息，对应于零件上的一个或多个功能，能被固定的方法加工成形。从产品的整个生命周期来看，可分为设计特征、分析特征、加工特征、公差特征及检测特征、装配特征；从产品功能上看，可分为形状特征、精度特征、材料特征、技术特征、装配特征和管理特征等；从复杂程度分有基本特征、组合特征和复合特征。

在 Pro/Engineer 系统中特征是每次创建的一个单独几何特征，包括基准、拉伸、孔、倒圆角、倒角、曲面特征、切口、阵列、扫描等特征，一个零件可包含多个特征。Pro/Engineer 常用的特征建模工具见表 4-1。

表 4-1 Pro/Engineer 常用的特征建模工具

特征类别	特征建模工具	建模功能
草绘特征	草绘	绘制 2D 截面
基准特征	基准点、基准轴、基准曲线、基准平面、基准坐标系	创建基准特征
基础特征	拉伸、旋转、扫描、混合	创建基础实体和曲面特征
高级特征	螺旋扫描、扫描混合、可变截面扫描、折弯特征、管道、耳特征、唇特征	创建高级实体和曲面特征
工程特征	倒角、倒圆角、拔模、筋、壳、孔	创建工程特征
复制特征	复制、镜像、移动、阵列等	特征操作的基本工具
编辑特征	投影、相交、填充、包络、修剪、延伸、偏移、合并、加厚、实体化	特征编辑的基本工具
逆向特征	独立几何特征、小平面特征	逆向造型工具
其他特征	修饰特征、注释特征、参照特征、扭曲特征等	创建修饰、注释、参照、扭曲等特征

4.2 Pro/Engineer 设计工具

1. 基准特征工具

在 Pro/Engineer 系统中常用的基准特征工具见表 4-2。

表 4-2 基准特征工具

工 具	工具栏图标	访问方式	作 用
基准点		选择系统主菜单"插入"→"模型基准"→"点"命令，并选择所需的基准点创建类型，系统弹出"基准点/偏移坐标系基准点/域基准点"对话框，选择相应参照来创建基准点	特征建模时用做构造元素。进行计算和模型分析的已知点作为其他基准特征创建的参照
基准轴		或选择系统主菜单"插入"→"模型基准"→"基准轴"命令，系统弹出"基准轴"对话框，选择相应参照创建基准轴	用做特征创建的参照创建基准平面同轴放置项目创建径向阵列特征
基准曲线		选择系统主菜单"插入"→"模型基准"→"基准曲线"命令，系统弹出"曲线选项"菜单管理器，可通过"通过点"、"自文件"、"使用剖切面"及"从方程"等方式创建基准曲线	特征建模时用做构造元素作为其他基准特征创建的参照
基准平面		选择系统主菜单"插入"→"模型基准"→"平面"命令，系统弹出"基准平面"对话框，选择相应参照特征，可创建基准平面	创建 2D 草绘、3D 模型的基准参照。创建基准点、基准轴和基准曲线、坐标系的参照。装配建模时的参照面，特征操作的参照等

续表

工 具	工具栏图标	访问方式	作 用
基准坐标系		选择系统主菜单"插入"→"模型基准"→"坐标系"命令,系统弹出"坐标系"对话框,设置相应的原点、方向及属性,以创建新的坐标系	计算质量属性,零件和组件中的参照特征。装配元件或子组件,用做定位其他特征的参照。对于大多数普通的建模任务,可作为方向参照

2. 曲线构建工具

在 Pro/Engineer 系统中常用的曲线构建工具见表 4-3。

表 4-3 曲线构建工具

序号	工 具	访问方式	工具栏图标
1	基准曲线	选择系统主菜单"插入"→"模型基准"→"基准曲线"命令	
2	草绘曲线	选择系统主菜单"插入"→"模型基准"→"草绘"命令	
3	相交曲线	选择系统主菜单"编辑"→"相交"命令	
4	投影曲线	选择系统主菜单"编辑"→"投影"命令	
5	复制曲线	选择系统主菜单"编辑"→"复制"命令 选择系统主菜单"编辑"→"粘贴"命令	

3. 曲面构建工具

在 Pro/Engineer 系统中常用的曲面建模工具见表 4-4。

表 4-4 曲面建模工具

序号	建模工具	应用实例	访问方式
1	拉伸曲面		
2	旋转曲面		
3	扫描曲面		选择系统主菜单"插入"→"扫描"→"曲面"命令

续表

序号	建模工具	应用实例	访问方式
4	混合曲面		选择系统主菜单"插入"→"混合"→"曲面"命令
5	扫描混合曲面		选择系统主菜单"插入"→"曲面"命令
6	螺旋扫描曲面		选择系统主菜单"插入"→"螺旋扫描"→"曲面"命令
7	边界混合曲面		
8	可变截面扫描曲面		
9	N 侧曲面		选择系统主菜单"插入"→"高级"→"圆锥曲面和 N 边曲面片"命令

在 Pro/Engineer 系统中常用的曲面编辑工具见表 4-5。

表 4-5 曲面编辑工具

序号	编辑工具	应用实例	访问方式	图标
1	复制曲面	通过复制现有面组或曲面来创建面组	选择系统主菜单"编辑"→"复制"命令	
2	延伸曲面	通过延伸现有面组或曲面创建面组或曲面。指定要延伸的现有曲面的边界边的链,也可指定所延伸的曲面或面组的延伸类型、长度和方向	选择系统主菜单"编辑"→"延伸"命令	

续表

序号	编辑工具	应用实例	访问方式	图标
3	修剪曲面	剪切或分割面组	选择系统主菜单"编辑"→"修剪"命令	
4	填充曲面	通过草绘边界创建平整面组	选择系统主菜单"编辑"→"填充"命令	
5	镜像曲面	创建关于指定平面的现有面组或曲面的镜像副本	选择系统主菜单"编辑"→"镜像"命令	
6	阵列曲面	创建若干个阵列成员特征	选择系统主菜单"编辑"→"阵列"命令	
7	合并曲面	通过相交或连接合并两个面组。生成的面组是一个单独的面组,与两个原始面组一致	选择系统主菜单"编辑"→"合并"命令	
8	偏移曲面	通过由面组或曲面偏移来创建面组	选择系统主菜单"编辑"→"偏移"命令	
8	曲面加厚	将曲面特征或面组几何加厚至一定厚度,或从其中移除一定厚度的材料	选择系统主菜单"编辑"→"加厚"命令	
9	曲面实体化	将曲面特征或面组几何转换为实体几何。可添加、移除或替换实体材料	选择系统主菜单"编辑"→"实体化"命令	

4. 实体建模工具

实体建模工具见表4-6。

表4-6 实体建模工具

序号	建模工具	应用实例	访问方式
1	拉伸实体		
2	旋转实体		

续表

序号	建模工具	应用实例	访问方式
3	扫描实体		选择系统主菜单"插入"→"扫描"→"伸出项"命令
4	混合实体		选择系统主菜单"插入"→"混合"→"伸出项"命令
5	扫描混合实体		选择系统主菜单"插入"→"扫描混合"命令
6	螺旋扫描实体		选择系统主菜单"插入"→"螺旋扫描"→"伸出项"命令
7	可变截面扫描实体		

4.3 Pro/Engineer 参数化技术

1. 造型技术

在 CAD 技术发展的初期，CAD 仅限于计算机辅助绘图，随着计算机软、硬件技术的飞速发展，CAD 技术才从二维平面绘图发展到三维产品建模，并随之产生了三维线框造型、曲面造型以及实体造型技术，如今参数化及变量化设计思想和特征造型代表了当今 CAD 技术的发展新方向。产品造型技术的应用与比较见表 4-7。

表 4-7　产品造型技术的应用与比较

造型方式	应　用　范　围	局　　限　　性
线框造型	绘制三维线框图	不能表示实体，图形会有二义性
表面造型	艺术图形，形体表面的显示，数控加工	不能表示实体
实体造型	物性计算，有限元分析，用集合运算构造形体	只能产生正则实体，抽象形体的层次较底
特征造型	在实体造型基础上加入实体的精度信息、材料信息、技术信息、动态信息等	目前还没有实用化系统问世，主要集中在概念的提出和特征的定义及描述上

参数化设计是一种以全新的思维方式来进行产品的创建和修改设计的方法。它用约束来表达产品几何模型的形状特征，定义一组参数以控制设计结果，从而能够通过调整参数来修改设计模型，并能方便地创建一系列在形状或功能上相似的设计方案。

变量化设计是指设计对象的修改需要更大的自由度，通过求解一组约束方程来确定产品的尺寸和形状。约束方程可以是几何关系，也可以是工程计算条件，设计结果的修改由约束方程驱动。变量化设计允许尺寸欠约束的存在，这样设计者便可以采用先形状后尺寸的设计方式，将满足设计要求的几何形状放在第一位而暂不用考虑尺寸细节，设计过程相对宽松。

特征造型是 CAD 建模方法的一个新里程碑，它是在 CAD/CAM 技术的发展和应用达到一定的水平，要求进一步提高生产组织的集成化和自动化程度的历史进程中孕育成长起来的。过去的 CAD 技术都是着眼于完善产品的几何描述能力，即只描述了产品的几何信息，而特征造型则是着眼于更好地表达产品完整的功能和生产管理信息，为建立产品的集成信息模型服务。特征在这里作为一个专业术语，兼有形状和功能两种属性，它包括产品的特定几何形状、拓扑关系、典型功能、绘图表示方法、制造技术和公差要求。特征造型技术使得产品的设计工作在更高的层次上进行，设计人员的操作对象不再是原始的线条和体素，而是产品的功能要素。特征的引用直接体现了设计意图，使得建立的产品模型更容易被人理解和组织生产，为开发新一代的基于统一产品信息模型的 CAD/CAPP/CAM 集成系统创造了前提。

2. 参数化模型

在参数化设计系统中，首先必须建立参数化模型。在计算机辅助设计系统的设计中，不同型号的产品往往只是尺寸不同而结构相同，映射到几何模型中，就是几何信息不同而拓扑信息相同。因此，参数化模型要体现零件的拓扑结构，从而保证设计过程中几何拓扑关系的一致。

实际上，用户输入的草图中就隐含了拓扑元素间的关系。几何信息的修改需要根据用户输入的约束参数来确定，因此需要对参数化模型建立几何信息和参数的对应机制。该机制是通过尺寸标注线来实现的。对于拓扑关系改变的产品零部件，也可以用它的尺寸参数变量来建立参数化变量，从而来建立参数化模型。

3. 参数化驱动

参数驱动法又称尺寸驱动法，是一种参数化图形的方法，它基于对图形数据的操作和对几何约束的处理，利用驱动树分析几何约束来对图形进行编程。

采用图形系统完成一个图形的绘制以后，图形中的各个实体（如点、线、圆、圆弧等）都以一定的数据结构存入图形数据库中。不同的实体类型有不同的数据形式，其内容可分两类：一类是实体属性数据，包括实体的颜色、线型、类型名和所在图层名等；另一类是实体的几何特征数据，如圆有圆心、半径等，圆弧有圆心、半径以及起始角、终止角等。

对于二维图形，通过尺寸标注线可以建立几何数据与其参数的对应关系。通常图形系统都提供多种尺寸标注形式，一般有线性尺寸、直径尺寸、半径尺寸、角度尺寸等。因此，每一种尺寸标注都应具有相应的参数驱动方式。

通过参数驱动机制，可以对图中所有的几何数据进行参数化修改。但只靠尺寸线终点来标识要修改的数据是不够的，还需要约束间关联性的驱动手段约束联动。约束联动通过图形特征联动和相关参数联动两种方式来实现。所谓图形特征联动就是保证在图形拓扑关系（连续、相切、垂直、平行等）不变的情况下，对约束的驱动。所谓相关参数联动就是建立不同约束之间在数值上和逻辑上的关系。

4. 参数化建模

目前参数化建模技术大致可以分为三种方法。

(1) 基于尺寸驱动的参数化建模

基于尺寸驱动的参数化建模通过对模型的几何尺寸进行修改从而实现对图元的生成，是应用最广泛的建模方法，也是最基本的方法。尺寸数字实质上就是参数名，用户通过对参数值的编辑实现对相应实体的修改。

(2) 基于约束驱动的参数化建模

基于约束驱动的参数化建模用几何约束表达产品模型的形状特征，定义一组参数以控制设计结果，从而能够通过调整参数来修改设计模型。产品模型的修改通过尺寸驱动实现，通过给定的几组参数值，实现系列零件或标准件的生成。约束的引入使设计目标依赖关系的描述成为可能。

(3) 基于特征模型的参数化建模

基于特征的参数化建模综合运用参数化特征造型的变量几何法和基于生成历程法两种造型方法实现特征的构造和编辑。基于特征的参数化建模是新兴的建模方法。

综合比较以上三种建模方法：基于尺寸驱动的参数化建模没有明确模型的几何约束关系，因此只能通过参数改变模型的大小，却不能改变零件之间的约束关系，但建模简单，易于实现；基于约束驱动的参数化建模需要将工程约束降解为几何约束，增加建模难度，但彻底克服了自由建模的无约束状态，集合形状均以尺寸约束和形位约束的形式而被牢固地控制；基于特征模型的参数化建模一般应用于复杂产品，能够完整地表达产品的工程语义信息和形状信息，但复杂度高也是其巨大缺点。

5. 基于特征的参数化设计

随着 CAD 技术的发展，出现了将参数化设计应用到特征设计中去，使得特征可以随着参数的变化而变化，这就是基于特征的参数化设计技术。基于特征的参数化设计技术是一种面向产品制造全过程的描述信息和信息关系的产品数字建模方法。如 Pro/Engineer、I-DEAS、Solidworks 等都是以参数化、变量化、特征设计为特点的新一代实体造型软件产品。

基于特征的参数化设计的关键是特征及其相关尺寸、公差的变化量化描述。采用特征建模技术，产品零件可描述为形状特征的集合，形状特征有其对应的固定结构与关系的几何元素，这些元素可用几何约束来连接，从而构成产品的几何模型。任何一个产品可以用一个包含特征链表、参数变量和约束的结构来表示。特征链表描述产品的组成元素，参数变量表示几何、材料和技术等参数，约束用来协调特征关系以及产品的尺寸结构，基于特征的参数化造型定义方法如图 4-1 所示。

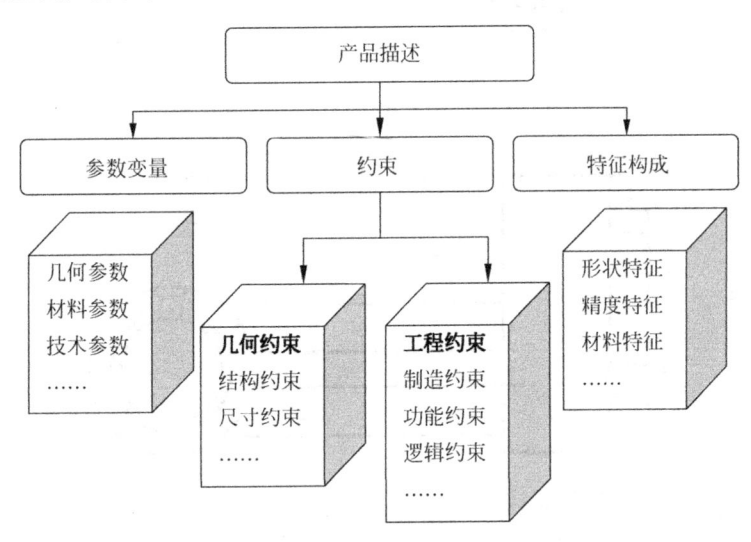

图 4-1 基于特征的参数化造型定义方法

约束通常可分为几何约束和工程约束两大类。几何约束包括结构约束（也称拓扑约束）和尺寸约束。结构约束指对产品结构的定性描述，它表示几何元素之间的拓扑约束关系，如平行、垂直、相切、对称等，进而可以表征特征要素之间的相对位置关系。尺寸约束是特征/几何元素之间相互位置的量化表示，是通过尺寸标注表示的约束，如距离尺寸、角度尺寸、半径尺寸等。工程约束是指尺寸之间的约束关系，包括制造约束关系、功能约束关系、逻辑约束关系等，通过人工定义尺寸变量及它们之间在数值上和逻辑上的关系来表示。

基于特征的设计与参数化设计的有机结合，使得设计人员可以在造型过程中，随时调整产品的结构和尺寸，并带动特征自身的变动，从而实现了产品基于特征的参数化设计。

4.4 工程案例

4.4.1 支架的特征建模

根据如图 4-2 所示的支架零件图，进行支架的特征建模。

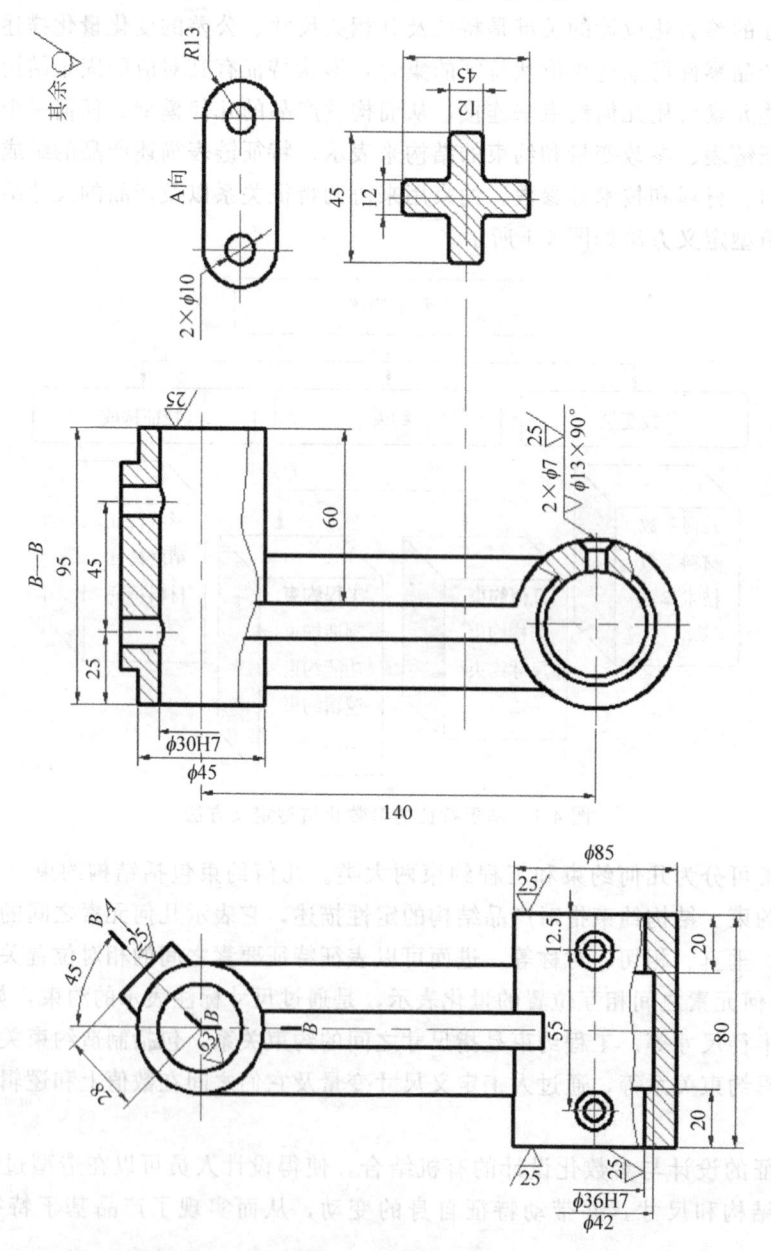

图 4-2 支架零件图

1. 新建零件文件

选择 Pro/Engineer 系统主菜单中的"文件"→"新建"命令,系统弹出"新建"对话框,在"类型"选项组中选择"零件"选项,在"子类型"选项组中选择"实体"选项,在"名称"文本框中输入"zhijia",取消"使用缺省模板"复选框,单击"确定"按钮,弹出"新文件选项"对话框,在"模板"选项中选择"mmns_prt_solid"公制模板,单击"确定"按钮,进入零件模式。

2. 创建拉伸特征 1

(1) 单击特征工具栏中的图标,系统打开拉伸特征操控板。

(2) 单击特征操控板中的"放置"按钮,打开"放置"下拉菜单,单击该面板中的"定义"按钮,系统弹出"草绘"对话框,选择图 4-3(a)所示的"FRONT"基准平面作为草绘平面,选择默认的方向参照,单击对话框中的"草绘"按钮,进入草绘模式。

(3) 绘制如图 4-3(b)所示的拉伸截面,完成草绘后单击工具栏中的图标。如图 4-3(c)所示设置拉伸深度为"80",设置拉伸方向为,即两侧对称拉伸。

(4) 单击拉伸工具操控板中的图标,创建的特征如图 4-3(d)所示。

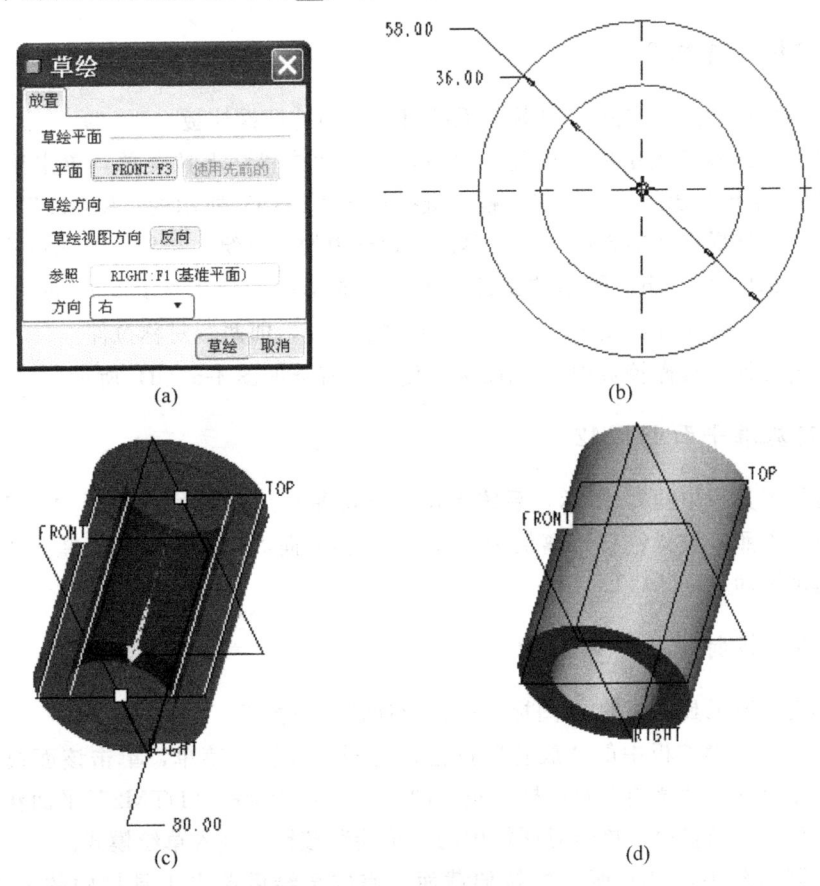

图 4-3 创建拉伸特征

3. 创建基准平面 DTM1

单击特征工具栏中的 □ 图标，系统弹出"基准平面"对话框，选择"TOP"基准平面作为偏移参照，设置偏移距离值为"140"，偏移方向如图 4-4 所示，单击"确定"按钮，创建基准平面"DTM1"。

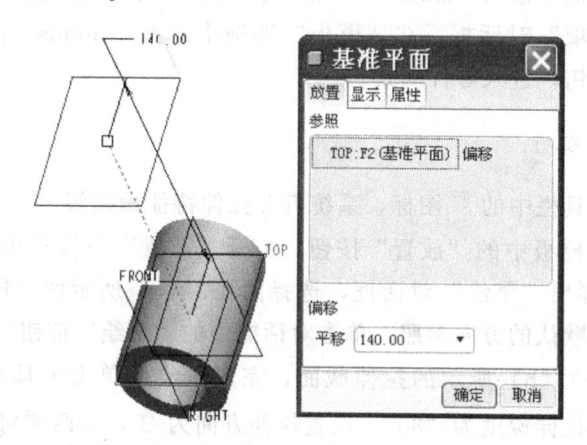

图 4-4 创建基准平面 DTM1

4. 创建拉伸特征 2

（1）单击特征工具栏中的 ☐ 图标，系统打开拉伸特征操控板。

（2）单击特征操控板中的"放置"按钮，打开"放置"下拉菜单，单击该面板中的"定义"按钮，系统弹出"草绘"对话框，选择如图 4-5（a）所示的"RIGHT"基准平面作为草绘平面，选择默认的方向参照，单击对话框中的"草绘"按钮，进入草绘模式。

（3）绘制如图 4-5（b）所示的拉伸截面，完成草绘后单击工具栏中的 ☑ 图标。如图 4-5（c）所示设置拉伸深度为"95"，拉伸方向为 ☐ ，即两侧对称拉伸。

（4）单击拉伸工具操控板中的 ☑ 图标，创建的特征如图 4-5（d）所示。

5. 创建基准平面 DTM2

单击特征工具栏中的 □ 图标，系统弹出"基准平面"对话框，选择"DTM1"基准平面作为偏移参照，设置偏移距离值为"70"，偏移方向如图 4-6 所示，单击"确定"按钮，创建基准平面"DTM2"。

6. 创建筋板特征 1

（1）单击特征工具栏中的 ☐ 图标，打开拉伸特征操控板。

（2）单击特征操控板中的"放置"按钮，打开"放置"菜单，单击该面板中的"定义"按钮，系统弹出"草绘"对话框，选择图 4-7（a）所示的"DTM2"平面作为草绘平面，接受默认的方向参照，单击对话框中的"草绘"按钮，进入草绘模式。

（3）绘制如图 4-7（b）所示的拉伸截面，完成草绘后单击工具栏中的 ☑ 图标。如图 4-7（c）所示设置拉伸方向，设置拉伸深度为 ☐ ，并拉伸至圆弧面。

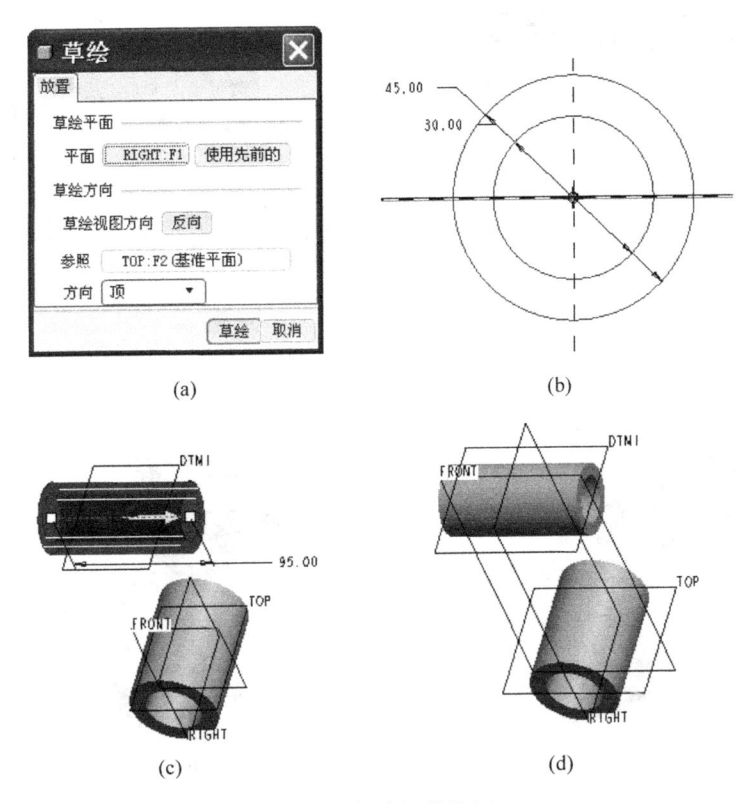

图 4-5 创建拉伸特征

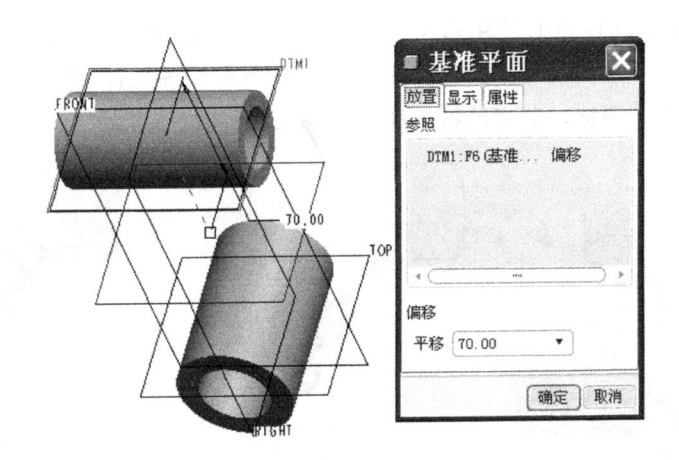

图 4-6 创建基准平面 DTM2

（4）单击拉伸工具操控板中的☑图标，创建的特征如图 4-7（d）所示。

7．创建筋板特征 2

（1）单击特征工具栏中的图标，打开拉伸特征操控板。

（2）单击特征操控板中的"放置"按钮，打开"放置"下拉菜单，单击该面板中的"定义"按钮，弹出"草绘"对话框，单击"使用先前的"按钮，单击对话框中的"草绘"按钮，进入草绘模式。

75

(a)　　　　　　　　　　　　　　　(b)

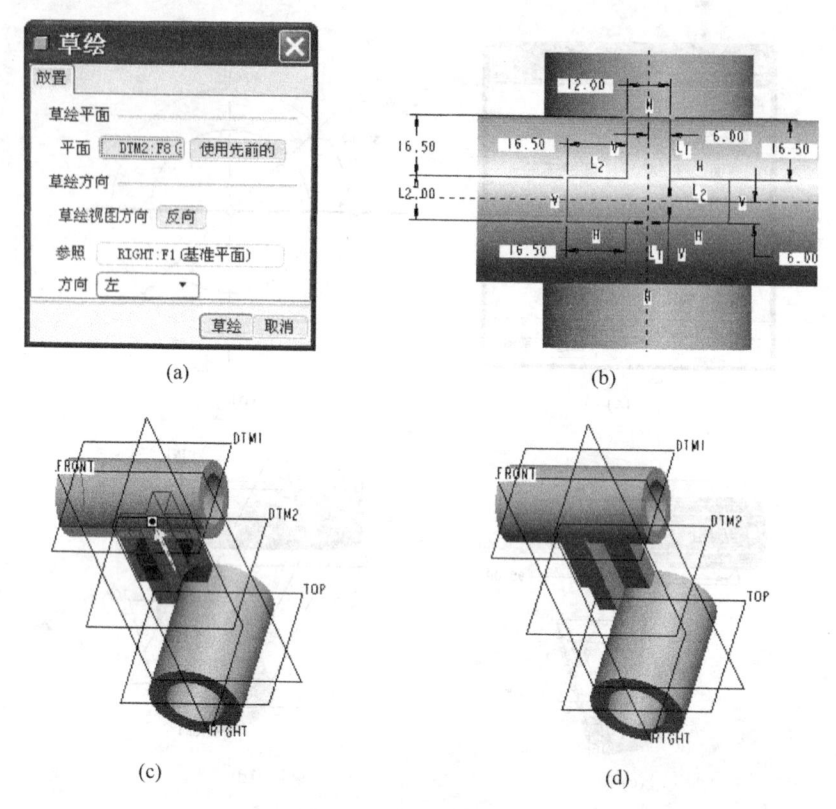

(c)　　　　　　　　　　　　　　　(d)

图 4-7　创建筋板特征 1

（3）使用草绘工具栏中的使用边工具图标 ▢，绘制如图 4-8（a）所示的拉伸截面，完成草绘后单击工具栏中的 ✓ 图标。如图 4-8（b）所示设置拉伸方向和拉伸深度至圆弧面。单击操控板中 ✓ 图标，创建的特征如图 4-8（c）所示。

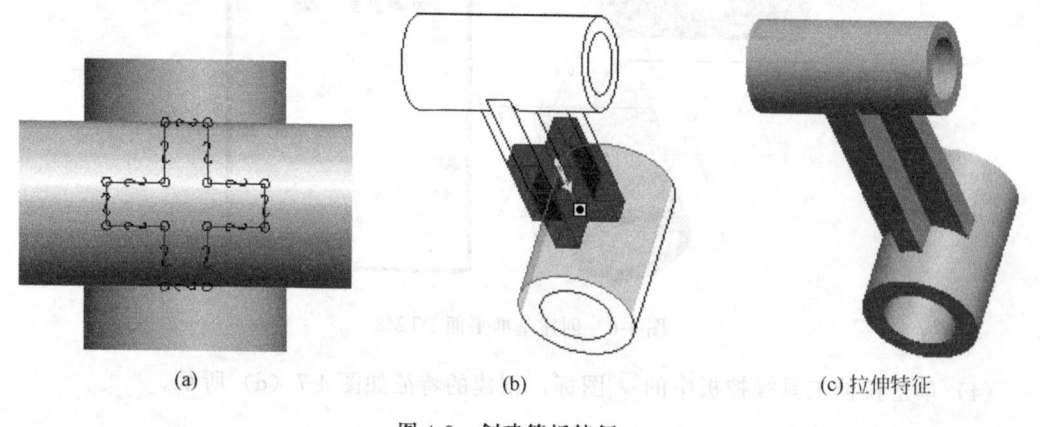

(a)　　　　　　　　　(b)　　　　　　　　　(c)拉伸特征

图 4-8　创建筋板特征 2

8. 创建基准平面 DTM3 和 DTM4

单击特征工具栏中的 ▢ 图标，系统弹出"基准平面"对话框，选择"DTM1"基准平面和基准轴"A_3"作为偏移参照，设置偏移角度为"135"，偏移方向如图 4-9 所示，单击"确定"按钮，创建基准平面"DTM3"。

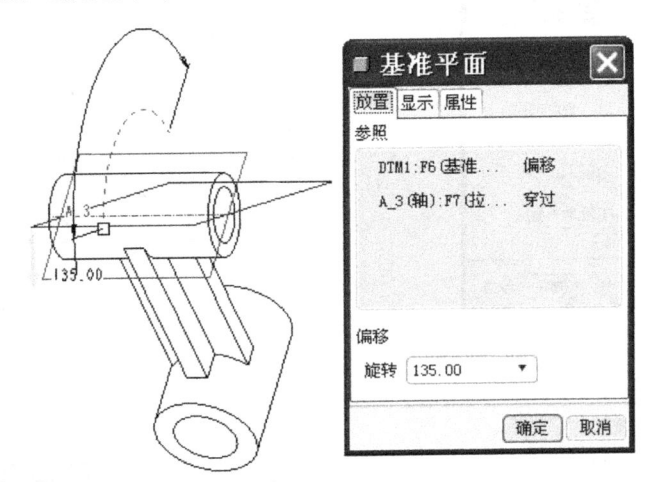

图 4-9 创建基准平面 DTM3

单击特征工具栏中的 ⬜ 图标，系统弹出"基准平面"对话框，选择"DTM3"平面作为偏移参照，设置偏移距离为"28"，偏移方向如图 4-10 所示，单击"确定"按钮，创建基准平面"DTM4"。

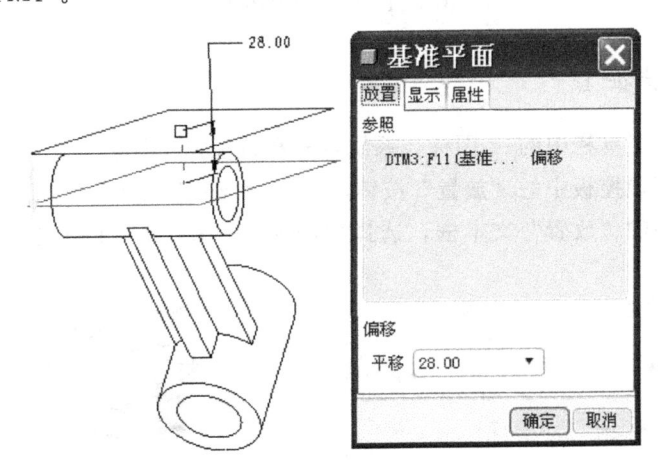

图 4-10 创建基准平面 DTM4

9. 创建拉伸特征 3

（1）单击特征工具栏中的 ⬜ 图标，系统打开拉伸特征操控板。

（2）单击特征操控板中的"放置"按钮，打开"放置"下拉菜单，单击该面板中的"定义"按钮，系统弹出"草绘"对话框，选择图 4-11（a）所示的"DTM4"基准平面作为草绘平面，接受默认的方向参照，单击对话框中的"草绘"按钮，进入草绘模式。

（3）绘制如图 4-11（b）所示的拉伸截面，完成草绘后单击工具栏中的 ✓ 图标。如图 4-11（c）所示设置拉伸方向和拉伸深度设为 ⬜，并拉伸至圆弧面。

（4）单击拉伸工具操控板中的 ✓ 图标，创建的特征如图 4-11（d）所示。

77

(a)   (b)

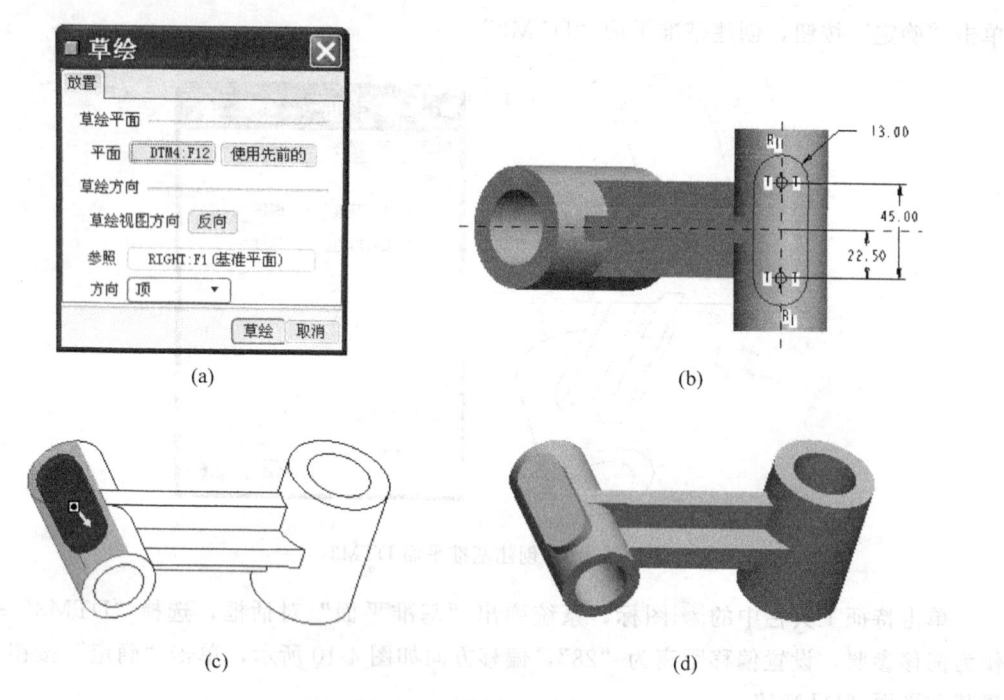

(c)   (d)

图 4-11 创建拉伸特征

10. 创建孔特征 1

（1）单击特征工具栏中的 图标，系统打开孔特征操控板。

（2）单击特征操控板中的"放置"按钮，打开"放置"下拉菜单，如图 4-12（a）所示，单击该面板中的"放置"文本框，选择如图 4-12（b）所示的凸台顶面作为主参照，

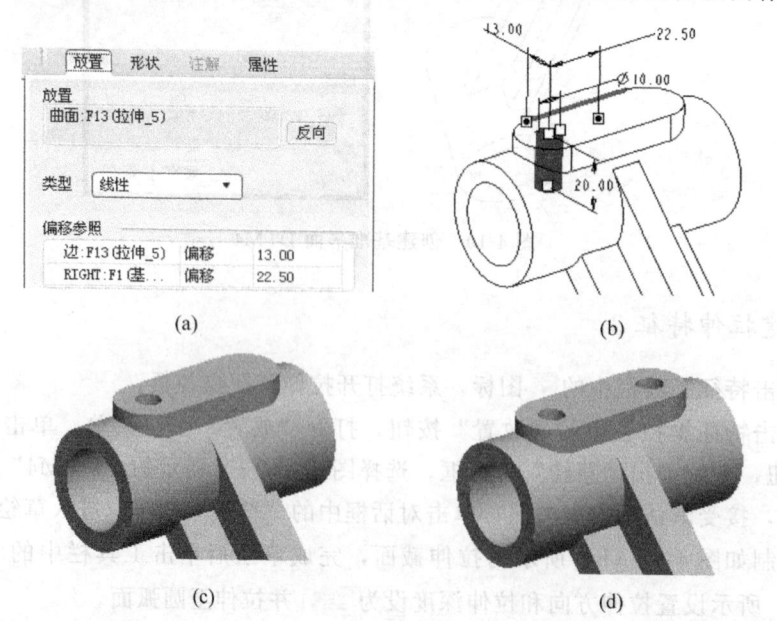

(a)   (b)

(c)   (d)

图 4-12 创建孔特征

设置放置类型为"线性",单击该面板中的"偏移参照"文本框,分别选取如图 4-12(b)所示的边和"RIGHT"基准平面作为线性参照,并设置线性距离分别为"13"和"22.5"。

(3) 单击孔工具操控板中的☑图标,创建的特征如图 4-12(c)所示。

(4) 单击特征工具栏中的◪图标,系统弹出镜像特征操控板,选择"RIGHT"基准平面作为镜像平面,创建的镜像特征如图 4-12(d)所示。

11. 创建拉伸特征 4

(1) 单击特征工具栏中的◪图标,系统打开拉伸特征操控板。

(2) 单击特征操控板中的"放置"按钮,打开"放置"下拉菜单,单击该面板中的"定义"按钮,系统弹出"草绘"对话框,如图 4-13(a)所示,选择"FRONT"基准平面作为草绘平面,选择默认的方向参照,单击对话框中的"草绘"按钮,进入草绘模式。

(3) 绘制如图 4-13(b)所示的拉伸截面,完成草绘后单击工具栏中的☑图标。如图 4-13(c)所示设置拉伸深度为"40",拉伸方向为◪,并单击操控板中的◪图标,以创建切除材料特征。

(4) 单击拉伸特征操控板中的☑图标,创建的特征如图 4-13(d)所示。

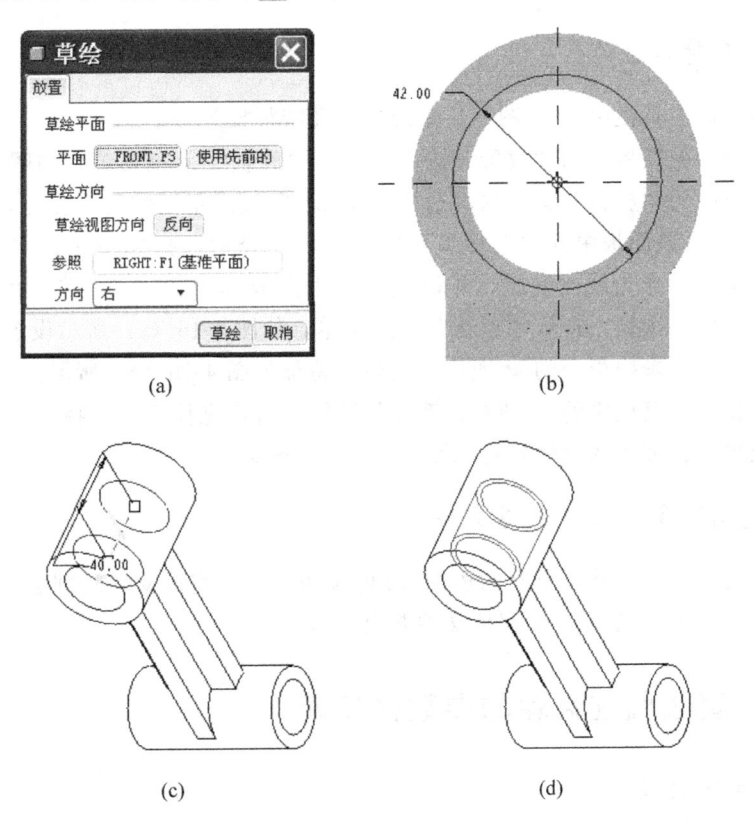

图 4-13 创建拉伸特征

12. 创建基准平面 DTM5

单击特征工具栏中的 ⟋ 图标，系统弹出"基准平面"对话框，选择"RIGHT"基准平面作为偏移参照，设置偏移距离为"29"，偏移方向如图 4-14 所示，单击"确定"按钮，创建基准平面"DTM5"。

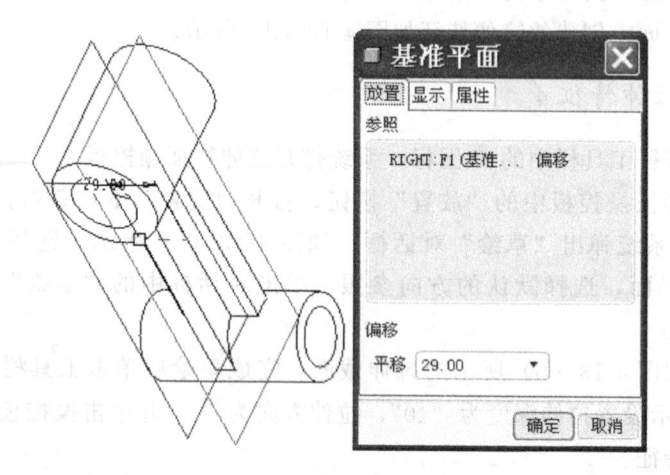

图 4-14 创建基准平面 DTM5

13. 创建孔特征 2

（1）单击特征工具栏中的 图标，系统打开孔特征操控板。

（2）单击特征操控板中的"放置"按钮，打开"放置"下拉菜单，如图 4-15（a）所示，单击该面板中的"放置"文本框，选择"DTM5"基准平面作为主参照，设置放置类型为"线性"，单击该面板中的"偏移参照"文本框，分别选择如图 4-15（b）所示的边和"TOP"基准平面作为线性参照，并设置线性距离分别为"12.5"和"0"，单击特征操控板中的"形状"按钮，打开"形状"下拉菜单，如图 4-15（c）所示设置其形状。

（3）单击孔工具操控板中的 ✓ 图标，创建的特征如图 4-15（c）所示。

（4）单击特征工具栏中的 图标，系统打开镜像特征操控板，选择"FRONT"基准平面作为镜像平面，创建的镜像特征如图 4-15（d）所示。

14. 创建倒圆角特征并保存文件

应用倒圆角工具，对筋板所有的边倒 R2 的圆角。最终完成支架的创建，如图 4-16 所示，单击工具栏中的 图标，保存该文件并退出。

4.4.2 直齿圆柱齿轮的参数化建模

1. 设置齿轮全局参数

（1）单击主菜单"文件"→"新建"，弹出"新建"对话框，选择"零件"、"实体"，单击"确定"按钮，弹出"新文件选项"对话框，选择"mmns_part_solid"。

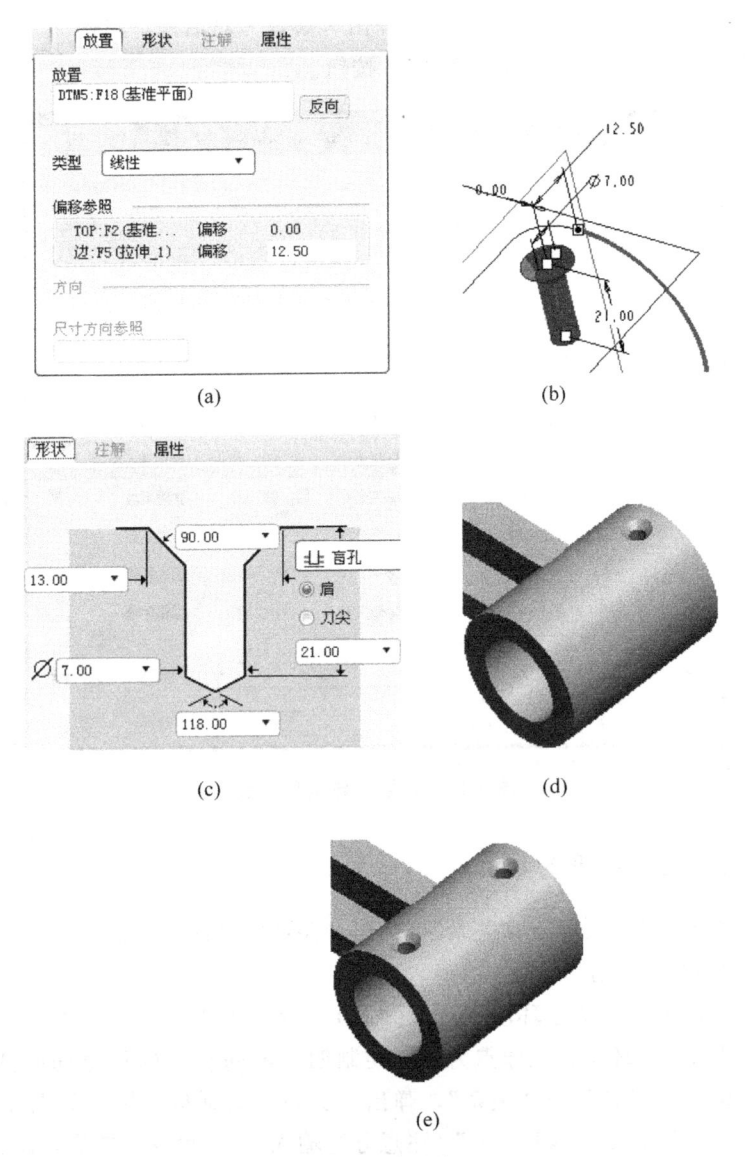

图 4-15 创建孔特征

图 4-16 支架 3D 模型

(2) 单击主菜单"工具"→"参数",弹出"参数"对话框,单击 ➕ 按钮设置齿轮全局参数,如图 4-17 所示,然后单击"确定"按钮。

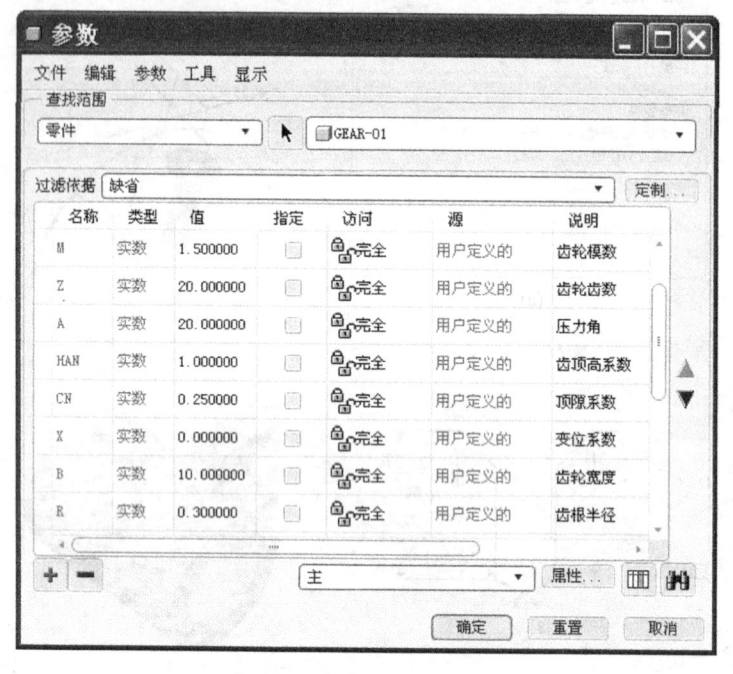

图 4-17 设置齿轮全局参数

2. 齿轮几何尺寸关系的建立

(1) 单击主菜单"工具"→"关系",弹出"关系"对话框,输入如图 4-18 所示关系式,然后单击"确定"按钮。

(2) 单击 图标进入草绘环境,选取"TOP"作为绘图平面,参照平面及方向使用系统默认值,进入草绘环境,以原点为圆心绘制四个不同直径的任意同心圆,如图 4-19 所示。单击主菜单"工具"→"关系",弹出"关系"对话框,输入如图 4-20 所示关系式"sd0=df sd1=db sd2=d sd3=da"(注意分行输入),以设置齿轮齿根圆、齿顶圆、分度圆及基圆的尺寸驱动值,单击 ✓ 图标。

(3) 退出草绘环境后选取分度圆,单击右键选择"属性"命令,弹出"线造型"对话框,设置分度圆的线型为"CTRLFONT_S_S",最终草绘图元如图 4-20 所示。

3. 齿轮渐开线和齿廓曲线绘制

(1) 单击草绘器工具栏的 图标,弹出"坐标系"对话框,单击模型树中坐标系 PRT_CSYS_DEF 作为参照,设置所创建新坐标系 CS0 的方向,绕 Y 坐标轴旋转 30°,如图 4-21 所示。

(2) 单击 图标,弹出"曲线选项"菜单,如图 4-22 (a) 所示,以"从方程"方式创建曲线,如图 4-22 (b) 所示,选择坐标系 CS0,坐标系类型为"笛卡儿"坐标系,如图 4-22 (c) 所示,输入渐开线方程,生成渐开线曲线特征。

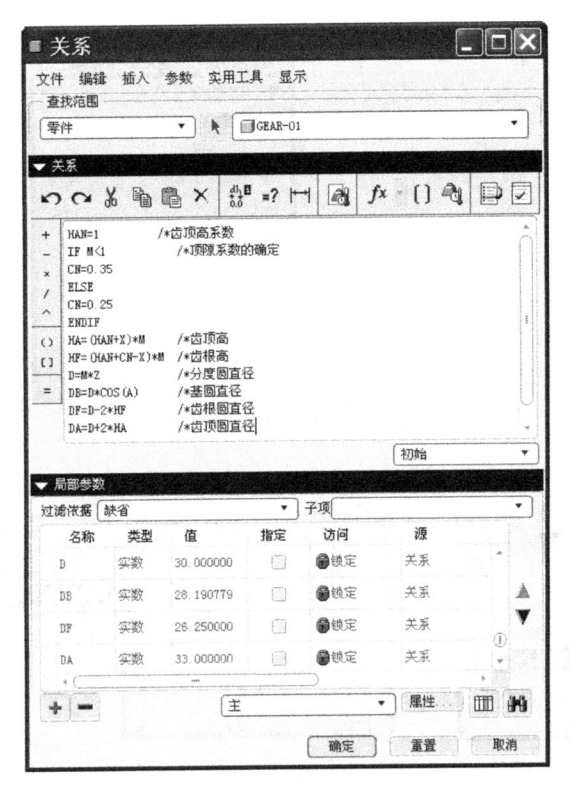

图 4-18 关系式

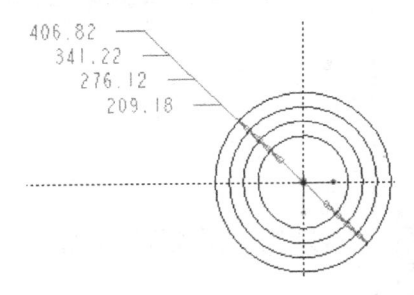

图 4-19 绘制四个任意直径的同心圆

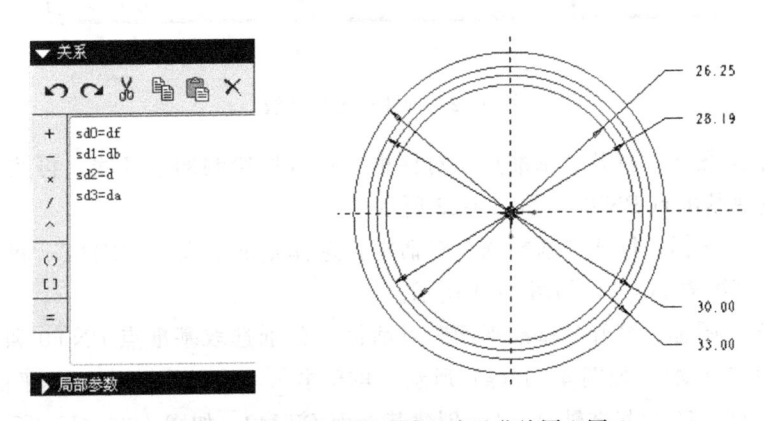

图 4-20 设置尺寸驱动关系式及草绘同心圆

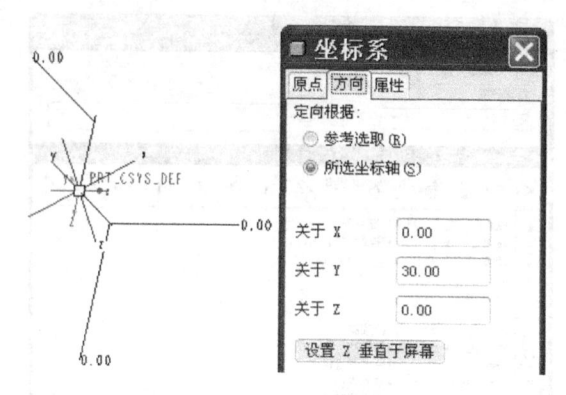

图 4-21 创建坐标系 CSO

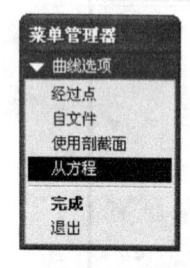

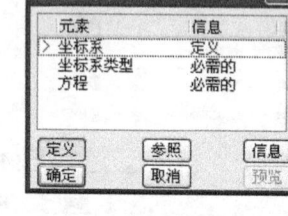

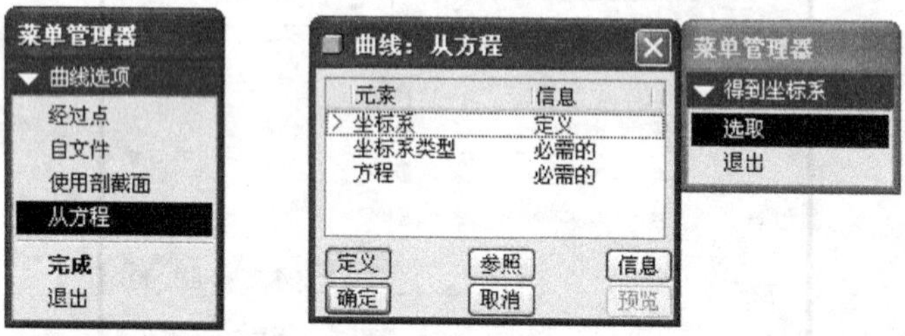

(a) 曲线选项菜单　　(b) 曲线参照坐标系选取

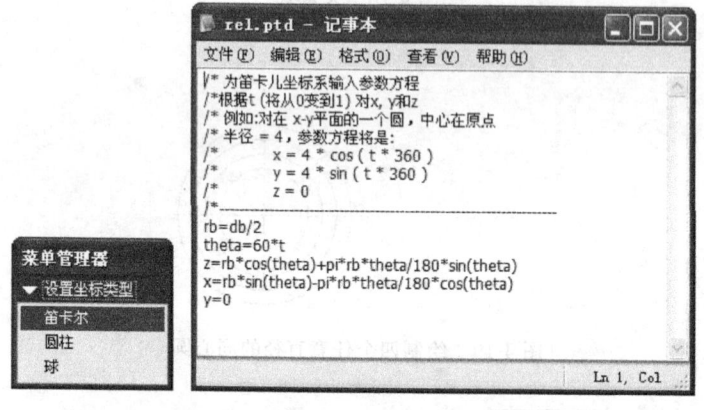

(c) 输入渐开线参数方程

图 4-22 创建齿轮渐开线

(3) 单击 图标，打开"基准点"对话框，选取所绘制的渐开线，再按住 Ctrl 键选取分度圆，创建基准点 PNT0，如图 4-23 所示。

(4) 单击 图标，打开"基准轴"对话框，选择基准平面"RIGHT"和"FRONT"，以其交线创建基准轴 A_1，如图 4-24 所示。

(5) 单击 图标，打开"基准平面"对话框，分别选取基准点 PNT0 和基准轴 A_1，创建基准面 DTM1，如图 4-25（a）所示。再单击 图标，打开"基准平面"对话框，选取基准平面 DTM1 和基准轴 A_1，创建基准面 DTM2，如图 4-25（b）所示。

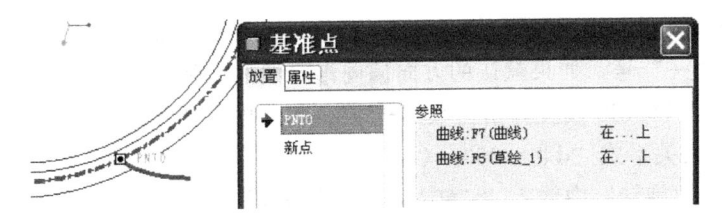

图 4-23 创建基准点特征

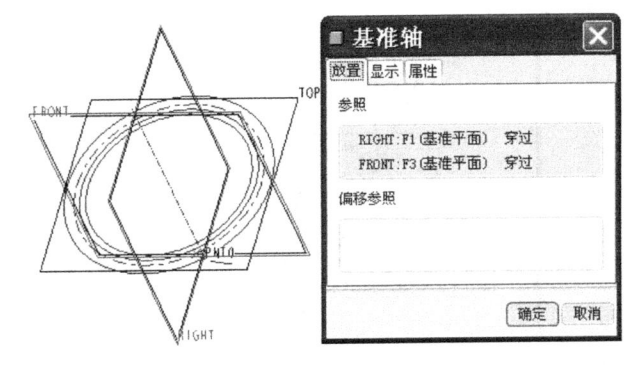

图 4-24 创建基准轴特征

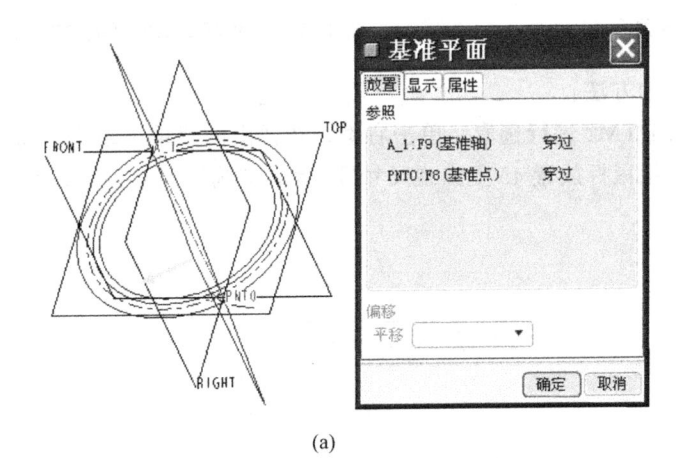

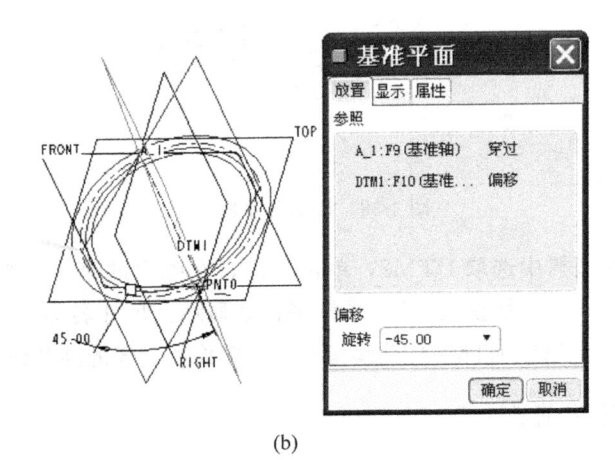

(a)

(b)

图 4-25 创建基准平面特征

应当注意的是，系统默认的角度是 45°，同时默认的方向偏向渐开线的外侧，因此需要在 45 前输入"一"号，如果默认的方向偏向渐开线的内侧，则不需要添加负号。

（6）将基准面 DTM2 设置为由齿数 Z 参数驱动，单击"工具"→"关系"，弹出"关系"对话框，输入关系式"d#＝360/（z＊4）"，单击"确定"按钮。也可以直接在创建基准面 DTM2 时"旋转"中输入"-360/（4＊z）"完成齿数 Z 参数驱动，如图 4-26 所示。单击 按钮再生模型，如图 4-27 所示。

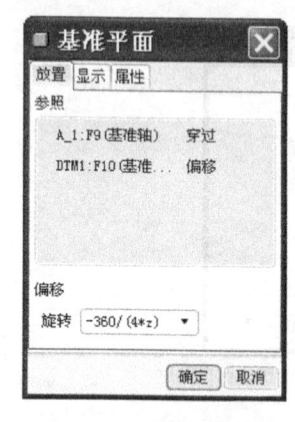

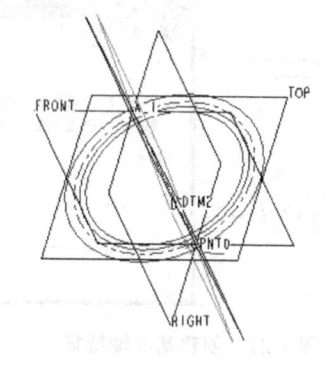

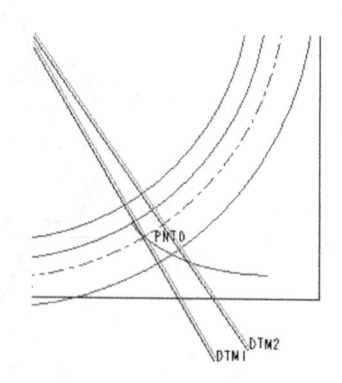

图 4-26　输入关系式　　　　图 4-27　尺寸驱动基准平面 DTM2

尺寸名称的查询方法：

方法一　单击 DTM2 进行选取，单击右键，在弹出的菜单中单击"编辑"命令，出现旋转角度尺寸 45，把鼠标放置 45 上出现尺寸号 d#，#为该尺寸编号，如图 4-28 所示。

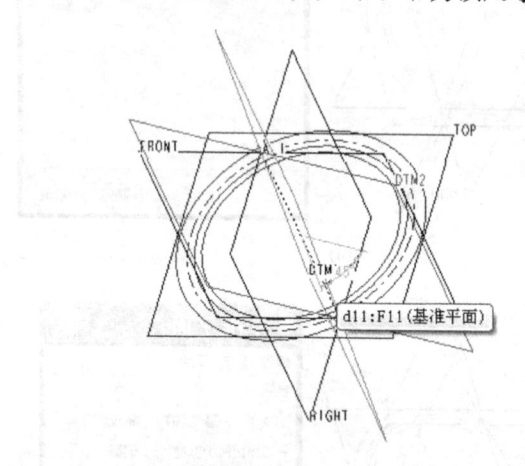

图 4-28　显示尺寸名称

方法二　可在模型树中选取 DTM2，单击右键，在弹出的菜单中单击"编辑"命令，再单击主菜单"信息"→"切换尺寸"，系统将自动显示其尺寸名称。

（7）单击 图标，选取 DTM2 作为镜像平面，镜像所创建的渐开线，如图 4-29 所示。

4. 齿轮实体特征创建

（1）单击 图标，弹出"拉伸"操控板，单击"放置"→"定义"，选择 TOP 面作为草绘平面。进入草绘环境，通过◙选取齿轮的齿根圆曲线作为拉伸图元，设置拉伸深度为 B，创建实体特征，如图 4-30 所示。应当注意的是，齿轮的齿根圆不一定是直径最小的圆，而是 DF 尺寸对应的草绘圆。

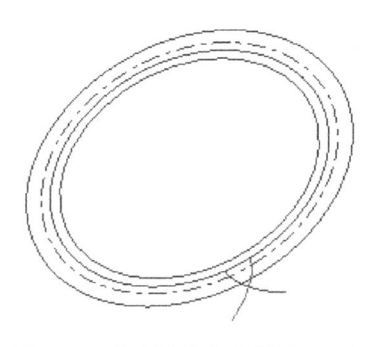

图 4-29　尺寸驱动基准平面 DTM2　　　　图 4-30　创建实体特征

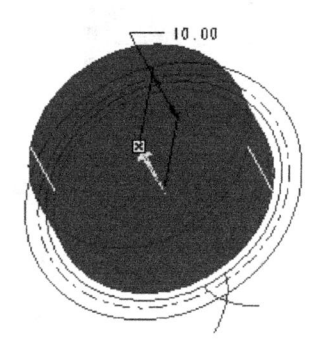

（2）单击◙图标，弹出"拉伸"操控板，单击"放置"→"定义"，选择 TOP 面为草绘平面。进入草绘环境通过◙按钮，如图 4-31 所示，选取封闭的曲线作为拉伸图元（图元倒圆角为 R，并设置圆角与齿根圆弧和渐开线分别相切，删除多余的图元或端点），拉伸深度为 B，创建齿部实体特征，如图 4-32 所示。

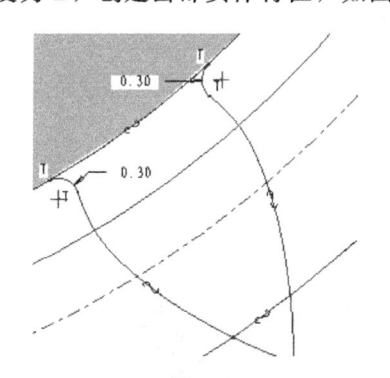

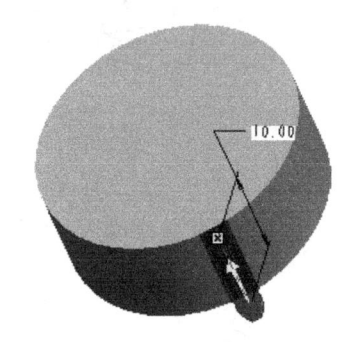

图 4-31　创建齿廓图元图　　　　图 4-32　拉伸创建齿部实体特征图

（3）单击主菜单"编辑"→"特征操作"，弹出"特征"菜单管理器，选择"复制"→"移动"→"独立"→"完成"命令，单击"完成"按钮。在弹出的菜单管理器中选择"选取特征"→"选取"，选取所创建的第一个齿部特征，在弹出菜单管理器中选择"移动特征"→"旋转"→"选取方向"→"曲线/边/轴"，选取 A_1 基准轴，在消息输入窗口输入旋转角度"360/Z"，选择"方向"→"正向"→"完成特征"，旋转复制齿部特征操作如图 4-33 所示。

（4）选取所创建的第二个齿部特征，单击特征工具栏▦图标，弹出"阵列"操控板，如图 4-34 所示，以生成的驱动角度为阵列尺寸增量，阵列所创建的第二个齿部特征 19 个，从而完成齿轮齿廓特征模型创建。单击工具栏▤图标，隐藏所有曲线，齿轮参数化模型创建如图 4-35 所示。

（5）完成齿轮实体建模保存，文件名称设置为 gear-01.prt。

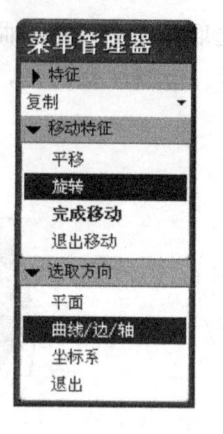

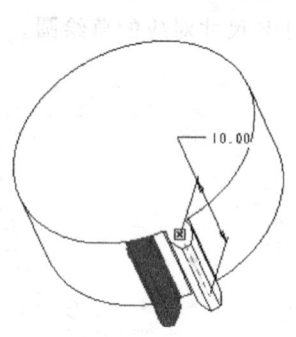

图 4-33　旋转复制齿部特征

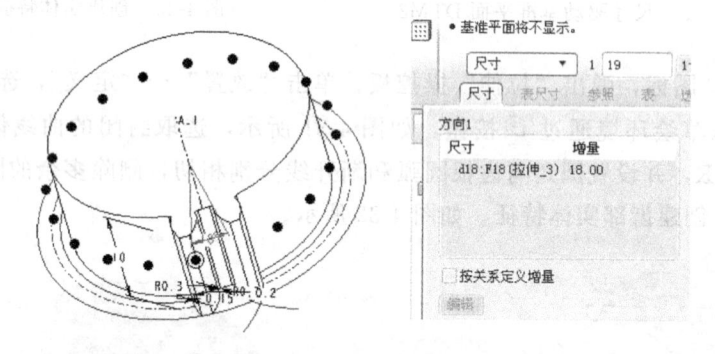

图 4-34　选取阵列驱动尺寸

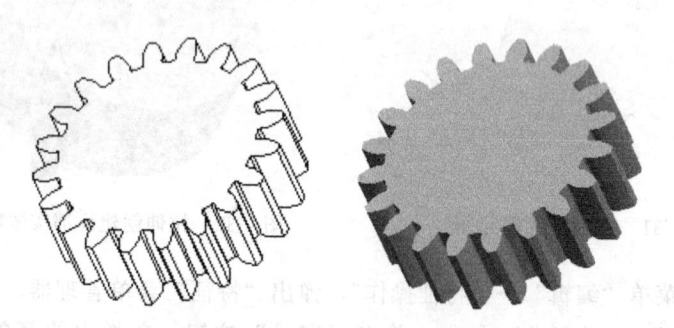

图 4-35　齿轮三维参数化模型

5. 齿轮参数化设计程序

单击主菜单栏"工具"→"程序",进入"程序"菜单管理器,单击"编辑设计",系统就会自动打开其程序文件,在"INPUT…END INPUT","RELATIONS…END RELATIONS"语句之间进行程序编辑。

(1) 此时在"INPUT"和"END INPUT"之间输入基本参数语句和提示语句:

```
INPUT
M NUMBER
"请输入齿轮的模数:"
```

Z NUMBER
"请输入齿轮的齿数:"
B NUMBER
"请输入齿轮的宽度:"
X NUMBER
"请输入齿轮的变位系数:"
R NUMBER
"请输入齿轮的齿根半径:"
E NUMBER
"请输入齿轮的齿顶倒角:"
END INPUT

(2) 在"RELATIONS"和"END RELATIONS"之间输入关系语句:

```
RELATIONS
    ...
    D12 = 360/(z * 4)        /*渐开线镜像平面 DTM2 绕 A1 轴的旋转角度
    D13 = B                  /*齿轮宽度
    D14 = B
    D15 = R                  /*齿槽圆角半径
    D16 = R
    D17 = 360/Z              /*第二个齿槽旋转角度
    D22 = 360/Z              /*阵列增量尺寸
    P23 = Z − 1              /*阵列成员数
END RELATIONS
```

应当注意的是，D♯是每个特征的尺寸名称，可以在模型树中编辑特征，单击菜单栏"信息"→"切换尺寸"，系统将自动显示其尺寸名称。如图 4-36～图 4-39 所示，可查询齿轮主要特征的尺寸名称。

参数化程序设计完毕，保存文件，系统消息栏弹出"确认"对话框，单击"是"按钮。在"程序"菜单管理器中单击"得到输入"→"输入"选项，在弹出的"INPUT SEL"中，全部选取复选框中参数变量 Z、M、B、X、R、E，单击"完成选取"后消息区弹出"请输入……:"，输入参数变量值，从而完成参数化与自动化设计，生成新的三维实体模型。完成齿轮参数化建模，保存文件，文件名为 gear-02.prt。

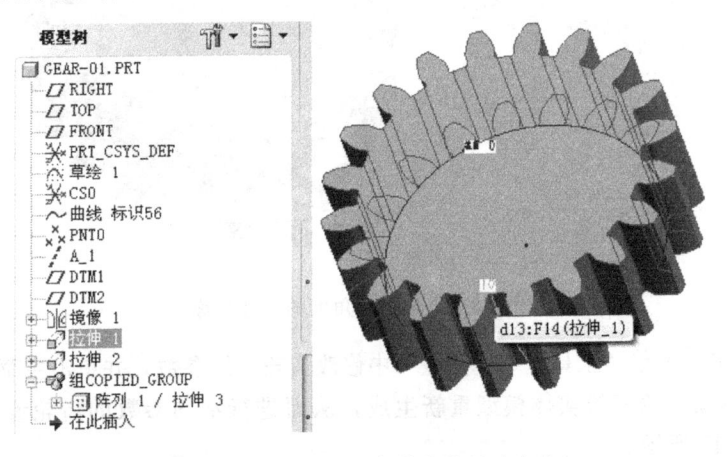

图 4-36 拉伸特征的拉伸深度尺寸名称

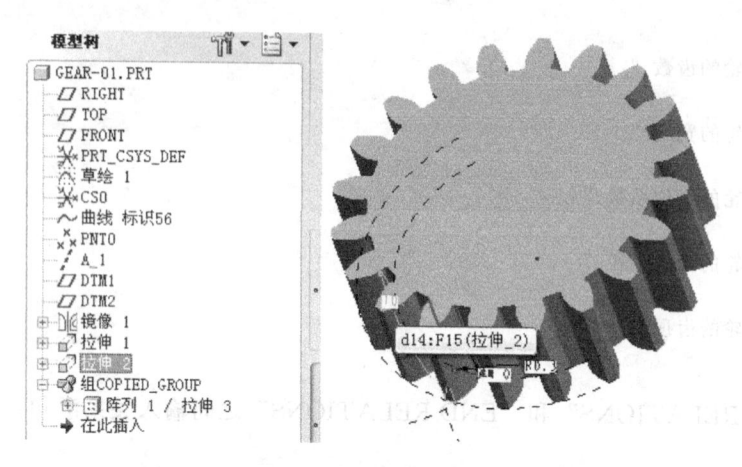

图 4-36 拉伸特征的拉伸深度尺寸名称（续）

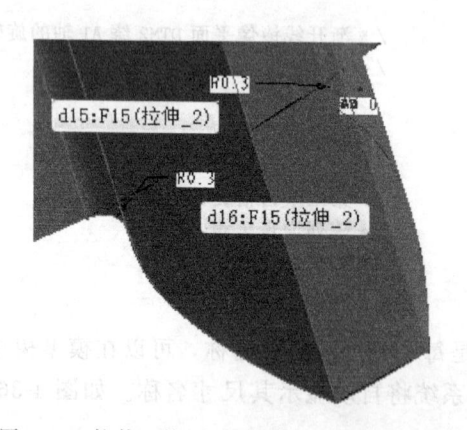

图 4-37 拉伸 2 特征的草绘图元圆角尺寸名称

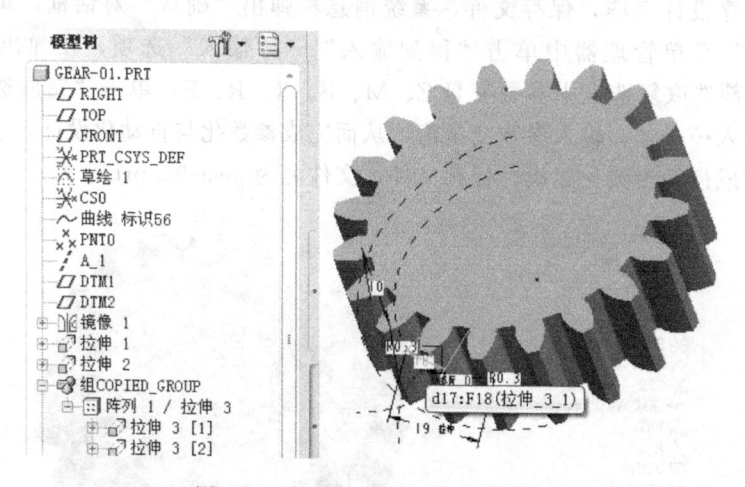

图 4-38 绕轴旋转角度的尺寸名称

也可以单击主菜单"工具"→"参数"中修改齿轮全局参数，并单击主菜单"编辑"→"再生"即可驱动齿轮三维实体模型重新生成，从而进行不同参数的齿轮参数化设计，如图 4-40、图 4-41 所示。

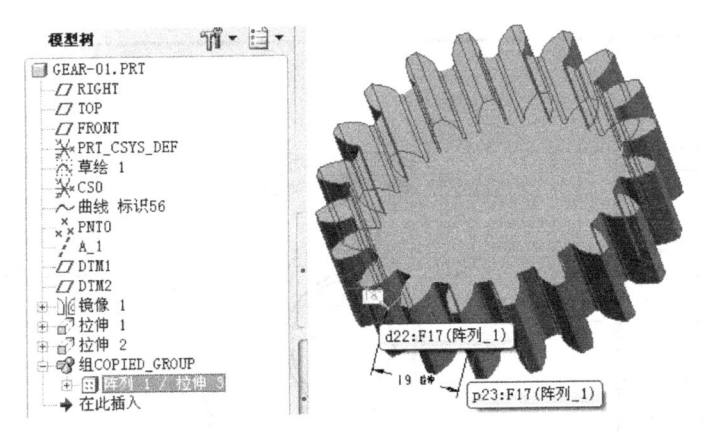

图 4-39　阵列的尺寸增量及成员数的尺寸名称

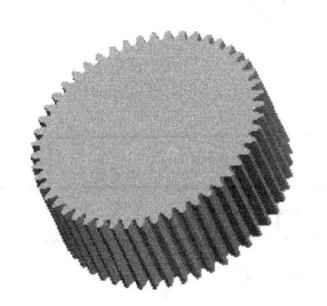

图 4-40　直齿轮实体模型一　　　　图 4-41　直齿轮实体模型二

6. 直齿圆柱齿轮零件建模

根据如图 4-42 所示的直齿圆柱齿轮零件图，进行该零件的参数化特征建模。

(1) 参数化程序设计

在 Pro/Engineer 系统中打开所设计的参数化齿轮 gear-02.prt，通过主菜单"工具"→"参数"中修改参数（$M=2.5$，$Z=90$，$B=55$，$R=0.2$，$E=01.25$），单击主菜单"编辑"→"再生"或单击图标，即可驱动三维实体模型的再生，从而完成参数化与自动化设计。

(2) 齿轮辅助特征创建

① 用拉伸工具创建齿轮轴孔。

单击图标，打开"拉伸"操控板。单击"放置"，打开"放置"下拉菜单，单击该面板中的"定义"按钮，弹出"草绘"对话框，选取图 4-43 所示的平面为草绘平面，选择默认的方向参照，单击"草绘"按钮，进入草绘模式。绘制如图 4-44 所示的拉伸图元，完成后单击按钮。设置拉伸深度为 21.5。单击拉伸工具操控板中的图标，创建的特征如图 4-45 所示。

② 用拉伸工具创建齿轮腹板。

单击图标，打开"拉伸"操控板。单击"放置"，打开"放置"下拉菜单，单击该面板中的"定义"按钮，弹出"草绘"对话框，选取图 4-43 所示的平面为草绘平面，选择默认的方向参照，单击"草绘"按钮，进入草绘模式。绘制如图 4-46 所示的拉伸图元，

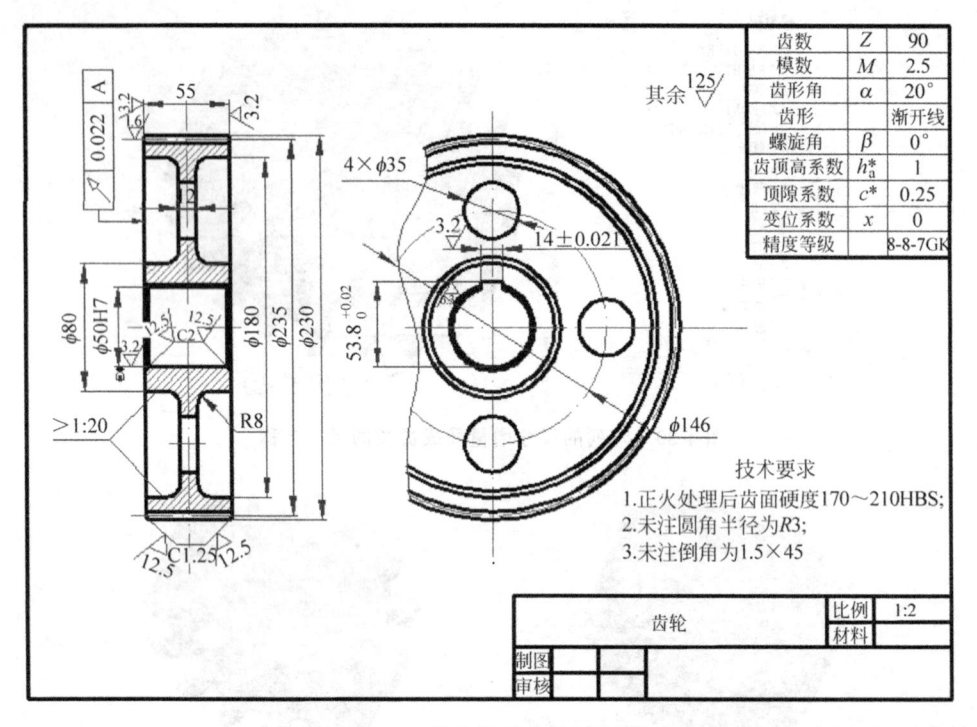

图 4-42 直齿圆柱齿轮零件图

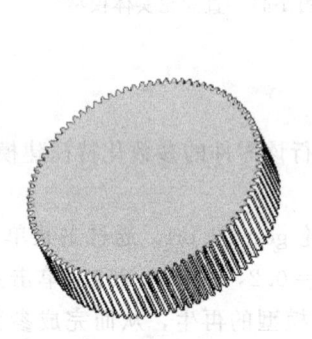

图 4-43 选取草绘平面

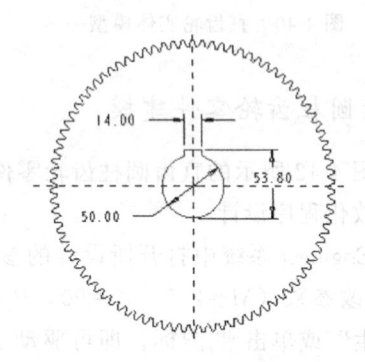

图 4-44 绘制拉伸图元

完成后单击 ✓ 按钮。设置拉伸深度为 21.5。单击拉伸工具操控板中的 ✓ 按钮，创建的特征如图 4-47 所示。用同样的方法拉伸切除出背面的对称特征。

③ 用拉伸工具创建孔特征。

单击 图标，打开"拉伸"操控板。单击"放置"，打开"放置"下拉菜单，单击该面板中的"定义"按钮，弹出"草绘"对话框。选取图 4-48 所示的平面为草绘平面，选择默认的方向参照，单击"草绘"按钮，进入草绘模式。绘制如图 4-49 所示的拉伸图元，完成后单击 ✓ 按钮。设置拉伸深度为 12，单击拉伸工具操控板中的 ✓ 图标，创建的特征如图 4-50 所示。

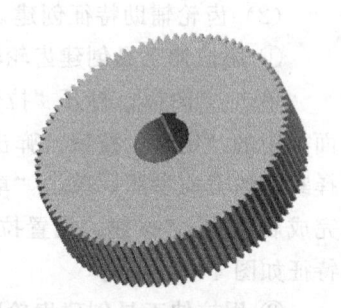

图 4-45 齿轮轴孔特征的创建

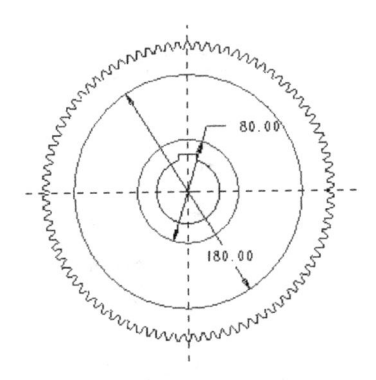

图 4-46　绘制拉伸图元　　　　　　　图 4-47　齿轮腹板特征的创建

图 4-48　选取草绘平面　　　　　　　图 4-49　绘制拉伸图元

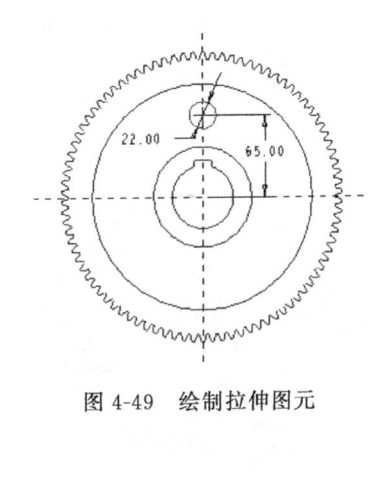

④ 创建阵列特征。

选中刚创建的孔特征，单击图标，打开"阵列"操控板。从阵列操控板的阵列类型下拉列表框中选择"轴"选项，在模型中选择中心轴线 A_1，设置阵列数为 4，角度为 90。单击阵列操控板中的☑按钮，创建的特征如图 4-51 所示。

图 4-50　创建孔特征　　　　　　　图 4-51　创建孔的阵列特征

⑤ 创建倒圆角特征。

单击图标，打开"倒圆角"操控板。在模型中选取如图 4-52 所示的倒圆角边，在倒圆角工具操控板中单击☑按钮，创建的倒圆角特征如图 4-53 所示。

93

图 4-52　选取倒圆角边　　　　　图 4-53　倒圆角特征

⑥ 创建倒角特征。

单击图标，打开"倒角"操控板，在模型中选取如图 4-54 所示的倒角边。在倒角操控板中单击按钮，创建的特征如图 4-55 所示。单击主菜单"文件"→"保存副本"命令，设置名称为 GEAR-02。

图 4-54　选取倒角边　　　　　图 4-55　直齿圆柱齿轮模型

第 5 章

Pro/Engineer 装配建模与机构运动仿真

5.1 装配建模基本功能

1. 装配模型

装配建模是装配层次上的产品数字化建模功能。装配模型是一个支持产品从概念设计到零件设计，并能完整、准确地传递不同装配体设计参数、装配层次和装配信息的产品模型。其特点是能完整地表达产品装配信息，并支持并行设计。

产品装配结构往往通过相互之间的关系表现，包括层次关系、装配关系及参数约束关系。层次关系是指装配的次序；装配关系是指零件之间的相对位置和配合关系的描述，它反映零件之间的相互约束关系；参数约束关系指继承参数由上层传递下来，生成参数，从继承参数中导出或根据需要制定。

装配模型的信息包括管理信息、几何信息、拓扑信息、工程语义信息、装配工艺信息和装配资源信息。其中管理信息是与产品及其零部件管理相关的信息，几何信息是与产品的几何实体构造相关的信息，拓扑信息指产品装配的层次结构关系及装配元件之间的几何配合约束关系，工程语义信息是产品工程应用相关的语义信息，装配工艺信息是产品装、拆工艺过程及其具体操作相关的信息，装配资源信息是与产品装配工艺过程具体实施相关的装配资源的总和。

装配树是用来描述一个产品装配结构及层次关系的工具。装配树中主要包括主组件（装配模型的顶层结构，即父装配体）、组件（装配模型中的子装配体）和零件。

2. 装配模型管理与分析

装配模型管理的目的在于查看装配零件的层次关系、装配结构和状态，查看装配件中各零件的状态，选择、删除和编辑零部件，查看和删除零件的装配关系以及编辑装配关系里的有关数据，可以显示零件自由度和部件的物性。

装配模型分析的功能主要有装配干涉分析（指零部件之间在空间发生体积相互侵入的现象）、物性分析（指部件或整个装配件的体积、质量、质心和惯性矩等物理属性）、装配模型的爆炸图（装配模型的各个部件会以一定的距离分隔显示）、装配模型的简化（包封、压缩、引用集、轻化）、物料清单（Bill of Material，简称 BOM 表），生成可简单理解为工程图中的明细表，是产品的装配备料清单。

3. 装配设计方法

自底而上（top-down）设计——用户从元件级开始分析产品，然后向上设计到主组件。成功的自底而上设计要求对主组件有基本的了解，但是基于自底而上方式的设计不能完全体现设计意图。尽管可能与自顶向下设计的结果相同，但加大了设计冲突和错误的风险，从而导致设计不灵活。目前，自底而上设计仍是设计界最广泛采用的方法。设计相似产品或不需要在其生命周期中进行频繁修改的产品均采用自底而上的设计方法。

自顶而下（bottom-up）设计——从已完成的产品对产品进行分析，然后向下设计。因此，可从主组件开始，将其分解为组件和子组件；然后标识主组件元件及其关键特征；最后，了解组件内部及组件之间的关系，并评估产品的装配方式。掌握了这些信息，就能规划设计并能在模型中体现总体设计意图。自顶而下设计是各公司的业界范例，用于设计历经频繁设计修改的产品，被设计各种产品的公司广泛采用。

采用自底而上的设计方法，可将复杂设计的特征和零件装配到组件和子组件中，最终可装配为主组件。如果采用自顶而下的方向进行处理，可将主组件分解为子组件、零件和特征。无论使用哪种设计方法，都是为了正确捕获设计意图，以提供某种程度的灵活性。模型的灵活性越大，则在产品生产周期中更改设计时出现的问题就越少。

5.2 装配建模

5.2.1 约束装配

将要装配进来的零件或子组件作为固定时，采用约束装配形式，如图 5-1 所示。约束装配主要有自动、配对、对齐、插入、坐标系、相切、线上点、曲面上的点、曲面上的边等。除了坐标系、固定、缺省以外，组件至少需要两种以上约束才能确定彼此的相对关系及位置。约束装配的基本类型见表 5-1。

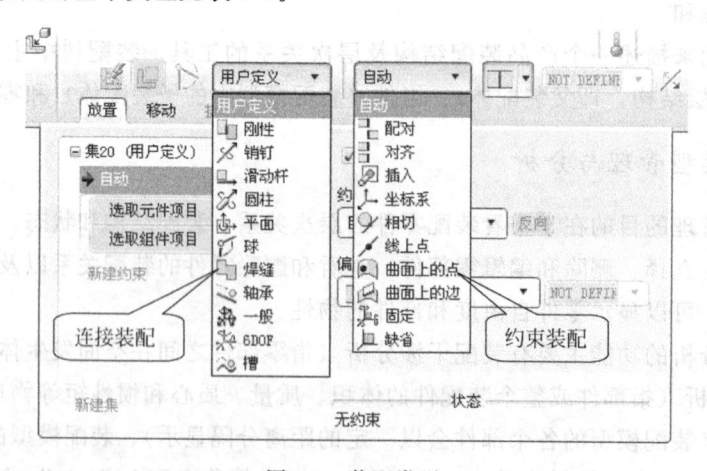

图 5-1 装配类型

表 5-1 约束装配的基本类型

类型	装配方式	装配示例
自动	自动判断约束条件的类型与位置关系的元件装配	
配对	两个元件的平面相互贴合,且两个平面的法线方向相反	
对齐	两个元件的平面相互对齐,且两个平面的法线方向相同,或两个元件的轴线共线	
插入	圆轴与圆孔的配合	
坐标系	两元件的坐标系定位装配	
相切	两个曲面以相切的方式装配	

续表

类型	装配方式	装配示例
线上点	元件的任意一点在组件线（或延伸线）上的装配	
曲面上的点	元件的任意一点在组件曲面（或延伸曲面）上的装配	
曲面上的边	元件的任意一边在组件曲面（或延伸曲面）上的装配	
固定	直接将元件固定在当前位置的装配	
缺省	将元件以默认的方式进行装配	

5.2.2 连接装配

将要装配进来的零件或子组件作为活动件时，一般采用连接的装配形式，如图 5-1 所示。连接装配的零件间具有机构运动的自由度，具有相对运动的各零部件通过一定连接关系装配在一起。在机构系统中，自由度的数量表示在系统中指定每个主体的位置或运动所需的独立参数的数量。

预定义的连接集的作用是约束或限制主体之间的相对运动，减少系统可能的总自由度。完全不受约束的主体有六个自由度：三个平移自由度和三个旋转自由度。如果将销钉连接应用于主体，则会限制主体绕着轴所进行的旋转运动，而主体的自由度也将由六个减少为一个。

选取一个应用到模型的预定义的连接集之前，应知道要对主体加以限制的运动及所允许的运动。表 5-2 描述了可在元件放置期间创建的预定义连接集及相应的自由度。应当注意的是，对于一般连接类型，该表显示与指定自由度相关的 Pro/Engineer 约束组。

表 5-2 连接装配的基本类型

连接类型	连接定义	总自由度	旋转	平移	约束
焊接	将两个主体粘在一起	0	0	0	坐标系对齐
刚性	在改变底层主体定义时将两个零件粘结在一起。受刚性连接约束的零件构成单一主体	0	0	0	完全约束
滑动杆	沿轴移动，不能绕轴旋转	1	0	1	轴对齐，平面对齐/匹配/点对齐
销钉	绕轴旋转，不能沿轴移动	1	1	0	轴对齐，平面对齐/匹配/点对齐
圆柱	沿指定轴平移并绕该轴旋转	2	1	1	轴对齐
球	在任何方向上旋转，不能沿轴移动	3	3	0	坐标中心点对齐
平面	通过平面接头连接的主体在一个平面内做二维相对运动。相对于垂直该平面的轴旋转	3	1	2	平面对齐/匹配
轴承	组合球形接头及滑块接头	4	3	1	点与边或轴线对齐

5.3 装配模型的创建与修改

5.3.1 在装配模型中创建零件

在组件模式下，产品的全部或部分结构一目了然，这有助于检查各个零件间的关系和干涉问题，从而更好地把握产品细节结构的优化设计。组件是指由多个零件或零部件按一定约束关系构成的装配体，组件中的零件称为"元件"，零部件称为"子组件"（子装配体）。

1. 新建组件文件

选择 Pro/Engineer 系统主菜单"文件"→"新建"命令，弹出"新建"对话框，如图 5-2（a）所示。在"类型"选项组中选择"组件"选项，在对应的"子类型"选项组中选择"设计"选项，输入新文件名，取消"使用缺省模板"复选框，单击"确定"按钮，弹出"新文件选项"对话框，如图 5-2（b）所示。在"模板"选项组中选择"mmns_asm_design"，单击"确定"按钮，进入装配设计模块。

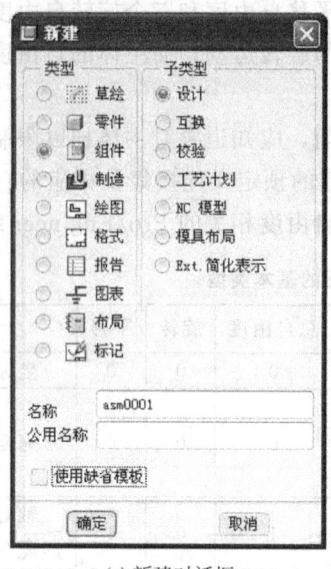

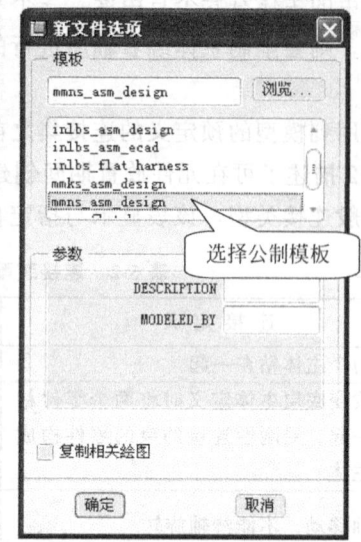

(a) 新建对话框   (b) 新文件选项

图 5-2　新建组件文件

2. 设置模型树显示项目

单击模型树中的设置按钮 ，在显示的下拉菜单中选择"树过滤器"命令，如图 5-3 所示，系统弹出"模型树项目"对话框，选择"特征"及"放置文件夹"复选框，以显示装配模式下组件和元件的特征，放置约束在模型树中一一列出，便于组件和元件的特征编辑和修改。

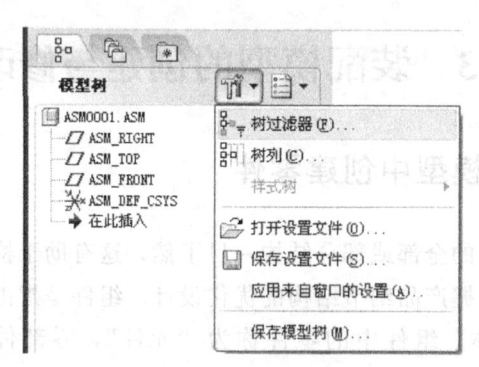

图 5-3　设置模型树显示项目

3. 元件放置操控板

在组件模式下，单击工具栏中的 按钮，或者选择 Pro/Engineer 系统主菜单"插入"→"元件"→"装配"命令，系统弹出"打开"对话框，选择将要装配的元件，单击"打开"按钮，系统将打开元件放置操控板，如图 5-4 所示，绘图区出现将要装配的元件。

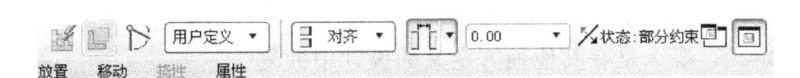

图 5-4 元件放置操控板

其不同的工具图标分别介绍如下：

- 约束装配和连接装配的转换。
- 重合——将元件放置于与组件参照重合的位置。
- 定向——将元件参照定向到组件参照。
- 偏移——将元件偏移放置到组件参照。
- 更改约束方向。
- 指定约束时，在单独的窗口中显示元件。
- 指定约束时，在组件窗口中显示元件。

选择 Pro/Engineer 系统主菜单"插入"→"元件"命令，如图 5-5 所示，在其下拉菜单中有如下插入元件的方式。

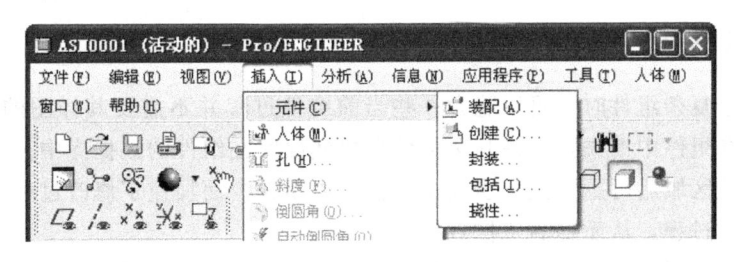

图 5-5 插入元件下拉菜单

装配——将元件添加到组件上。
创建——在组件模式下创建元件。
封装——没有严格放置规范下创建。
包括——在活动组件中包括未放置的元件。
挠性——向所选组件添加挠性元件。

单击工具栏中的 图标，或选择 Pro/Engineer 系统主菜单"插入"→"元件"→"创建"命令，系统将弹出"元件创建"对话框，如图 5-6 所示，可以进行如下不同元件的创建。

零件：创建组件下的新元件。
子组件：创建组件下的新子组件（子装配体）。
骨架模型：创建骨架模型。
主题项目：创建新的项目。
包络：创建新的包络。

骨架模型捕捉并定义设计意图和产品结构。骨架可以

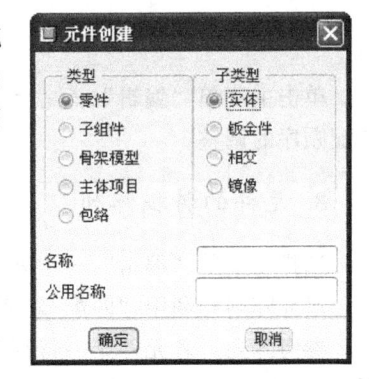

图 5-6 "创建元件"对话框

101

使设计者们将必要的设计信息从一个子系统或组件传递至另一个。这些必要的设计信息要么是几何的主定义，要么是在其他地方定义的设计中的复制几何。对骨架所做的任何更改也会更改其元件。

在"元件创建"对话框中，选择"类型"选项组中的"零件"，在"子类型"选项组中选择"实体"，单击"确定"按钮，系统弹出"创建选项"对话框，如图5-7所示，可通过如下创建方法创建元件。

复制现有：从已有零件复制来建立新的零件。

定位缺省基准：从其他零部件复制已有信息建立新零件。

空：建立的新零件没有初始几何，并用默认定位、约束定位或保持为未放置状态定位。

创建特征：用于只关心基本结构形状，而不关心外部参考的新零件建立。

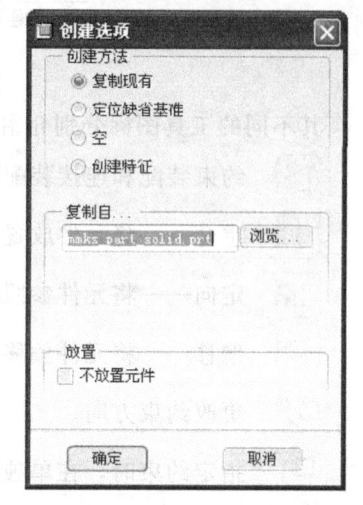

图 5-7 "创建选项"对话框

5.3.2 在装配模型中修改零件

1．元件的隐含

当处理一个复杂组件时，可以隐含一些当前组件过程并不需要其详图的特征和元件。元件隐含后将在组件中消失，但是其全部信息仍然保留在组件的数据库中。应用元件隐含操作，隐含其他区域后可更专注于当前工作区，更新较少而加速了修改过程，显示内容较少而加速了显示过程，从而提高工作效率。

在组件的模型树中选中要隐含的元件，单击右键，在弹出的快捷菜单中单击"隐含"命令即可隐含元件。如果需要恢复元件，单击主菜单"编辑"→"恢复"→"恢复全部"命令，选择下列选项进行恢复。

恢复：恢复选定特征。

恢复上一个集：恢复隐含的最后一个特征集，集可以是一个特征。

恢复全部：恢复所有隐含的特征。

2．元件的重新排序

单击主菜单"编辑"→"元件操作"→"新排序"→"插入排序"命令，进行组件的装配顺序的调整。

3．元件的特征阵列

选择主菜单"编辑"→"阵列"选项（首先选中特征）。

尺寸阵列：利用"匹配/对齐/偏距"设置偏移值作为阵列驱动尺寸。

参考阵列：若元件某一特征是阵列特征则可参考阵列的装配特征，参照阵列如图5-8所示。

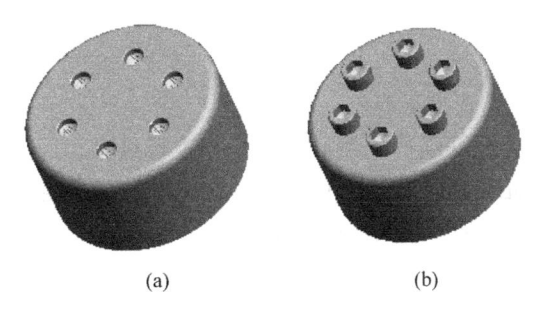

图 5-8 参照阵列示例

4．元件的合并

元件的合并操作就是将两个元件合并为一个新的元件，其具体的操作步骤如下：

① 打开或创建一组件，依次单击"编辑"→"元件操作"→"元件"→"合并"，如图 5-9 所示。

② 在"元件"菜单管理器中单击"合并"选项后选择合并元件与合并参考元件。

③ 在"合并选项"中选择合并方式。

参考：元件以参考的方式合并，元件之间保持父子特征关系。

复制：元件以复制的方式合并，元件之间不保持父子关系。

5．元件的切除

元件的切除操作就是用一个元件去切除另一个元件而得到一个切除后的新元件，其具体的操作步骤如下：

① 打开或创建一组件，依次单击"编辑"→"元件操作"→"元件"→"切除"，如图 5-9 所示。

② 在"元件"菜单管理器中单击"切除"选项后，选择切除元件与切除参考元件。

③ 在"切除选项"中选择切除方式，如图 5-9 所示。

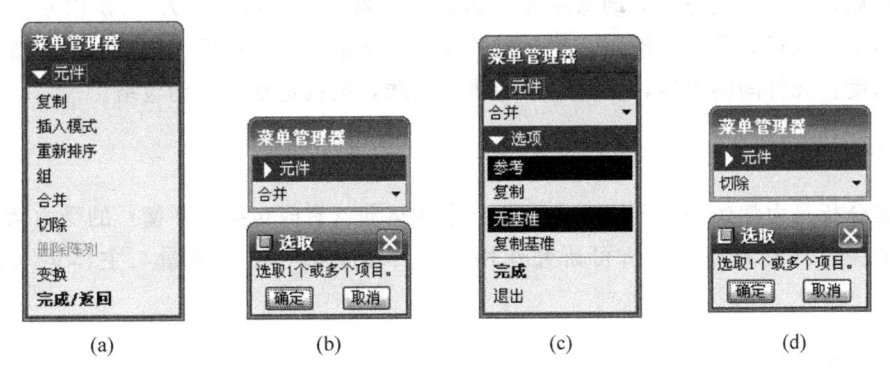

图 5-9 元件合并和切除

参考：元件以参考的方式切除，元件之间保持父子关系。

复制：元件以复制的方式切除，元件之间不保持父子关系。

6. 元件的编辑

创建装配组件的修改方式主要有：
① 元件尺寸修改　先激活组件，然后对其尺寸进行编辑。
② 约束关系修改　先激活组件，然后对其约束关系"编辑定义"与"元件放置"。元件放置期间创建的预定义连接集及相应的自由度。

5.4　机构运动仿真

5.4.1　机构运动仿真原理

机构运动仿真分析主要包括位置分析、运动分析、动态分析、静态分析和力平衡分析。

1. 位置分析

位置分析会模拟机构运动，满足伺服电动机轮廓和任何接头、凸轮从动机构、槽从动机构或齿轮副连接的要求，并记录机构中各元件的位置数据。在进行分析时不考虑力和质量。因此，不必为机构指定质量属性。模型中的动态图元，如弹簧、阻尼器、重力、力/扭矩以及执行电动机等，不会影响位置分析。使用位置分析可以研究：元件随时间而运动的位置，元件间的干涉和机构运动的轨迹曲线。

2. 运动分析

运动分析会模拟机构的运动，满足伺服电动机轮廓和任何接头、凸轮从动机构、槽从动机构或齿轮副连接的要求。运动分析不考虑受力，因此不能使用执行电动机，也不必为机构指定质量属性。模型中的动态图元，如弹簧、阻尼器、重力、力/力矩以及执行电动机等，不会影响运动分析。使用运动分析可获得以下信息：几何图元和连接的位置、速度以及加速度，元件间的干涉，机构运动的轨迹曲线，机构运动的运动包络。

3. 动态分析

动态分析是力学的一个分支，主要研究主体运动（有时也研究平衡）的受力情况以及力之间的关系。使用动态分析可研究作用于主体上的力、主体质量与主体运动之间的关系。

4. 静态分析

静态分析可确定机构在承受已知力时的状态。其中机构中所有负荷和力处于平衡状态，并且势能为零。静态分析比动态分析能更快地识别出静态配置，因为静态分析在计算中不考虑速度。

5. 力平衡分析

力平衡分析是一种逆向的静态分析。在力平衡分析中,是从具体的静态形态获得所施加的作用力,而在静态分析中,是向机构施加力来获得静态形态。使用力平衡分析可求出使机构在特定形态中保持固定所需要的力。在运行力平衡分析前,必须将机构自由度降至零。

5.4.2 机构运动仿真概述

1. 机构运动仿真流程

"机构"(Mechanism)是 Pro/Engineer 的一个应用模块。其功能是对组件产品进行机构运动分析及仿真。所谓运动分析及仿真是指通过模拟组件模型在真实工作情况中的机械运动规律,来验证所设计的机械组件的可行性,如机构运动时的干涉分析和机械运动效果的确认。

应用 Pro/Engineer 系统提供的"机构"模块进行装配体的机构运动仿真,主要工作包括模型创建、添加建模图元(伺服电动机、执行电动机、弹簧、阻尼器、力/力矩负荷和重力等)、运动分析和结果回放与测量,其工作流程见表 5-3。

表 5-3 机械运动仿真作流程

创建模型	定义主体 指定质量属性 生成连接 定义运动轴设置 生成特殊连接
检测模型	拖动组件
添加建模图元	应用伺服电动机 应用弹簧 应用阻尼器 应用执行电动机 定义力/力矩负荷 定义重力
准备分析	定义初始位置快照 创建测量
分析模型	运行运动分析 运行动态分析 运行一个静态分析 运行力平衡分析 运行位置分析
查看结果	回放结果 检查干涉 查看定义的测量和动态测量 创建轨迹曲线和运动包络 创建要转移到 Mechanica 结构的负荷集

2. 机构运动仿真用户界面

选择 Pro/Engineer 系统主菜单"应用程序"→"机构"命令。进入机构设计主界面，如图 5-10 所示，与标准模式不同之处是其模型树分两层，即上层和下层。机构设计工具栏图标如图 5-11 所示。

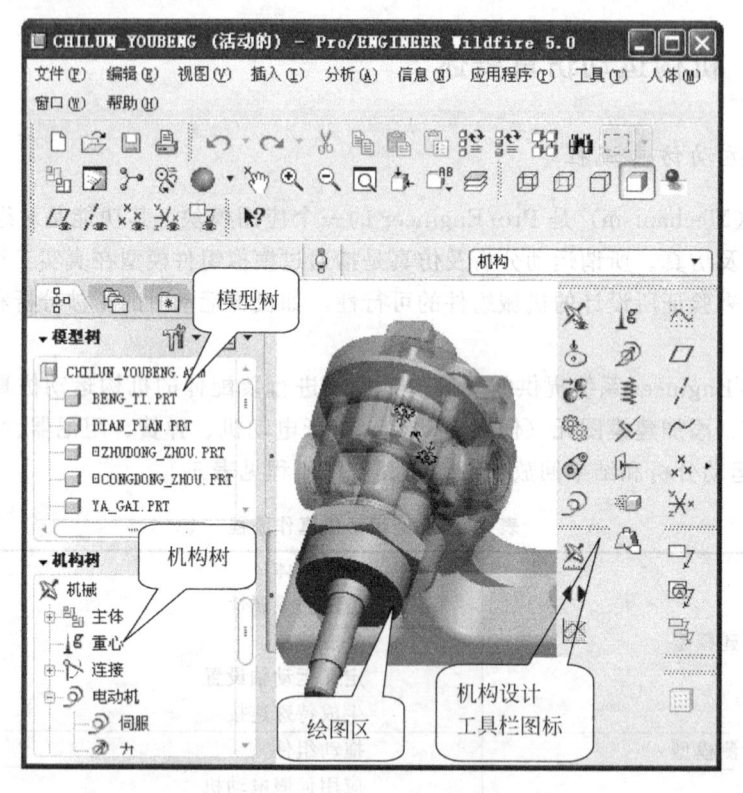

图 5-10 机构设计主界面

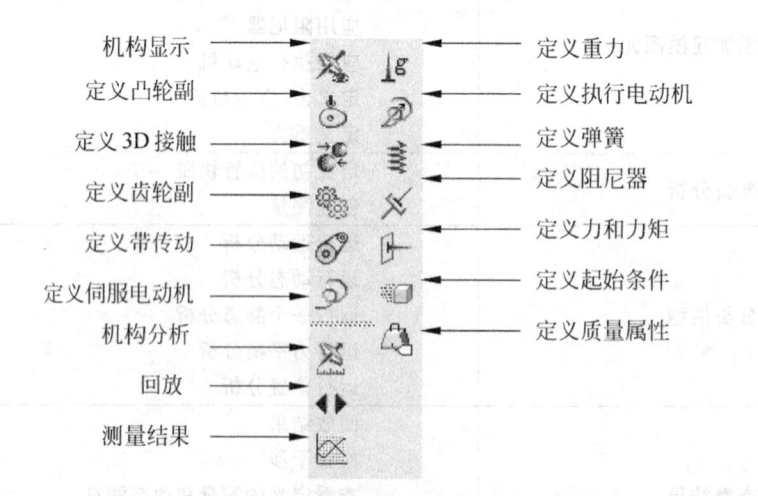

图 5-11 机构设计工具栏图标

① 模型树：显示组件的所有元件，固定的基底元件、可运动的连接方式装配的元件，约束方式装配至可运动元件的并与之固定构成一个主体的元件。

② 机构树：显示机构设计的所有项目，主体、重力、连接、电动机、弹簧、阻尼器、力和扭矩、起始条件、分析及回放。

3. 机构运动仿真基本术语

为了便于理解，特介绍机构设计相关的基本术语如下。

LCS——与主体相关联的"局部坐标系"。LCS 是与主体中定义的第一个零件相关的默认坐标系。

UCS——用户坐标系。可使用"插入"→"模型基准"→"坐标系"命令定义 UCS。

WCS——全局坐标系。组件的全局坐标系，它包括用于组件及该组件内所有主体的全局坐标系。齿轮副连接应用于两个运动轴之间的速度约束。

伺服电动机——定义一个主体相对于另一个主体运动的方式。可在接头或几何图元上放置电动机，并可指定主体间的位置、速度或加速度运动。无论实际需要何种力来促成该运动，对模型进行分析时，均支持伺服电动机促使的运动。

动态——对所施加的力进行的机构运动研究（将主体质量和惯性考虑在内）。

放置约束——组件中放置元件并限制该元件在组件中运动的图元。

环连接——添加后使连接主体链中形成环的连接。

回放——记录并重放分析运行的操作功能。

基础——不运动的主体。其他主体相对于基础运动。

拖动——在图形窗口上，用鼠标选择并移动机构。

预定义的连接集——定义使用哪些放置约束在模型中放置元件、限制主体之间的相对运动、减少系统可能的总自由度（DOF）及定义元件在机构中可能具有的运动类型。

运动学——相对于时间对机构位置的研究。

执行电动机——作用于旋转或平移运动轴上而引起运动的力。

主体——机构模型的基本元件。主体是一组受到严格控制的零件，在组内没有自由度。

自由度——机械系统允许的运动。

连接的作用是约束主体之间的相对运动，减少系统可能的总自由度。

4. 机构运动仿真环境设置

在 Pro/Engineer 系统中进行机构设计时，单击"工具"→"组件设置"→"机构设置"命令，弹出"设置"对话框，用于机构设置。各项设置如下。

重新连接——组件连接失败时发出警告以便重新连接。

运行首选项——选择分析运行失败时处理模式。

再生首选项——再生模型时操作模式。

相对公差——计算的相对精度。

特征长度——组件中各个零件可用框住该零件的最小长方体来定义其所占空间区域大小，特征长度即是组件中所有零件的最小长方体的平均值。

5.4.3　Pro/Engineer 机构运动仿真

1. 创建模型

在模型中定义主体：主体是受刚性连接控制的一组零件，在组内没有自由度。如果两个零件之间由于装配过程中定义的放置约束而导致无自由度，则它们构成同一主体的一部分。只能在两个不同主体之间放置"机构设计"连接。如果机构未以预期的方式移动，或者因为两个零件在同一主体中而不能创建连接，则可能需要在机构中重新定义主体。为"机构设计"分析创建模型包括以下任务。

① 装配模型。使用 Pro/Engineer 系统令"插入"→"元件"→"装配"命令进行装配机构。在"机构设计"中打开存在的装配模型时，Pro/Engineer 约束将被转换为"机构设计"的连接集，然后增添其他类型的接头和模型图元。连接集定义元件之间相对运动的方式。

② 指定质量属性。必须指定机构的质量属性，才能运行动态或静态分析。如果要在力平衡分析中包括重力，还必须在运行分析前指定质量属性。可通过 Pro/Engineer 系统主菜单"编辑"→"质量属性"命令来指定。

③ 指定连接参数。添加了连接后，可使用"运动轴设置"对话框来定义零参照、装配模型时软件使用的再生值以及允许的连接运动限制。

④ 创建特殊连接。可使用"机构设计"创建凸轮从动机构连接，以及创建运动齿轮副，还可以创建 3D 接触、带传动等特殊连接。

2. 检测模型

创建模型定义机构中元件与元件之间的连接后，应验证其运动，即检验定义的连接是否能产生预期的运动。可通过单击工具栏中的 ▣ 图标或选择 Pro/Engineer 系统主菜单"编辑"→"连接"命令来运行组件分析。

以交互方式拖动某个特定的主体。使用拖动方法研究机构移动方式的一般特性以及主体可到达的位置范围。选择 Pro/Engineer 系统主菜单"视图"→"方向"→"拖动元件"命令，系统弹出的"拖动"对话框中的选项可禁用连接、粘结主体，还可应用几何约束以获得特定配置。然后可将这些配置作为快照记录下来，作为以后进行机构分析时的初始条件。

3. 添加建模图元

创建机构并确保连接允许它正确运动后，可添加下列任意建模图元。

① 伺服电动机——当已知两个主体的相对运动时，可在"机械动态"中使用伺服电动机。也可使用伺服电动机帮助确定在机构中产生等价运动的执行电动机的属性。

② 执行电动机——当已知机构产生运动所需的力的大小时，可使用执行电动机。

③ 弹簧——使用弹簧可提供与伸长成比例的力。可在运动轴中或两点之间应用弹簧。

④ 阻尼器——使用阻尼器可消耗机构运动的能量。阻尼器可使运动减慢。可在运动轴中、槽从动机构连接中或两点之间应用阻尼器。

⑤ 力/力矩负荷——使用某个力以指定方向作用于某个点，或使用某个力矩作用于某个主体。也可定义点对点力。可相对于基础或力/力矩作用的主体定义力和力矩的方向。

⑥ 重力——定义加速度向量，以模拟在指定方向上作用于整个机构的重力。

（1）伺服电动机

伺服电动机可规定机构以特定方式运动。伺服电动机引起在两个主体之间、单个自由度内的特定类型的运动。伺服电动机将位置、速度或加速度指定为时间的函数，并可控制平移或旋转运动。

通过指定伺服电动机函数，如常数或线性函数，可以定义运动的轮廓。从预定义的函数中进行选取，也可输入自定义的函数。可在一个图元上定义任意多个伺服电动机。

可以在运动轴或几何图元（如零件平面、基准平面和点）上放置下列类型的伺服电动机。

① 运动轴伺服电动机。可直接在组件上选取电动机的运动轴，也可设置元件之间的相对运动来指定电动机的运动轴。

② 几何伺服电动机。用于创建复杂的 3D 运动，如螺旋线或其他空间曲线。

提示：只有销钉、滑动杆、圆柱、平面和轴承连接具有运动轴，其他的连接形式没有运动轴。

创建伺服电动机：

单击工具栏中的 图标，系统弹出"伺服电动机定义"对话框，如图 5-12 所示，创建或编辑伺服电动机。新伺服电动机图标将出现在机构上，其图标指向运动的方向。

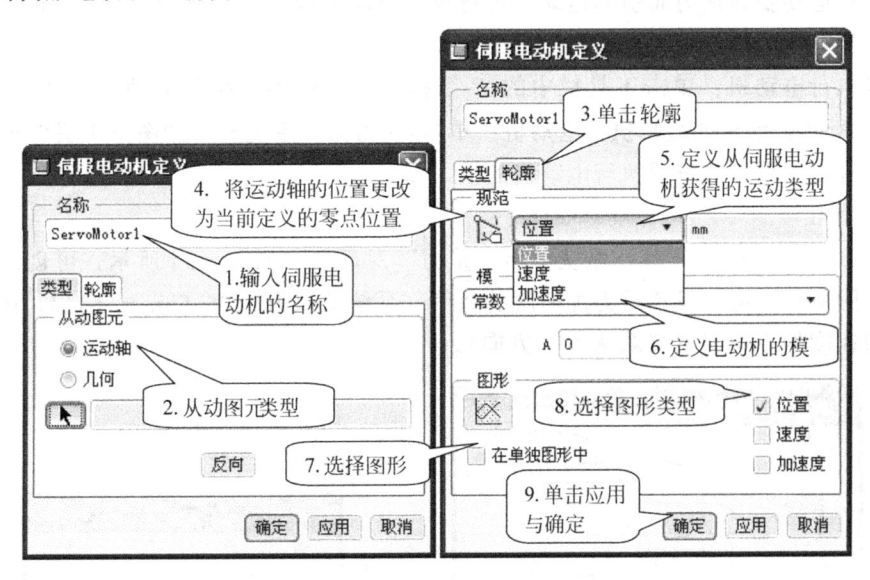

图 5-12 伺服电动机的设置

电动机模的类型：

常数——电动机做等数值运动。

斜坡——电动机的位置、速度和加速度随时间做线性的变化。

余弦——电动机的位置、速度和加速度随时间做余弦的变化。

SCCA——设置电动机的加速度（常用于凸轮的加速度运动）。摆线电动机的位置、速度和加速度随时间做摆线的变化。

抛物线——电动机的位置、速度和加速度随时间做抛物线的变化。

多项式——电动机的位置、速度和加速度随时间做多项式的变化。

表——采用表格描述电动机的位置、速度和加速度的数值大小。

用户定义的——采用用户自定义的方程式来描述电动机的位置、速度和加速度的数值大小。

电动机模定义的详细方程式（模的函数类型）见表 5-4。

表 5-4 模的函数类型

函数类型	方　程	
恒定	$q = A$；$q = A + B * x$,	A—常数，B—斜率
余弦	$q = A * \cos(360 * x/T + B) + C$	A—幅值，B—相位，C—偏移量，T—周期
摆线	$q = L * x/T - L * \sin(2 * Pi * x/T)/2 * Pi$	L—总高度，T—周期
抛物线	$q = A * x + 1/2 B(x^2)$	A—线性系数，B—二次项系数
多项式	$q = A + B * x + C * x^2 + D * x^3$	A—常数项，B—线性项系数 C—二次项系数，D—三次项系数

（2）执行电动机

使用执行电动机可向机构施加特定的负荷。执行电动机在两个主体之间、单个自由度内产生特定类型的负荷。给模型添加执行电动机，为动态分析做准备。执行电动机通过对平移或旋转运动轴施加力而引起运动。可将执行电动机放置于运动轴上。一个模型上定义任意多个执行电动机。

创建执行电动机：单击工具栏中的 图标，系统弹出"执行电动机定义"对话框，如图 5-13 所示，创建或编辑执行电动机。单击 图标，系统显示"图形工具"窗口。使用此窗口可以图形方式查看执行电动机的模。

（3）重力

单击工具栏中的 图标，系统弹出"重力"对话框，如图 5-14 所示，可创建或编辑重力，如图所示，可以设置重力加速度的数值（系统默认为 9806.65mm/sec^2），还可以设置重力加速度的方向（系统默认为-y 方向）。

图 5-13 执行电动机定义　　　　　　图 5-14 重力定义

(4) 弹簧

弹簧在机构中被拉伸或压缩时能产生线性弹力，该力可使弹簧恢复到平衡位置，弹力的大小与距平衡位置的位移成正比。

单击工具栏中的 图标，系统打开"弹簧定义"操控板，按照下列选项进行设置，可创建或编辑弹簧。

参照——选取两个点或两个顶点作为参照图元。

K——输入弹簧刚度常数，此常数必须为正数。

U——输入弹簧未拉伸长度值。

选项——调整图标直径，为显示在机构上的点至点弹簧图标输入直径值。

(5) 阻尼器

阻尼器可在机构仿真运动中起阻力作用，并非真实的机械元件，其计算公式是 $F=C×V$，其中 F 是阻力，C 是阻尼系数，V 是速度。

单击工具栏中的 图标，系统打开"阻尼器定义"操控板，按照下列选项进行设置，可对其进行创建或编辑。

参照——选取两个点、一个槽及从动件上或者旋转的运动轴上作为参照图元。

C——输入阻尼系数。

(6) 力和扭矩

可以应用力或扭矩来模拟对机构运动的外部影响。力/扭矩通常表示机构与另一主体的动态交互作用，并且是在机构的零件与机构外部实体接触时产生的。力总表现为推力或拉力，它可导致对象改变其平移运动。

单击工具栏中的 图标，系统弹出"力/扭矩定义"对话框，如图 5-15 所示，可创建或编辑力/力矩，选项如下。

类型——选取要施加的力的类型和力的参照图元。

点力——选取主体上的一点和另一点或顶点作为参照图元。

主体扭矩——为通过质心的扭矩选取主体作为参照图元。

点对点力——选取位于不同主体上的两点或顶点作为参照图元。该力在反方向上作用相等，其值为负时彼此相对移动两点，其值为正时彼此远离移动两点。如果两点重合，则该力的模为零。第一个点是力的原点，第二个点则指示力的方向。创建力时，将显示作用于选取的第一个主体上的力的结果。

图 5-15 力/扭矩定义

4．机构分析

当模型创建检测完毕，并添加相应的建模图元，则可单击工具栏中的 图标，系统弹出"分析定义"对话框，如图 5-16 所示，进行机构分析，使用运动分析可评估机构在伺服电动机驱动下的运动。可以使用任何具有一定轮廓、能产生有限加速度的运动轴伺服电动机。

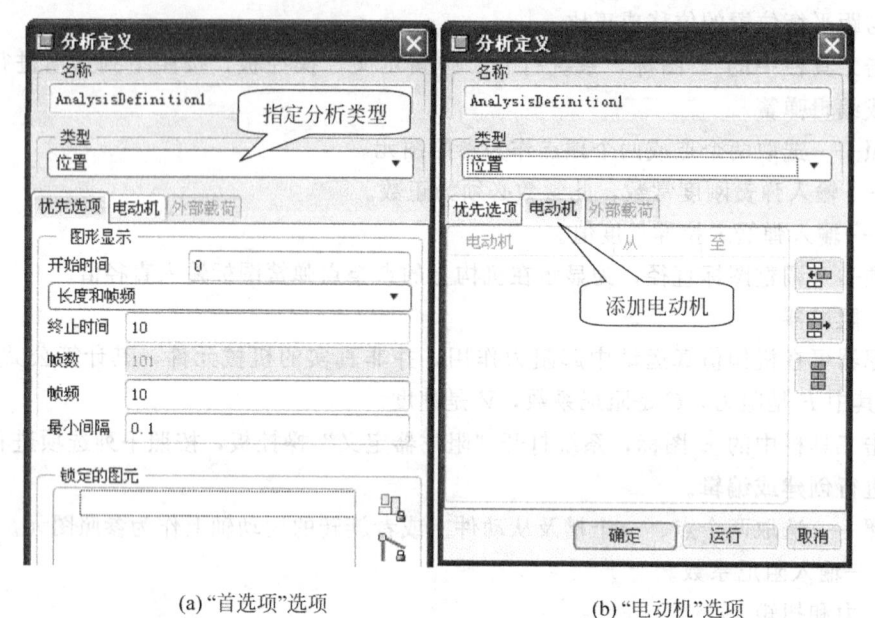

(a) "首选项"选项　　　　　　　(b) "电动机"选项

图 5-16　分析定义

5. 查看分析结果

(1) 保存分析结果及干涉检查

单击工具栏中的 ◀▶ 图标，系统弹出"回放"对话框，如图 5-17 所示。使用下列选项可以保存、恢复、删除、导出分析结果及检查干涉情况。

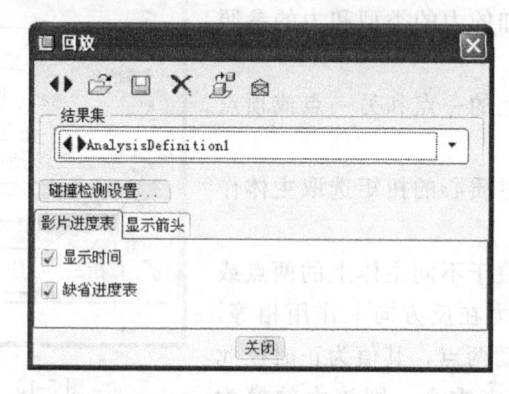

图 5-17　"回放"对话框

◀▶：打开"动画"对话框，使用其中的选项可控制回放的速度和录制动画。

🖬：打开对话框恢复结果集。列出以前保存的结果集文件。

📂：将文件保存到磁盘。

✖：从进程中移除当前结果。

📇：输出结果集，当前结果集被保存为带有 .fra 扩展名的帧文件。

:打开"创建运动包络"对话框。对在分析中由机构所创建的扫描体积块进行收缩包络。

单击"回放"对话框中的按钮，系统弹出"动画"对话框，如图 5-18 所示，可进行动画的回放。

单击"动画"对话框中的"捕获"按钮，系统弹出"捕获"对话框，如图 5-19 所示，可输出动画结果。

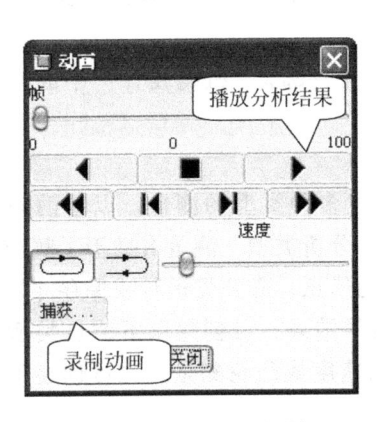

图 5-18 "动画"对话框

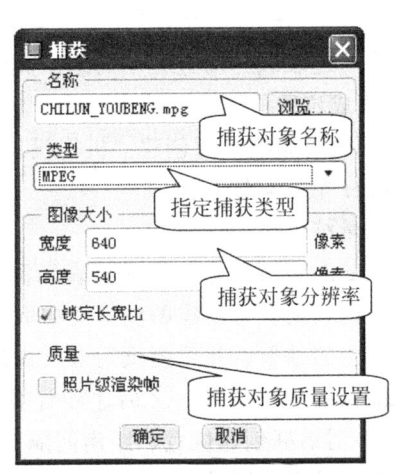

图 5-19 捕获对象设置

单击"回放"对话框中的"碰撞检测设置"按钮，系统弹出"碰撞检测设置"对话框，如图 5-20 所示，可以进行"无碰撞检测"、"全局碰撞检测"及"部分碰撞检测"等干涉检测。

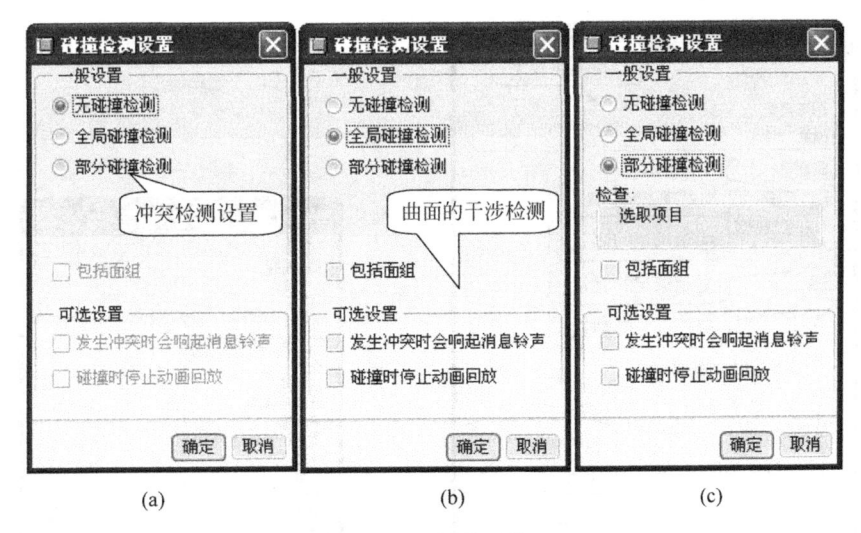

(a)　　　　　　　　　(b)　　　　　　　　　(c)

图 5-20 碰撞检测设置

（2）轨迹曲线

运行分析后，可使用分析结果生成轨迹曲线。轨迹曲线是机构运动的图形表示，可用于创建凸轮轮廓、槽轮廓或 Pro/Engineer 基准曲线。

(3) 创建轨迹曲线

选择 Pro/Engineer 系统主菜单 "插入" → "轨迹曲线" 命令，系统弹出 "轨迹曲线" 对话框。使用 "轨迹曲线" 命令可以记录轨迹曲线。轨迹曲线用图形表示机构中某一点或顶点相对于零件的运动。记录凸轮合成曲线。凸轮合成曲线用图形表示机构中曲线或边相对于零件的运动。

应当注意的是：

① 必须先从分析运行创建一个结果集，然后才能生成这些曲线。使用当前进程中的结果集，或通过装载先前进程中的结果文件，可生成轨迹曲线或凸轮合成曲线。

② 只生成位置的轨迹曲线和凸轮合成曲线。

③ 使用轨迹曲线，可创建 "机构设计" 中的凸轮轮廓，"机构设计" 中的槽曲线和 Pro/Engineer 中的实体几何。

(4) 测量结果

Pro/Engineer 可创建并图形化表示测量。可创建多种类型的测量，以帮助理解由机构分析得到的数据。可创建的测量类型取决于运行的分析类型。测量有助于了解和分析移动机构所产生的结果，并可提供用来改进机构设计的信息。必须先运行或保存并恢复一个或多个对机构的分析结果，之后才能计算和查看测量结果。可创建以下测量类型：可用 "测量结果" 对话框创建位置、距离间隔、速度、加速度或凸轮测量，也可创建不需要质量定义的系统及主体测量。

单击工具栏中的 ⊠ 图标，系统弹出 "测量结果" 对话框，如图 5-21 所示，单击对话框中的 ▯ 按钮，系统弹出 "测量定义" 对话框，如图 5-22 所示，可创建特定模型图元或整个机构的测量。还可将测量包括到自己的用户定义测量的表达式中。测量定义的类型如下。

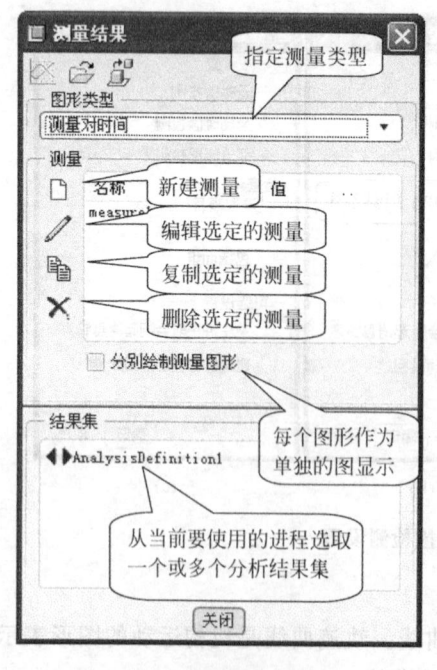

图 5-21 测量结果

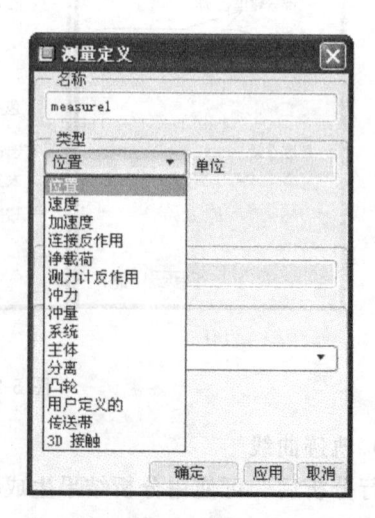

图 5-22 测量定义

位置——在分析期间测量点、顶点或运动轴的位置。
速度——在分析期间测量点、顶点或运动轴的速度。
加速度——在分析期间测量点、顶点或运动轴的加速度。
连接反作用——测量接头、齿轮副、凸轮从动机构或槽从动机构连接处的反作用力和力矩。
净载荷——测量弹簧、阻尼器、伺服电动机、力、扭矩或运动轴上强制负荷的模。
测力计反作用——在力平衡分析期间测量测力计上的负荷。
冲力——确定分析期间是否在接头限制、槽端处或两个凸轮间发生碰撞。
冲量——测量由碰撞事件引起的动量变化。
系统——测量描述整个系统行为的多个数量。
主体——测量描述选定主体行为的多个数量。
分离——测量两个选定点之间的分离距离、分离速度及分离速度变化。
凸轮——测量凸轮从动机构连接中任一凸轮的曲率、压力角和滑动速度。
用户定义的——将测量定义为包括测量、常数、算术运算符、参数和代数函数在内的数学表达式。

(5) 用图形表示测量结果

必须先运行分析，或从先前分析恢复结果，然后才能用图形表示测量结果。如果为动态测量选取评估方法，则必须在运行分析前创建测量。

5.5 装配建模实训项目

5.5.1 滑块曲柄机构装配建模及运动仿真

创建滑块曲柄机构，将单活塞发动机建模为滑块曲柄机构，该组件必须有以下六个零件：
① piston_head.prt 汽缸头；
② con_rod.prt 发动机连杆；
③ end_cap.prt 连杆底盖；
④ crank_shaft.prt 曲柄轴；
⑤ base.prt 缸体底座；
⑥ block.prt 发动机缸体。

1. 用连接集创建滑块曲柄机构

(1) 新建组件默认装配发动机缸体

设置工作目录为"齿轮油泵"文件夹所在的路径。选择 Pro/Engineer 系统主菜单中的"文件"→"设置工作目录"命令，系统弹出"选取工作目录"对话框，选取"…\chapter5.5.1\unfinish"作为文件工作目录，单击"确定"按钮。

(2) 选择 Pro/Engineer 系统主菜单"文件"→"新建"命令，弹出"新建"对话框，在"类型"选项组中选择"组件"选项，在对应的"子类型"选项组中选择"设计"选项，输入新文件名"slider_crank"，取消"使用缺省模板"复选框，单击"确定"按钮，弹出"新文件选项"对话框,在"模板"选项组中选择"mmns_asm_design",单击"确定"按钮,进入装配设计模块。

(3)单击工具栏中的 图标,系统弹出"打开"对话框,选择发动机缸体零件"block.prt",单击"打开"按钮,系统打开元件放置操控板,并在绘图区显示发动机缸体零件,从"约束类型"列表中选择"缺省",以默认方式装配该发动机缸体零件,这将把此块体定义为基础主体,单击操控板中的 按钮,如图5-23所示。

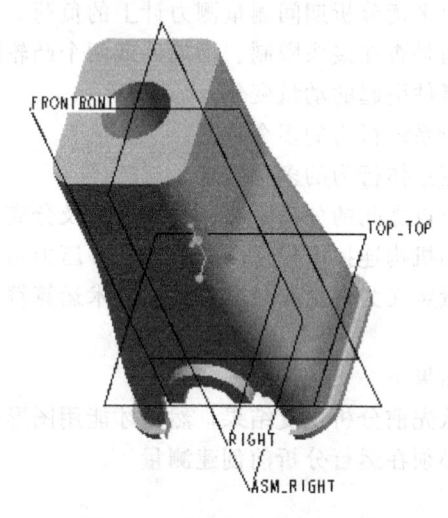

图5-23 默认装配发动机缸体

2. 销钉连接装配曲柄轴

(1)单击工具栏中的 图标,系统弹出"打开"对话框,选择曲柄轴文件"crank_shaft.prt",单击"打开"按钮,系统打开元件放置操控板,并在绘图区显示零件曲柄轴,从"用户定义"列表中选择"销钉"连接类型,单击"放置"按钮,打开"放置"下拉菜单,如图5-24(a)所示在曲柄轴和发动机缸体上分别选择"A_1"基准轴和"A_3"基准轴。

(2)在"放置"下滑面板中,单击"平移"选项,在曲柄轴和发动机缸体上分别选择如图5-24(b)所示的基准点"PNT0"。此时约束状态显示主动齿轮现在被"完全约束",单击操控板中的 按钮,完成曲柄轴的销钉连接装配,如图5-24(c)所示。

(3)销钉连接装配发动机连杆

① 单击工具栏中的 图标,隐藏模型的基准平面,以方便其他基准特征的选取。

② 单击工具栏中的 图标,系统弹出"打开"对话框,选择发动机连杆文件"con_rod.prt",单击"打开"按钮,系统打开元件放置操控板,并在绘图区显示零件发动机连杆,从"用户定义"列表中选择"销钉"连接类型,单击"放置"按钮,打开"放置"下拉菜单,在发动机连杆和曲柄轴上分别选择"A_2"基准轴和"A_2"基准轴,如图5-25(a)所示。

③ 在"放置"下滑面板中,单击"平移",在发动机连杆和曲柄轴上分别选择如图5-25(b)所示的基准点"PNT2"。此时约束状态显示主动齿轮现在被"完全约束",单

第 5 章　Pro/Engineer 装配建模与机构运动仿真

(a)

(b)

(c)

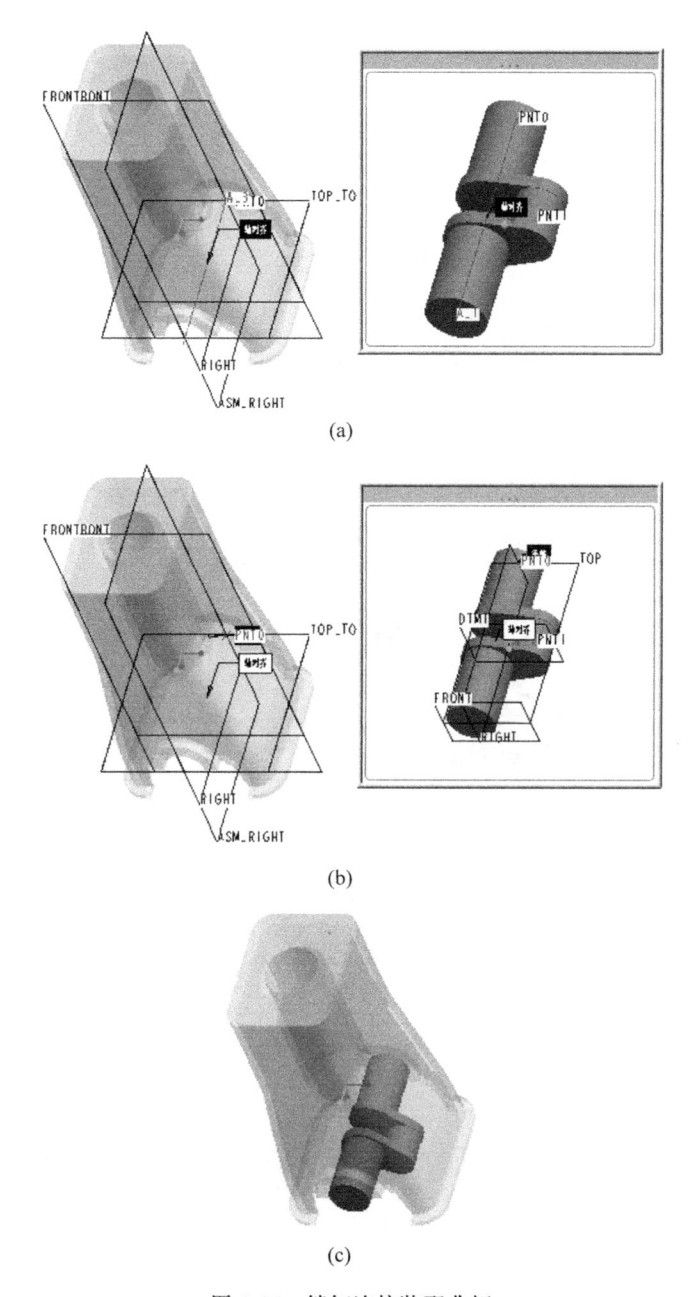

图 5-24　销钉连接装配曲柄

击操控板中的☑图标，完成发动机连杆的销钉连接装配，如图 5-25（c）所示。

（4）约束装配连杆底盖

① 单击工具栏中的图标，系统弹出"打开"对话框，选取连杆底盖文件"end_cap.prt"，单击"打开"按钮，系统打开元件放置操控板，并在绘图区中显示连杆底盖零件，单击操控板中的"放置"，打开"放置"下拉菜单，单击"新建约束"，从"约束类型"列表中选择"配对"，如图 5-26（a）所示在发动机连杆和连杆底盖上选取平整面作为"匹配"参照，从"偏移"选项中选择"重合"。

(a)

(b)

(c)

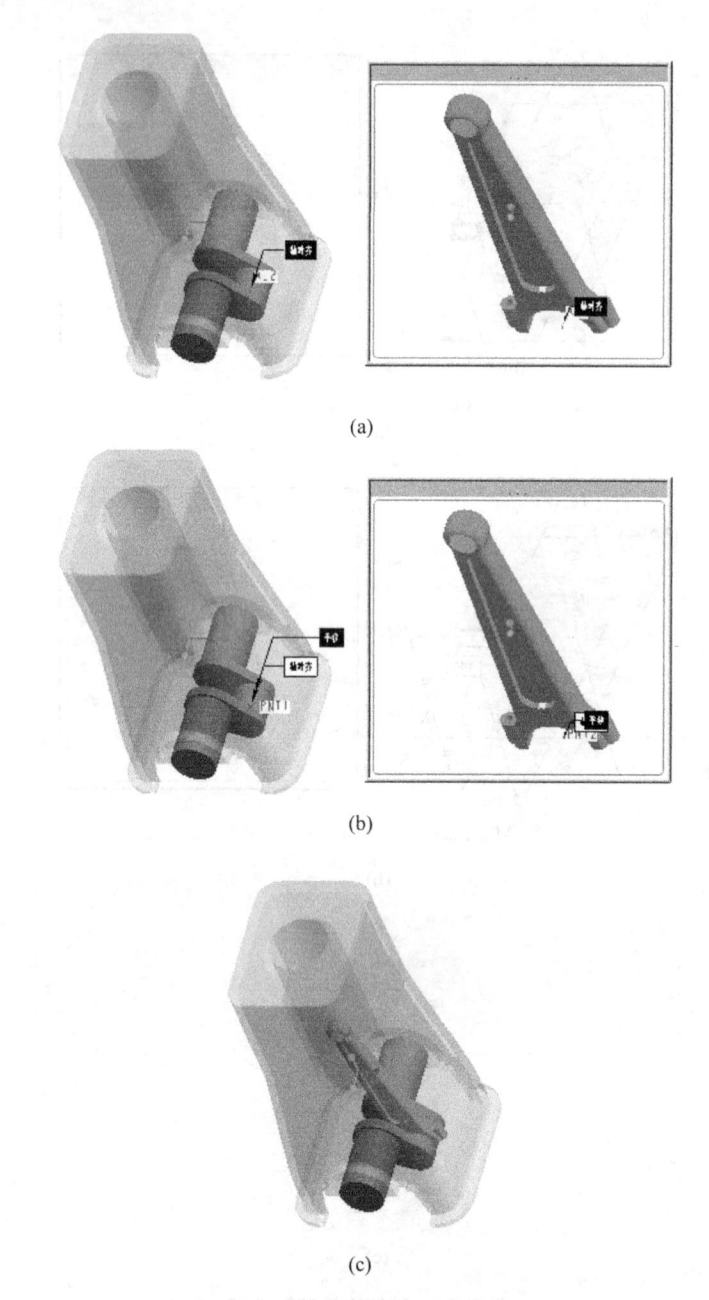

图 5-25 销钉连接装配发动机连杆

② 单击操控板中的"放置",打开"放置"下拉菜单,单击"新建约束",从"约束类型"列表中选择"对齐",如图 5-26(b)所示在发动机连杆和连杆底盖上分别选取轴"A_4"作为"对齐"参照。

③ 单击操控板中的"放置",打开"放置"下拉菜单,单击"新建约束",从"约束类型"列表中选择"对齐",如图 5-26(c)所示在发动机连杆和连杆底盖上分别选取轴"A-5"作为"对齐"参照,约束状态显示连杆底盖现在被"完全约束",单击操控板中的 ✓ 按钮,完成连杆底盖的约束装配。

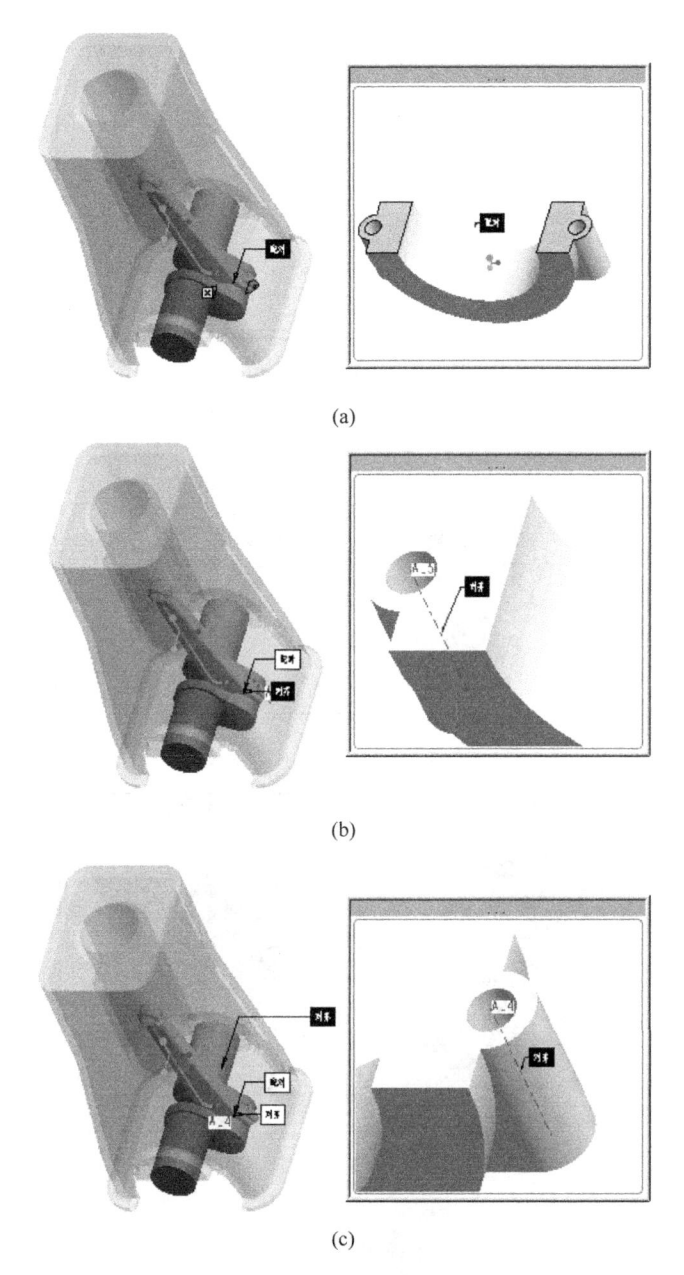

图 5-26 约束装配连杆底盖

(5) 销钉及圆柱装配汽缸头

① 单击工具栏中的 图标，系统弹出"打开"对话框，选择汽缸头文件"piston_head.prt"，单击"打开"按钮，系统打开元件放置操控板，并在绘图区显示零件汽缸头，从"用户定义"列表中选择"销钉"连接类型，单击"放置"按钮，打开"放置"下拉菜单，在汽缸头和发动机连杆上分别选择"A_2"基准轴和"A_1"基准轴［见图 5-27 (a)］。

② 单击操控板中的"放置"，打开"放置"下拉菜单，单击"平移"，在汽缸头和发动机连杆上分别选择如图 5-27 (b) 所示的"FRONT"基准平面。

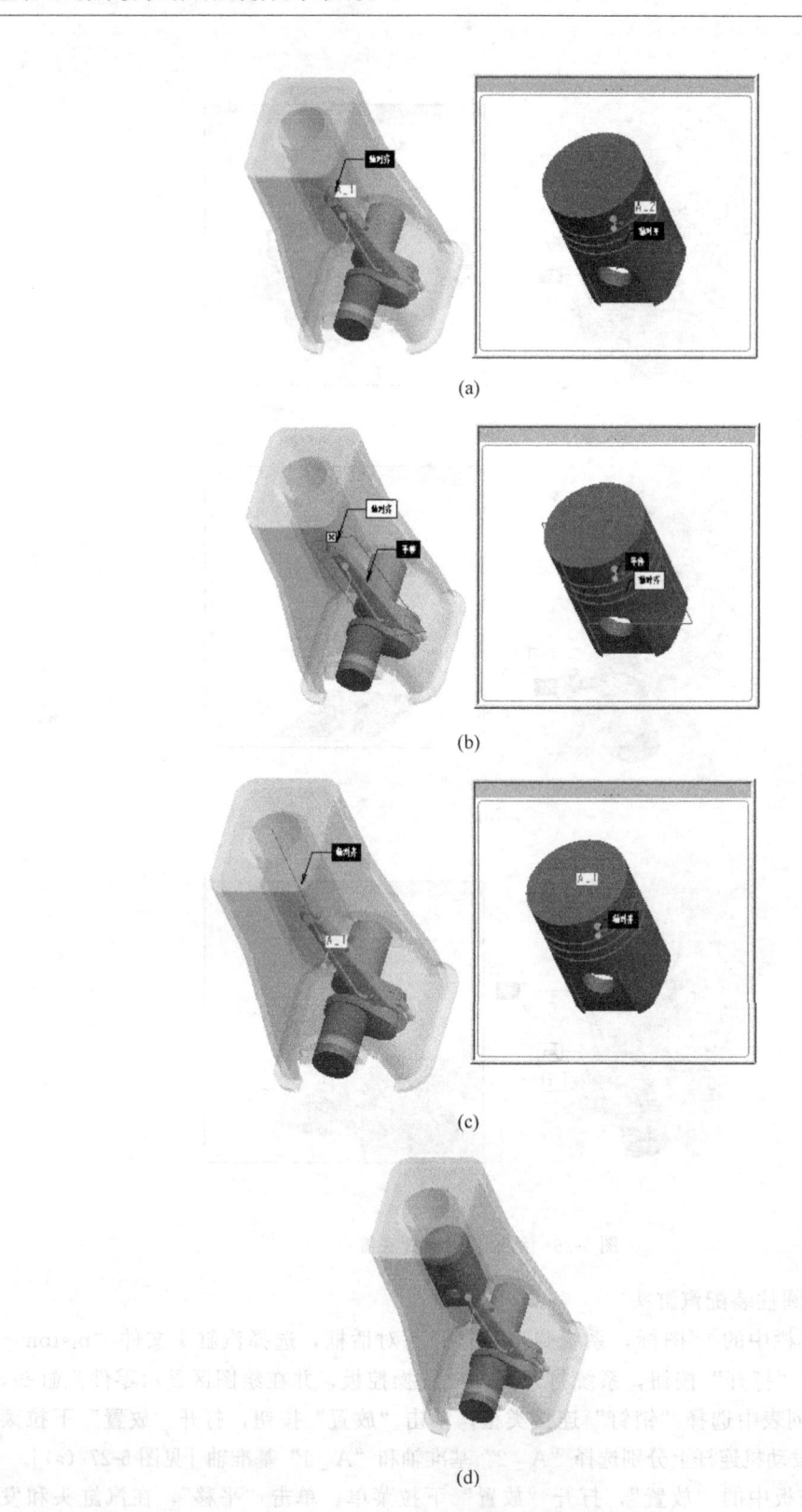

图 5-27 销钉及圆柱装配汽缸头

③ 单击"放置"下拉菜单中的"新建集"按钮，系统自动新建"销钉"连接类型，从"预定义的连接集"列表中选择"圆柱"。在汽缸头和发动机连杆上分别选取如图 5-27（c）所示的轴"A_1"。此时约束状态显示汽缸头现在被"完全约束"，单击操控板中的☑按钮，完成汽缸头的装配，如图 5-27（d）所示。

（6）约束装配缸体底座

① 单击工具栏中的 图标，系统弹出"打开"对话框，选取底座文件"base.prt"，单击"打开"按钮，系统打开元件放置操控板，并在绘图区中显示连杆底盖零件，单击操控板中的"放置"，打开"放置"下拉菜单，单击"新建约束"，从"约束类型"列表中选择"配对"，如图 5-28（a）所示在发动机缸体和底座上选取曲面作为"匹配"参照，从"偏移"选项中选择"重合"。

② 单击操控板中的"放置"，打开"放置"下拉菜单，单击"新建约束"，从"约束类型"列表中选择"对齐"，如图 5-28（b）所示在发动机连杆和连杆底盖上分别选取基准平面"RIGHT"作为"对齐"参照。

③ 单击操控板中的"放置"，打开"放置"下拉菜单，单击"新建约束"，从"约束类型"列表中选择"对齐"，如图 5-28（c）所示在发动机连杆和连杆底盖上分别选取基准平面"FRONT"作为"对齐"参照。约束状态显示连杆底盖现在被"完全约束"，单击操控板中的☑按钮。完成连杆底盖的约束装配，如图 5-28（d）所示。

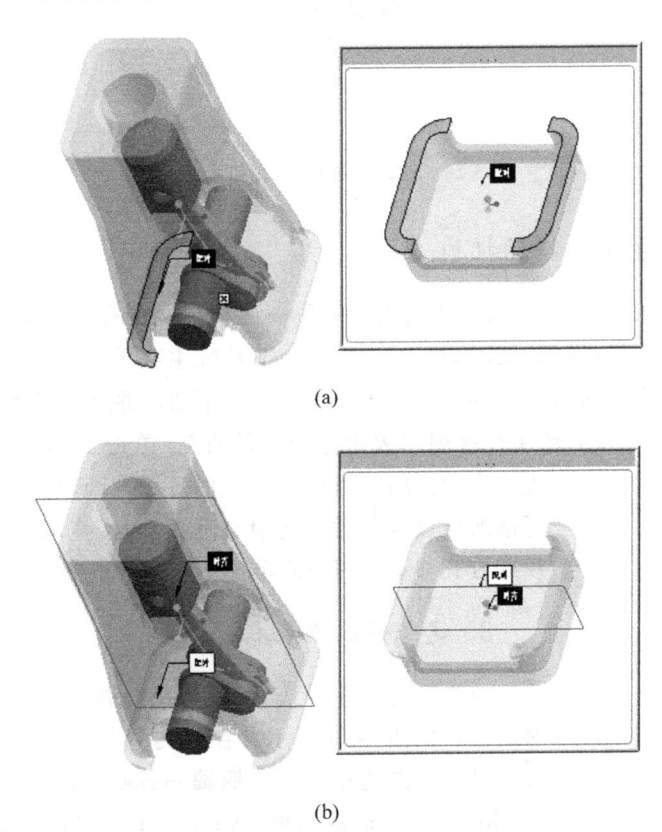

(a)

(b)

图 5-28 约束装配缸体底座

(c)

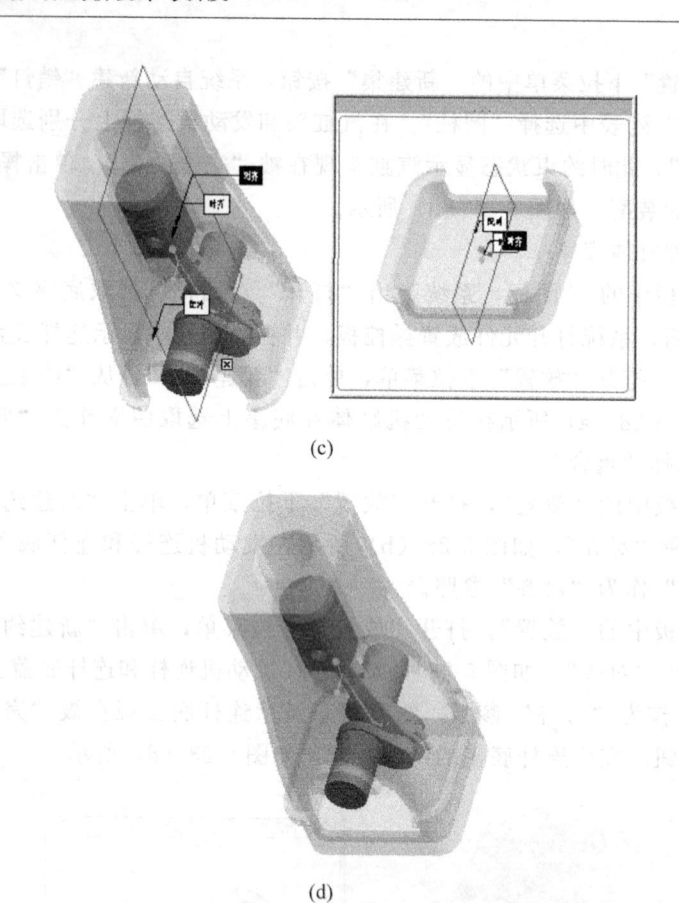

(d)

图 5-28 约束装配缸体底座（续）

2. 标识基础主体和拖动机构

选择 Pro/Engineer 系统主菜单"应用程序"→"机构"命令，进入"机构设计"模块，单击工具栏中的 图标，或选择 Pro/Engineer 系统主菜单"视图"→"加亮主体"命令，在拖动伺服电动机操作期间，基础主体保持固定不动，并且以绿色加亮显示。单击工具栏中的 按钮，并从已保存视图列表中选择"缺省"。单击工具栏中的 按钮，系统弹出"拖动"对话框，如图 5-29 所示在发动机连杆底部附近选取一点（注意远离中心垂直轴），拖动该点以确认模型按预期方式移动，完成后单击"关闭"按钮。

3. 建立伺服电动机

单击工具栏中的 图标，系统弹出"伺服电动机定义"对话框，如图 5-30 所示，在"类型"→"从动图元"中选择"运动轴"，并选择将"曲柄轴 crank _ shaft. prt"连接到"缸体 block. prt"的运动轴"Connection _ 5. _ axis _ 1"，在"轮廓"选项卡上，将"规范"改为"速度"，"模"设置为"常数"，输入 A 值为"72"，单击"确定"按钮。

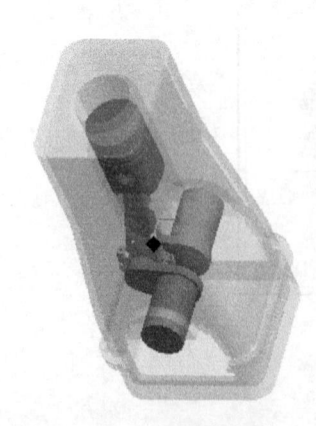

图 5-29 模型拖动图

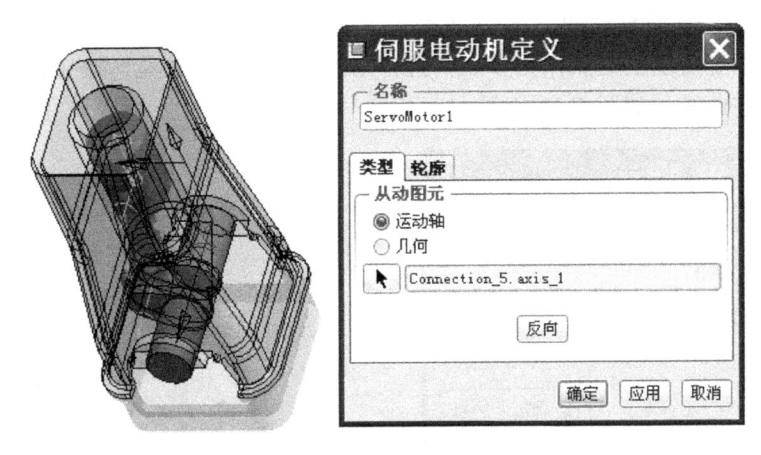

图 5-30　定义伺服电动机

4. 运动学分析

定义并运行滑块曲柄机构的运动学分析。单击工具栏中的 图标，系统弹出"分析定义"对话框，在"类型"选项中选择"运动学"，输入名称"slider_crank"，在"首选项"选项中接受默认值，在"电动机"选项中确保列出"伺服电动机 1"（ServoMotor1），如果未列出可单击 按钮，然后添加伺服电动机，单击"运行"按钮，模型按指定运动进行移动。此外，必须将分析结果保存为回放文件，以便在"机构设计"的后续进程中使用。

5. 保存并查看结果

将运动分析保存为回放文件，并查看滑块曲柄机构的结果。

（1）回放结果。单击工具栏中的 图标，系统弹出"回放"对话框，"slider_crank"显示在"结果集"字段中。单击 按钮，系统弹出"动画"对话框，可进行播放分析，单击"关闭"按钮退出。

（2）在"回放"对话框中，单击 按钮，可将结果保存为"slider_crank.pbk"文件，在"保存分析结果"对话框中，选择默认名称。单击"关闭"按钮退出。

（3）单击工具栏中的 图标，系统弹出"测量结果"对话框，单击 按钮，弹出"测量定义"对话框。保留"measure1"作为测量名称，在"类型"选项中选择"位置"，在活塞头部选取一个顶点，在"分量"下选取"Y 分量"，并保留 wcs 作为"坐标系"，在"评估方法"下，保留"每个时间步长"。绘图区显示一个洋红色箭头指示 Y 方向，单击"应用"和"确定"按钮。在"测量结果"对话框中，选择"测量"文本框中的"measure1"，选择"结果集"下的"slider_crank"。"图形类型"为"测量对时间"，单击 按钮，可查看测量结果为余弦曲线。

6. 产生轨迹曲线

（1）产生活塞运动的轨迹曲线：选择系统主菜单"插入"→"轨迹曲线"命令，系统

123

打开"轨迹曲线"对话框,如图 5-31 所示指定"BLOCK"为纸零件,指定轨迹类型为"轨迹曲线",指定活塞上的点作为参照,选择结果集,单击"预览"按钮,在绘图区显示活塞的运动轨迹曲线,如图 5-31 所示。

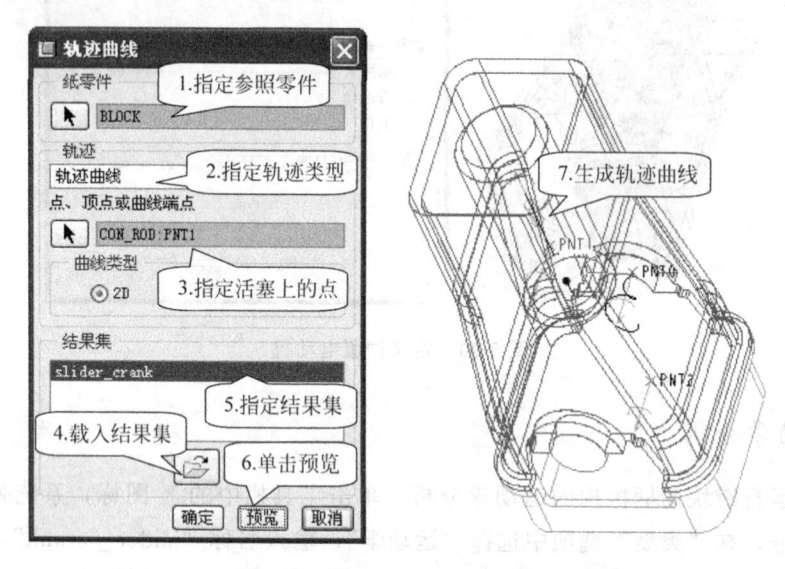

图 5-31 生成活塞的轨迹曲线

(2) 产生连杆运动的轨迹曲线:选择系统主菜单"插入"→"轨迹曲线"命令,系统打开"轨迹曲线"对话框,如图 5-32 所示指定"BLOCK"为纸零件,指定轨迹类型为"凸轮合成曲线",指定连杆上的边作为参照,选择结果集,单击"预览"按钮,在绘图区显示连杆的运动轨迹曲线,如图 5-32 所示。

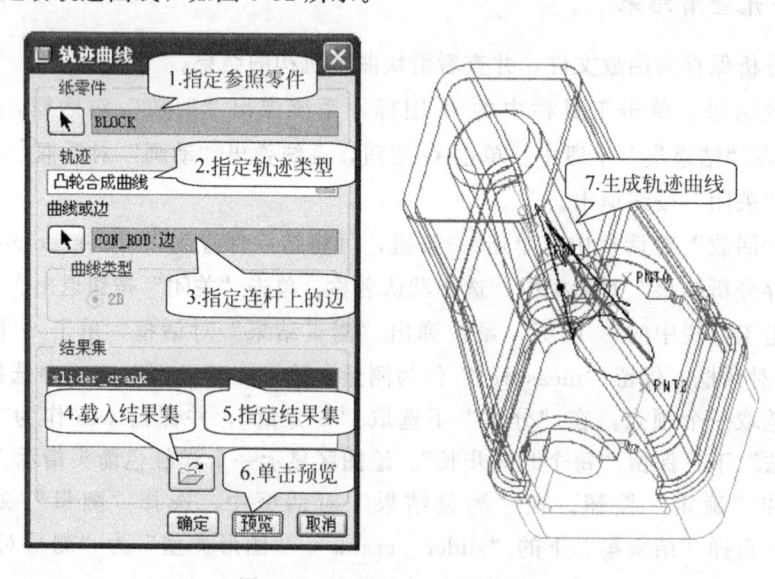

图 5-32 生成连杆的轨迹曲线

(3) 保存文件后退出。

5.5.2 振荡凸轮装配建模及运动仿真

模拟带有弹簧和阻尼器的凸轮从动机构连接以实现振荡运动。将运行一个动态分析，并测量分析期间作用于弹簧和阻尼器上的力。该振荡凸轮机构具有以下六个零件：

① cam_follower.asm：由凸轮和滚筒从动机构组成的组件。
② base.prt：基础主体，由两个零件（蓝色）组成。
③ cam.prt：圆形伸长的实体，具有平整表面（紫色）。
④ roller.prt：具有平整表面的轮子，用做第二个凸轮（绿色）。
⑤ follower.prt：滚筒的固定架（褐色）。
⑥ follower.asm：用销钉接头来连接 roller.prt 和 follower.prt 的一个子组件。

1. 创建凸轮从动机构连接、弹簧和阻尼器

（1）创建凸轮从动机构连接

① 设置工作目录为"振荡凸轮"文件夹所在的路径。选择 Pro/Engineer 系统主菜单中的"文件"→"设置工作目录"命令，系统弹出"选取工作目录"对话框，选取"…\chapter5.5.2\unfinish"作为文件工作目录，单击"确定"按钮。

② 选择 Pro/Engineer 系统主菜单"文件"→"打开"命令，弹出"打开"对话框，选取工作目录下的"cam-follower.asm"文件。

③ 选择 Pro/Engineer 系统主菜单"应用程序"→"机构"命令，进入"机构设计"模块，单击工具栏中的 图标，系统弹出"拖动"对话框，在"cam.prt"零件的窄端选取一点，并拖动该点以确认模型按预期方式移动，完成后单击"关闭"按钮。

④ 单击工具栏中的 图标，打开"凸轮从动机构连接定义"对话框。在"凸轮1"选项卡上，选取"自动选取"复选框。选取了定义凸轮所需的足够曲面后，曲面集将自动完成。在"cam.prt"零件上选取曲面，然后单击"选取"对话框中的"确定"按钮。在"凸轮2"选项卡上，选取"自动选取"复选框。在"roller.prt"零件上选取曲面，然后单击"选取"对话框中的"确定"按钮。凸轮从动机构图标被添加到机构上，如图 5-33 所示。

⑤ 单击工具栏中的 图标，系统弹出"拖动"对话框。选取并旋转"cam.prt"零件。注意从动子组件的运动现在已链接到凸轮的运动。单击"确定"按钮，然后单击"关闭"按钮，退出拖动对话框。

图 5-33 创建凸轮从动机构连接

（2）创建弹簧

在从动机构和基础间添加一个点至点弹簧。

① 单击工具栏中的 图标，系统打开"弹簧定义"操控板，在"参照"下拉菜单中选取"base.prt"零件上的基准点"PNT0"，按住 CTRL 键选取"follower.prt"零件上

的基准点"PNT0"。

② 在特征操控板输入"100"作为弹簧刚度常数 k 的值，输入 60 作为弹簧未拉伸时的长度 U 的值。在"选项"下拉菜单中选择"调整图标直径"复选框，并输入"15"。

③ 单击操控板中的 ☑ 按钮。弹簧图标被添加到该机构上，如图 5-34 所示。

(3) 创建阻尼器

在从动机构和基础间添加一个点至点阻尼器。单击工具栏中的 ⊠ 图标，系统打开"阻尼器定义"操控板，在"参照"下拉菜单中选取"base.prt"零件上的基准点"PNT0"，按住 Ctrl 键选取"follower.prt"零件上的基准点"PNT0"。在特征操控板输入阻尼系数 C 值为"100"，阻尼器图标被添加到机构中，如图 5-35 所示。

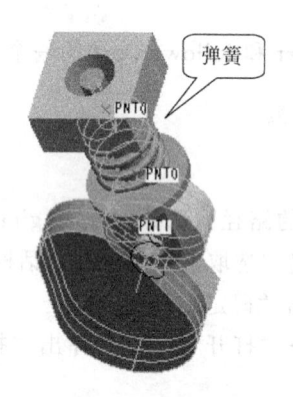

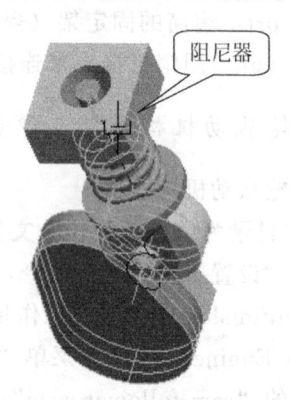

图 5-34　创建弹簧　　　　图 5-35　创建阻尼器

2. 创建伺服电动机

单击工具栏中的 ⊚ 图标，系统弹出"伺服电动机定义"对话框，如图 5-36 所示，在"类型"→"从动图元"中选择"运动轴"，在主界面左下的机构树中，选择"连接"→"接头"命令，选择"zhudong_zhou.prt"连接到"beng_ti.prt"的"Connection_1 (CAM_FOLLOWER)"的旋转轴，在"轮廓"选项卡上，将"规范"改为"速度"，"模"设置为"常数"。输入 A 值为"72"，单击"确定"按钮。

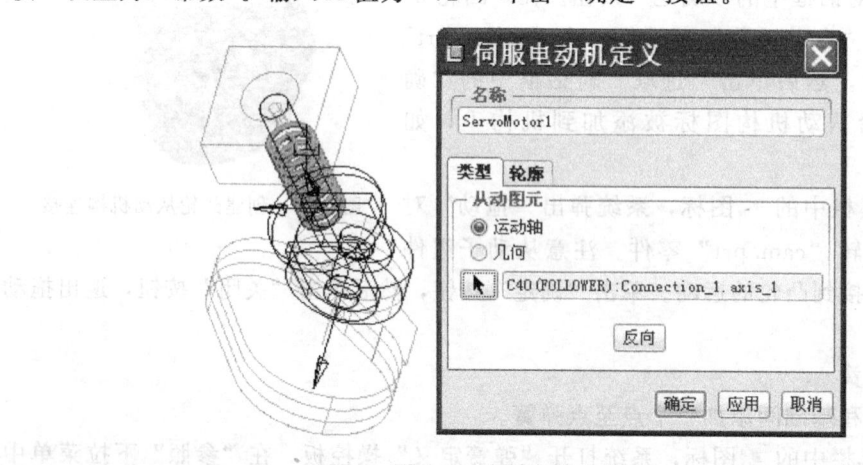

图 5-36　创建伺服电动机

3. 创建并运行动态分析

单击工具栏中的 ▣ 图标，系统弹出"分析定义"对话框，在"类型"选项中分别选择"动态"，在"首选项"选项中选择默认值，在"电动机"选项确保列出了"伺服电动机1"（ServoMotor1），如果未列出可单击 ▣ 按钮，然后添加伺服电动机，单击"运行"按钮，模型按指定运动进行移动。必须将分析结果保存为回放文件，以便在"机构设计"的后续进程中使用。

4. 创建测量并用图形显示

将运动分析保存为回放文件，并查看机构分析的结果。

（1）回放结果。单击工具栏中的 ▣ 图标，系统弹出"回放"对话框，"AnalysisDefinition1"显示在"结果集"字段中。单击 ▣ 按钮，系统弹出"动画"对话框，可进行播放分析，单击"关闭"按钮退出。

（2）在"回放"对话框中，单击 ▣ 图标，可将结果保存为"AnalysisDefinition1.pbk"文件，在"保存分析结果"对话框中，选择默认名称。单击"关闭"按钮退出。

（3）单击工具栏中的 ▣ 图标，系统弹出"测量结果"对话框，单击 ▣ 按钮，弹出"测量定义"对话框。保留"measure1"作为测量名称，在"类型"选项中选择"位置"，在"follower.asm"上选取"FOLLOWER：PNT0"，在"分量"下选取"Y 分量"，并保留 wcs 作为"坐标系"，在"评估方法"下，保留"每个时间步长"。绘图区显示一个洋红色箭头指示 Y 方向，单击"应用"和"确定"按钮。

（4）单击工具栏中的 ▣ 图标，系统弹出"测量结果"对话框，单击 ▣ 按钮，弹出"测量定义"对话框。保留"measure2"作为测量名称，在"类型"选项中选择"速度"，在"follower.asm"上选取"FOLLOWER：PNT0"，在"分量"下选取"Y 分量"，并保留 wcs 作为"坐标系"，在"评估方法"下，保留"每个时间步长"。绘图区显示一个洋红色箭头指示 Y 方向，单击"应用"和"确定"按钮。

（5）单击工具栏中的 ▣ 图标，系统弹出"测量结果"对话框，单击 ▣ 按钮，弹出"测量定义"对话框。保留"measure3"作为测量名称，在"类型"选项中选择"加速度"，在"follower.asm"上选取"FOLLOWER：PNT0"，在"分量"下选取"Y 分量"，并保留 wcs 作为"坐标系"，在"评估方法"下，保留"每个时间步长"。绘图区显示一个洋红色箭头指示 Y 方向，单击"应用"和"确定"按钮。

（6）在"测量结果"对话框中，选择"测量"文本框中的"measure1"、"measure2"、"measure3"，选择"结果集"下的"AnalysisDefinition1"。"图形类型"为"测量与时间"，单击 ▣ 按钮，可查看测量结果如图 5-37 所示。同理，可进行运动学分析，分析结果如图 5-38 所示。

5. 保存文件后退出

最终完成装配建模及运动仿真，单击特征工具栏中保存文件工具图标 ▣，保存该文件并退出。

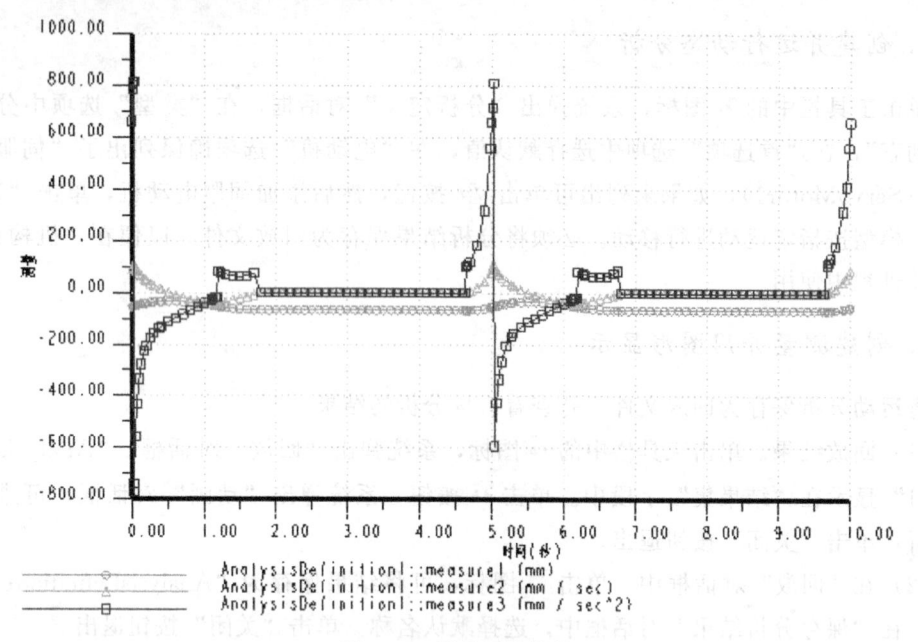

图 5-37 测量图形结果

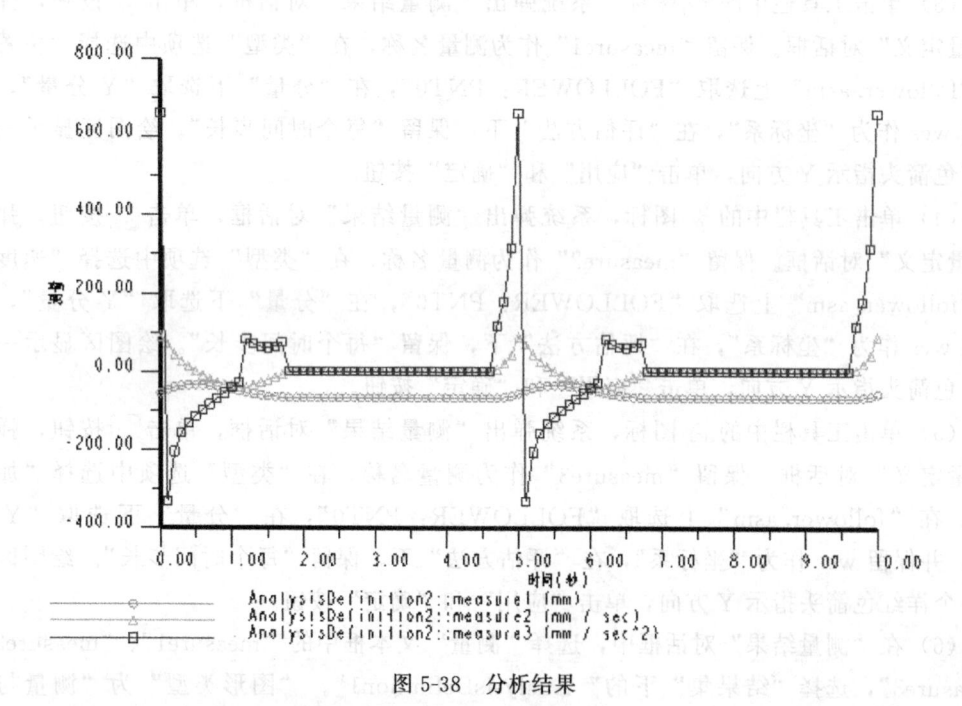

图 5-38 分析结果

5.5.3 齿轮油泵装配建模及运动仿真

齿轮油泵是机器中用来输送润滑油的零部件，主要由泵体、泵盖、传动齿轮、齿轮轴、密封零件、标准件等所组成。齿轮油泵的工作原理如图 5-39 所示，依靠一对齿轮在泵体内做高速啮合传动来输送油，啮合区内右边空间的压力降低产生局部真空，油池内的油在大气压的作用下，进入油泵低压区的吸油口，充满齿轮的齿间，随着齿轮的高度转动，齿槽中的油不断从低压区齿间被带至高压区的压油口而输出，送至机器中需要润滑的部件。

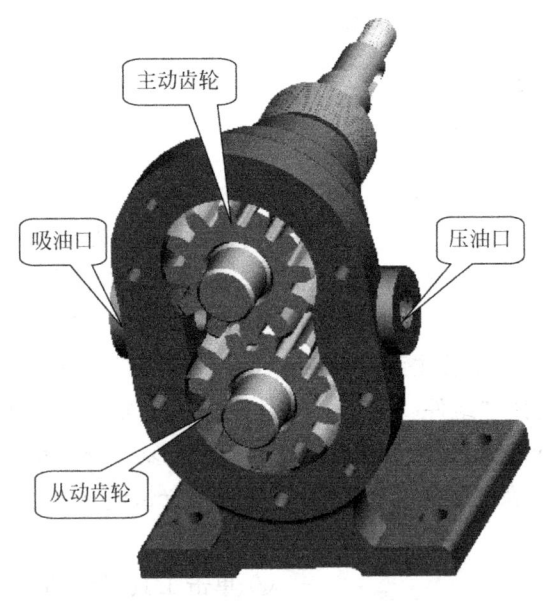

图 5-39 齿轮油泵工作原理图

创建齿轮油泵机构，该组件必须有以下 23 个零件：

1_bengti.prt 泵体；
2_benggai.prt 泵盖；
3_congdongzhou.prt 从动轴；
4_chilun.prt 齿轮；
5_yuanzhuixiao.prt 圆锥销；
6_zhudongzhou.prt 主动轴；
7_yuanzhuxiao.prt 圆柱销；
8_m6x18.prt 螺钉 M6×18；
9_dianquan_1.prt 垫圈 6；
10_dianpian.prt 垫片；
11_tianliao.prt 填料；
12_suojinluomu_1.prt 锁紧螺母 1；
13_tianliaoyagai.prt 填料压盖；
14_yagailuomu.prt 压盖螺母；
15_dailun.prt 带轮；
16_jian.prt 键；
17_m10.prt 螺母 M10；
18_dianquan_2.prt 垫圈 10；
19_tanhuang.prt 弹簧；

20_gangqiu.prt 钢球；

21_m12x16.prt 螺钉_M12x16；

22_suojinluomu_2.prt 锁紧螺母；

23_tiaoyaluomu.prt 调压螺母2。

1. 齿轮油泵的装配

1) 装配泵盖子装配体

(1) 新建组件并默认装配泵盖

① 设置工作目录为"齿轮油泵"文件夹所在的路径。选择Pro/Engineer系统主菜单"文件"→"设置工作目录"命令，系统弹出"选取工作目录"对话框，选取"…\chapter5.5.3\unfinish"作为文件工作目录，单击"确定"按钮。

② 选择Pro/Engineer系统主菜单"文件"→"新建"命令，弹出"新建"对话框，在"类型"选项组中选择"组件"选项，在对应的"子类型"选项组中选择"设计"选项，输入新文件名"benggai"，取消"使用缺省模板"复选框，单击"确定"按钮，弹出"新文件选项"对话框，在"模板"选项组中选择"mmns_asm_design"，单击"确定"按钮，进入装配设计模块。

③ 单击工具栏中的图标，系统弹出"打开"对话框，选择泵盖零件"2_benggai.prt"，单击"打开"按钮，系统打开元件放置操控板，并在绘图区显示泵盖零件，从"约束类型"列表中选择"缺省"，以默认方式装配该零件，这将把此块体定义为基础主体，单击操控板中的按钮，如图5-40所示。

(2) 约束装配螺钉M12×16

① 单击工具栏中的图标，系统弹出"打开"对话框，选取螺钉文件"21_M12×16.prt"，单击"打开"按钮，系统打开元件放置操控板，并在绘图区显示M12×16螺钉，从"约束类型"列表中选择"对齐"，如图5-41 (a) 所示分别选取螺钉的轴"A_13"和泵盖的轴"A_1"，从"偏移"选项中选择"重合"。

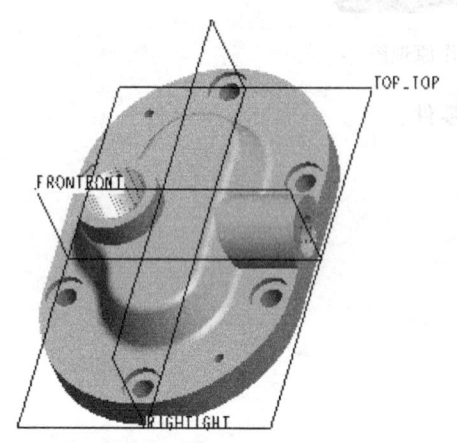

图5-40 默认装配泵盖"2_benggai.prt"

② 单击操控板中的"放置"按钮，打开"放置"下拉菜单，单击"新建约束"，从"约束类型"列表中选择"对齐"，如图5-41 (b) 所示分别选取螺钉的侧平面和泵盖的侧平面，从"偏移"选项中选择"偏移"，并设置偏移距离为"1"，注意使螺钉向泵盖内侧偏移，如果向外侧偏移则输入"-1"即可。

③ 单击操控板中的"放置"按钮，打开"放置"下拉菜单，单击"新建约束"，从"约束类型"列表中选择"配对"，如图5-41 (c) 所示分别选取螺钉的"FRONT"基准平面和组件的"ASM_FRONT"基准平面，从"偏移"选项中选择"重合"。约束状态显示螺钉现在被"完全约束"，单击操控板中的按钮。

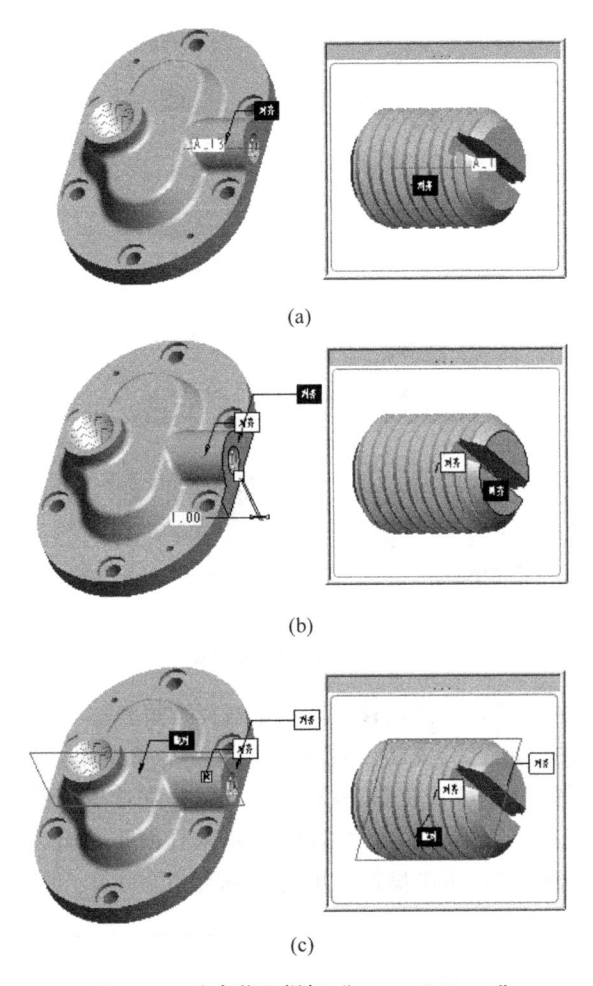

图 5-41 约束装配螺钉"21_ M12×16"

（3）约束装配钢球

① 单击工具栏中的 图标，系统弹出"打开"对话框，选取钢球文件"20_gangqiu.prt"，单击"打开"按钮，系统打开元件放置操控板，并在绘图区显示钢球，从"约束类型"列表中选择"对齐"，如图 5-42（a）所示分别选取钢球的轴"A_1"和泵盖的轴"A_12"，从"偏移"选项中选择"重合"。

② 单击操控板中的"放置"按钮，打开"放置"下拉菜单，单击"新建约束"，从"约束类型"列表中选择"对齐"，如图 5-42（b）所示分别选取钢球的"TOP"基准平面和泵盖的沉孔面，从"偏移"选项中选择"偏移"，并设置偏移距离为"3.9686"，注意偏移方向的设置，约束状态显示钢球现在被"完全约束"，单击操控板中的 ☑ 按钮。

（4）约束装配锁紧螺母

① 单击工具栏中的 图标，系统弹出"打开"对话框，选取锁紧螺母文件"22_suojinluomu.prt"，单击"打开"按钮，系统打开元件放置操控板，并在绘图区显示锁紧螺母，从"约束类型"列表中选择"对齐"，如图 5-43（a）所示分别选取锁紧螺母的轴

(a)

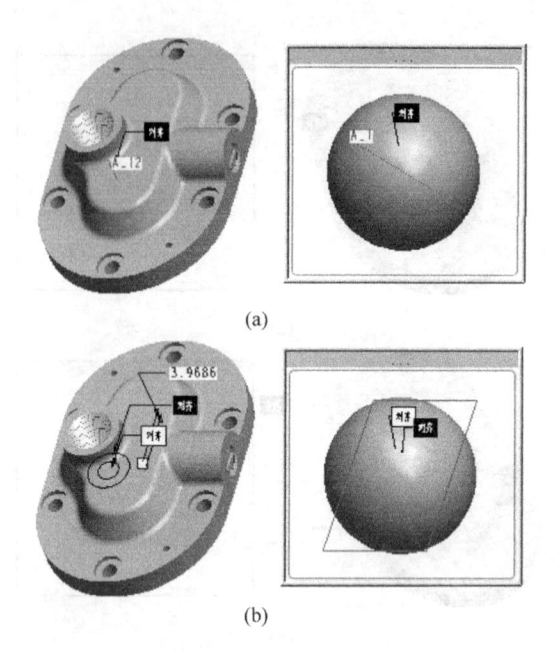

(b)

图 5-42 约束装配钢球

"A＿1"和泵盖的轴"A＿1",从"偏移"选项中选择"重合"。

② 单击操控板中的"放置"按钮,打开"放置"下拉菜单,单击"新建约束",从"约束类型"列表中选择"配对",如图 5-43(a)所示分别选取锁紧螺母的底部平面和泵盖的凸台平面,从"偏移"选项中选择"偏移",并设置偏移距离为"0",约束状态显示锁紧螺母现在被"完全约束",单击操控板中的 ✓ 按钮。

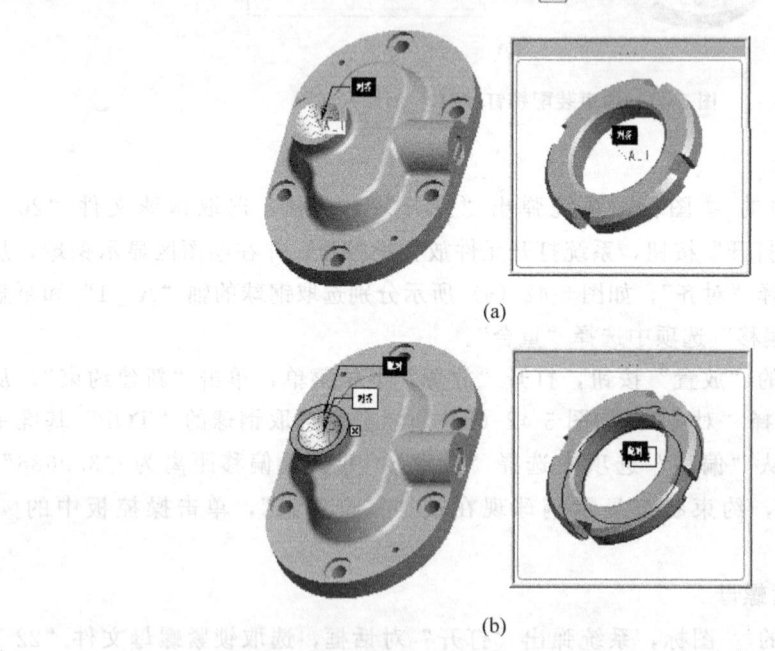

(a)

(b)

图 5-43 约束装配锁紧螺母

(5) 约束装配调压螺母

① 单击工具栏中的 图标，系统弹出"打开"对话框，选取调压螺母文件"23_tiaoyaluomu.prt"，单击"打开"按钮，系统打开元件放置操控板，并在绘图区显示调压螺母，从"约束类型"列表中选择"对齐"，如图 5-44（a）所示分别选取调压螺母的轴"A_3"和泵盖的轴"A_1"，从"偏移"选项中选择"重合"。

② 单击操控板中的"放置"按钮，打开"放置"下拉菜单，单击"新建约束"，从"约束类型"列表中选择"配对"，如图 5-44（b）所示分别选取调压螺母的底部平面和泵盖的凸台平面，从"偏移"选项中选择"偏移"，并设置偏移距离为"5.75"，注意偏移方向的设置，约束状态显示调压螺母现在被"完全约束"，单击操控板中的 按钮。

(a)

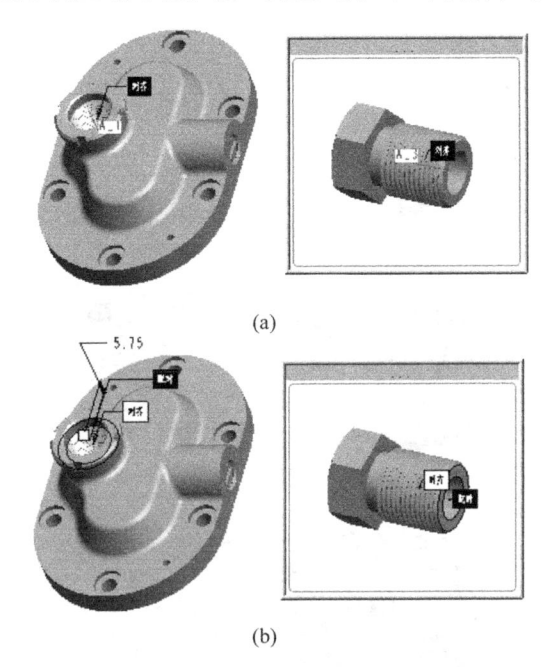

(b)

图 5-44 约束装配调压螺母

(6) 挠性装配弹簧

① 选择系统主菜单"插入"→"元件"→"挠性"命令，系统弹出"打开"对话框，右键双击弹簧"19_tanghuang.prt"文件，系统打开元件放置操控板，在绘图区显示弹簧零件，并弹出"19_TANHUANG：可变项目"对话框，单击该对话框中 按钮，系统弹出"选取"对话框，在绘图区左键单击弹簧零件，系统显示"选取截面"菜单管理器，左键选取指定命令下的"轮廓"和"截面"复选框，选择"完成"命令，弹簧零件显示截面尺寸，如图 5-45（a）所示。左键单击尺寸"28"，然后单击"19_TANHUANG：可变项目"对话框中"尺寸"下的空白格处，在"19_TANHUANG：可变项目"对话框中将添加尺寸"d3"，如图 5-45（b）所示，在"新值"栏中输入新值"24.5"，完成弹簧的挠性设置。单击"19_TANHUANG：可变项目"对话框中的"确定"按钮，完成该弹簧的装配。

② 从元件放置操控板"约束类型"列表中选择"对齐"，如图 5-45（c）所示分别选取弹簧的轴"A_1"和调节螺母的轴"A_2"，从"偏移"选项中选择"重合"。

③ 单击操控板中的"放置"按钮,打开"放置"下拉菜单,单击"新建约束",从"约束类型"列表中选择"配对",如图 5-45(d)所示分别选取弹簧的底部平面和钢球的"DTM1"基准平面,从"偏移"选项中选择"重合",约束状态显示弹簧现在被"完全约束",单击操控板中的☑按钮。

(a)

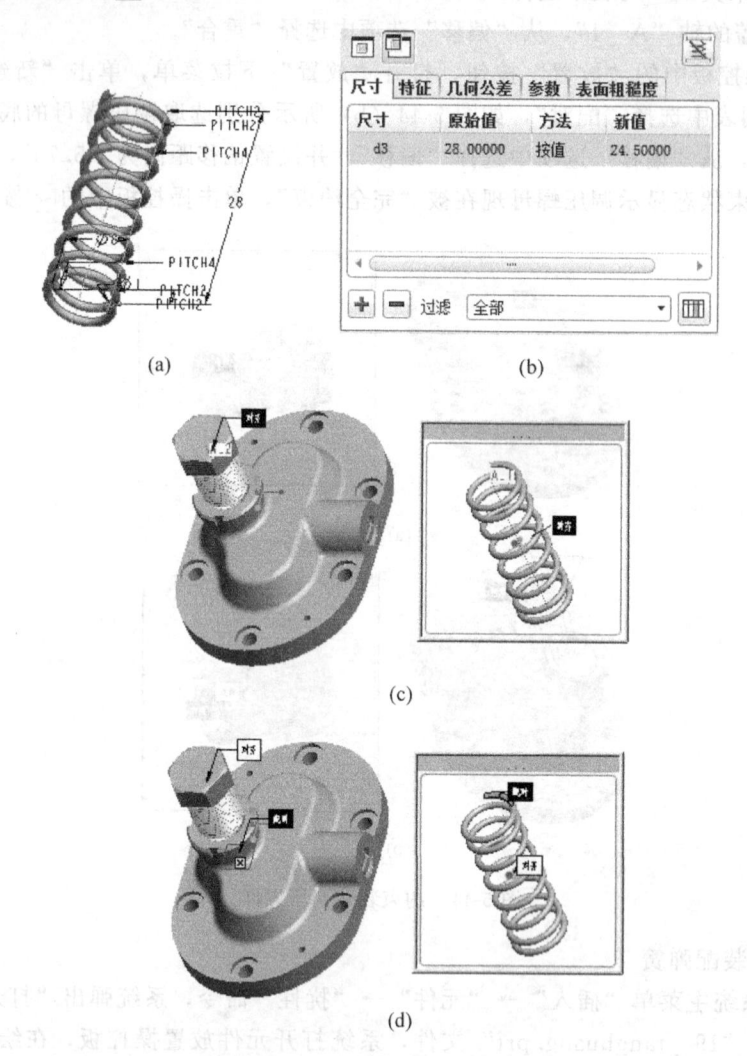

(b)

(c)

(d)

图 5-45 柔性装配弹簧

2) 装配从动轴子装配体

(1) 新建组件并默认装配从动轴

① 选择 Pro/Engineer 系统主菜单"文件"→"新建"命令,弹出"新建"对话框,在"类型"选项组中选择"组件"选项,在对应的"子类型"选项组中选择"设计"选项,输入新文件名"congdong_chilun",取消"使用缺省模板"复选框,单击"确定"按钮,弹出"新文件选项"对话框,在"模板"选项组中选择"mmns_asm_design",单击"确定"按钮,进入装配设计模块。

② 单击工具栏中的 按钮,系统弹出"打开"对话框,选择从动轴零件"3_

congdongzhou. prt",单击"打开"按钮,系统打开元件放置操控板,并在绘图区显示从动轴零件,从"约束类型"列表中选择"缺省",以默认方式装配该零件,这将把此块体定义为基础主体,单击操控板中的 ☑ 按钮,如图 5-46 所示。

(2) 约束装配齿轮

① 单击工具栏中的 图标,系统弹出"打开"对话框,选取齿轮文件"4_chilun.prt",单击"打开"按钮,系统打开元件放置操控板,并在绘图区显示齿轮,从"约束类型"列表中选择"对齐",如图 5-47 (a) 所示分别选取齿轮的轴"A_2"和从动轴的轴"A_1",从"偏移"选项中选择"重合"。

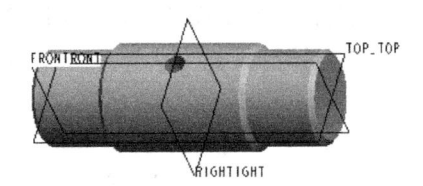

图 5-46 默认装配从动轴"3_congdongzhou.prt"

(a)

(b)

(c)

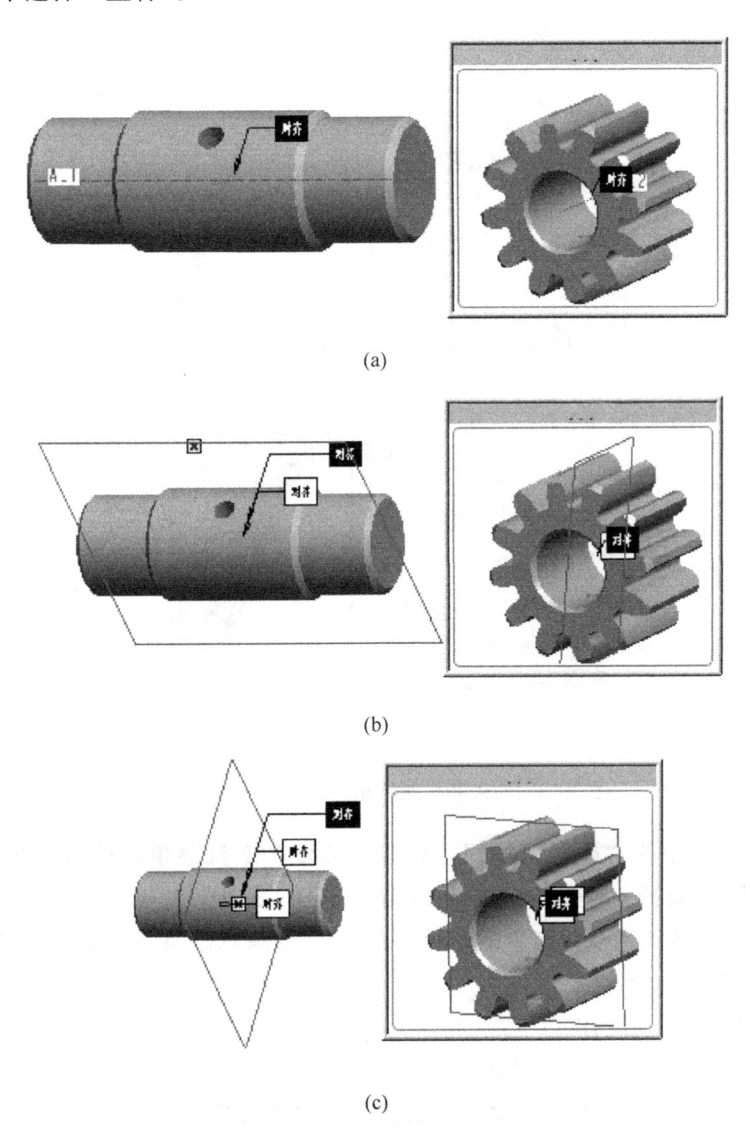

图 5-47 约束装配齿轮"4_chilun"

② 单击操控板中的"放置"按钮,打开"放置"下拉菜单,单击"新建约束",从"约束类型"列表中选择"对齐",如图 5-47(b)所示分别选取齿轮的"M_DTM"基准平面和组件的基准平面"ASM_FRONT",从"偏移"选项中选择"重合"。

③ 单击操控板中的"放置"按钮,打开"放置"下拉菜单,单击"新建约束",从"约束类型"列表中选择"对齐",如图 5-47(c)所示分别选取齿轮的"RIGHT"基准平面和组件的"ASM_RIGHT"基准平面,从"偏移"选项中选择"重合"。约束状态显示齿轮现在被"完全约束",单击操控板中的☑按钮。

(3) 约束装配圆锥销

① 单击工具栏中的图标,系统弹出"打开"对话框,选取圆锥销文件"5_yuanzhuixiao.prt",单击"打开"按钮,系统打开元件放置操控板,并在绘图区显示圆锥销,从"约束类型"列表中选择"对齐",如图 5-48 所示分别选取圆锥销的轴"A_1"和从动轴的轴"A_2",从"偏移"选项中选择"重合"。

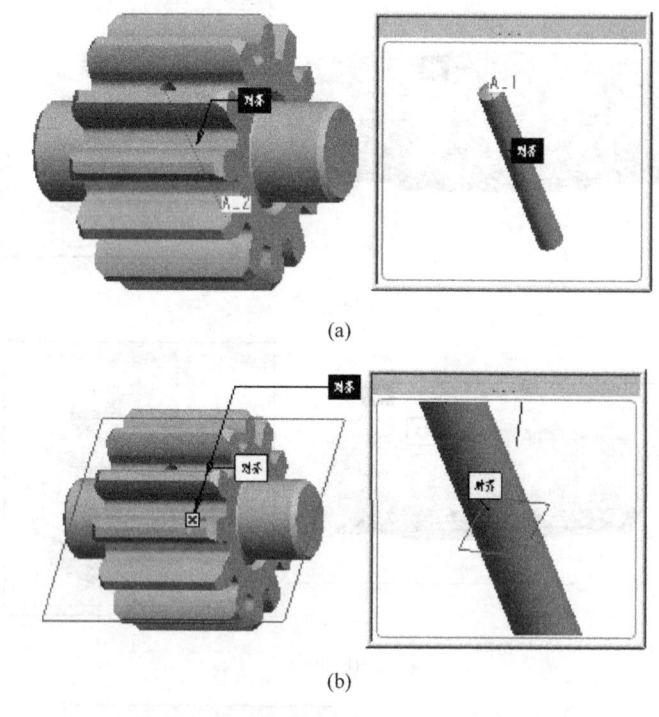

(a)

(b)

图 5-48 约束装配圆锥销"5_yuanzhuixiao"

② 单击操控板中的"放置"按钮,打开"放置"下拉菜单,单击"新建约束",从"约束类型"列表中选择"对齐",分别选取圆锥销的"TOP"基准平面和组件的"ASM_TOP"基准平面,从"偏移"选项中选择"重合"。约束状态显示圆锥销现在被"完全约束",单击操控板中的☑按钮。

3) 装配主动轴子装配体

(1) 新建组件并默认装配主动轴

① 选择 Pro/Engineer 系统主菜单"文件"→"新建"命令,弹出"新建"对话框,在"类型"选项组中选择"组件"选项,在对应的"子类型"选项组中选择"设计"选

项，输入新文件名"zhudong_chilun"，取消"使用缺省模板"复选框，单击"确定"按钮，弹出"新文件选项"对话框，在"模板"选项组中选择"mmns_asm_design"，单击"确定"按钮，进入装配设计模块。

② 单击工具栏中的 图标，系统弹出"打开"对话框，选择主动轴零件"6_zhudongzhou.prt"，单击"打开"按钮，系统打开元件放置操控板，并在绘图区显示主动轴零件，从"约束类型"列表中选择"缺省"，以默认方式装配该零件，这将把此块体定义为基础主体，单击操控板中的 按钮，如图5-49所示。

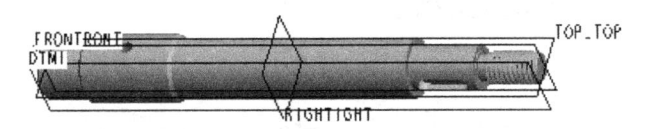

图 5-49　默认装配主动轴"6_zhudongzhou.prt"

③ 单击工具栏中的基准平面工具图标 ，以主动轴左端面为"平移"基准，设置平移距离为"29"，创建基准平面"ADTM1"。

(2) 约束装配齿轮

① 单击工具栏中的 图标，系统弹出"打开"对话框，选取齿轮文件"4_chilun.prt"，单击"打开"按钮，系统打开元件放置操控板，并在绘图区显示齿轮，从"约束类型"列表中选择"对齐"，分别选取齿轮的轴"A_2"和主动轴的轴"A_1"，从"偏移"选项中选择"重合"。

② 单击操控板中的"放置"按钮，打开"放置"下拉菜单，单击"新建约束"，从"约束类型"列表中选择"对齐"，分别选取齿轮的"M_DTM"基准平面和组件的基准平面"ASM_FRONT"，从"偏移"选项中选择"重合"。

③ 单击操控板中的"放置"按钮，打开"放置"下拉菜单，单击"新建约束"，从"约束类型"列表中选择"对齐"，分别选取齿轮的"RIGHT"基准平面和组件的"ADTM1"基准平面，从"偏移"选项中选择"重合"。约束状态显示齿轮现在被"完全约束"，单击操控板中的 按钮。

(3) 约束装配圆锥销

① 单击工具栏中的 图标，系统弹出"打开"对话框，选取圆锥销文件"5_yuanzhuixiao.prt"，单击"打开"按钮，系统打开元件放置操控板，并在绘图区显示圆锥销，从"约束类型"列表中选择"对齐"，分别选取圆锥销的轴"A_1"和主动轴的轴"A_2"，从"偏移"选项中选择"重合"。

② 单击操控板中的"放置"按钮，打开"放置"下拉菜单，单击"新建约束"，从"约束类型"列表中选择"对齐"，分别选取圆锥销的"TOP"基准平面和组件的"ASM_TOP"基准平面，从"偏移"选项中选择"重合"。约束状态显示圆锥销现在被"完全约束"，单击操控板中的 按钮。

注意：下面步骤装配带轮及其定位、紧固零件。实际零件装配时，这些零件需要主动轴子装配体完成在泵体上的装配后再进行装配，这里机构设计时考虑其与主动轴子装配体是一个整体运动轴单元，因此在此完成这些零件的装配。

(4) 约束装配键

① 单击工具栏中的 图标,系统弹出"打开"对话框,选取键文件"16_jian.prt",单击"打开"按钮,系统打开元件放置操控板,并在绘图区显示键,从"约束类型"列表中选择"配对",如图 5-50 所示分别选取键的顶部平面和从动轴的键槽内侧平面,从"偏移"选项中选择"重合"。

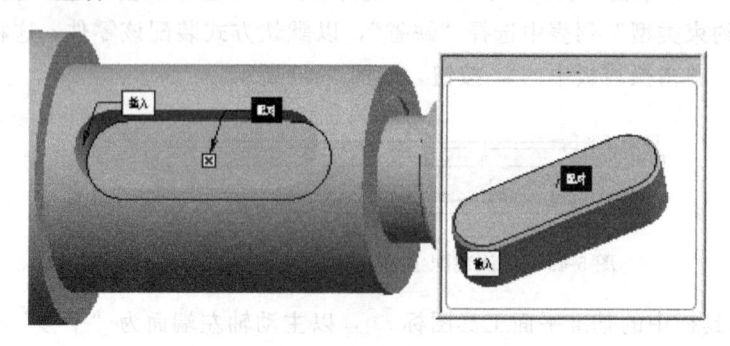

图 5-50 约束装配键"16_jian.prt"

② 单击操控板中的"放置"按钮,打开"放置"下拉菜单,单击"新建约束",从"约束类型"列表中选择"插入",如图 5-50 所示分别选取键的圆弧侧面和键槽的圆弧侧面。

③ 单击操控板中的"放置"按钮,打开"放置"下拉菜单,单击"新建约束",从"约束类型"列表中选择"插入",分别选取键的另一侧圆弧侧面和键槽的另一侧圆弧侧面。状态显示键现在被"完全约束",单击操控板中的 按钮。

(5) 约束装配带轮

① 单击工具栏中的 图标,系统弹出"打开"对话框,选取带轮文件"15_dailun.prt",单击"打开"按钮,系统打开元件放置操控板,并在绘图区显示带轮,从"约束类型"列表中选择"对齐",分别选取带轮的轴"A_1"和主动轴的轴"A_1",从"偏移"选项中选择"重合"。

② 单击操控板中的"放置"按钮,打开"放置"下拉菜单,单击"新建约束",从"约束类型"列表中选择"配对",如图 5-51 (a) 所示分别选取带轮的侧平面和主动轴的键槽左侧端面,从"偏移"选项中选择"重合"。

③ 单击操控板中的"放置"按钮,打开"放置"下拉菜单,单击"新建约束",从"约束类型"列表中选择"配对",如图 5-51 (b) 所示分别选取带轮的"FRONT"基准平面和组件的"ASM_FRONT"基准平面,从"偏移"选项中选择"角度偏移",集显示为"配对角度",并设置偏移角度为"-90"度。约束状态显示带轮现在被"完全约束",单击操控板中的 按钮。

(6) 约束装配垫圈 10 和螺母 M10

同理,采用轴对齐和端面配对的约束装配方式,完成垫圈 10"18_dianuqan_2.prt"和螺母 M10"17_m10.prt"的装配,如图 5-52 所示。

4) 齿轮油泵总装配体装配

(1) 新建组件并默认装配泵体

① 选择 Pro/Engineer 系统主菜单"文件"→"新建"命令,弹出"新建"对话框,

(a)

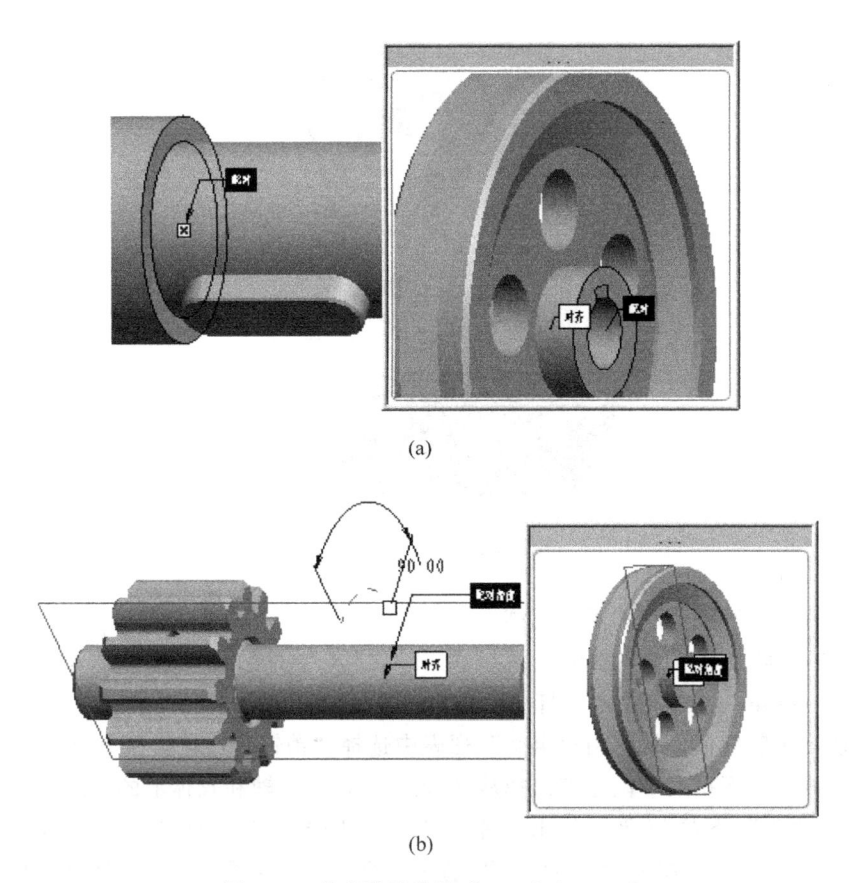

(b)

图 4-51　约束装配带轮"15_dailun.prt"

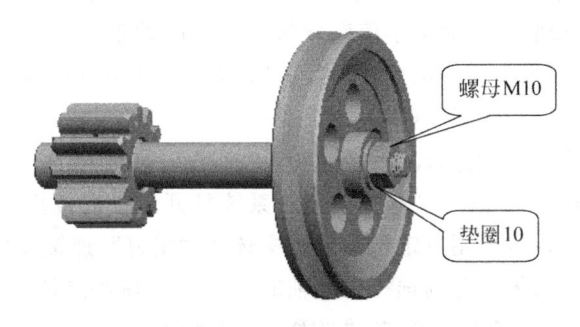

图 5-52　约束装配垫圈 10 和螺母 M10

在"类型"选项组中选择"组件"选项,在对应的"子类型"选项组中选择"设计"选项,输入新文件名"chilunyoubeng",取消"使用缺省模板"复选框,单击"确定"按钮,弹出"新文件选项"对话框,在"模板"选项组中选择"mmns_asm_design",单击"确定"按钮,进入装配设计模块。

② 单击工具栏中的 图标,系统弹出"打开"对话框,选择泵体零件"1_bengti.prt",单击"打开"按钮,系统打开元件放置操控板,并在绘图区显示泵体零件,从"约束类型"列表中选择"缺省",以默认方式装配该零件,这将把此块体定义为基础主体,单击操控板中的 按钮,如图 5-53 所示。

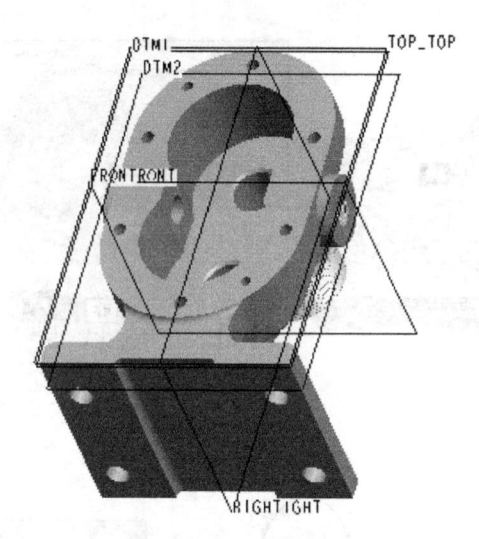

图 5-53 默认装配泵体

(2) 销钉连接装配从动轴子装配体

① 单击工具栏中的 图标，系统弹出"打开"对话框，选择从动轴子装配体"congdong_chilun.asm"，单击"打开"按钮，系统打开元件放置操控板，并在绘图区显示零件从动轴子装配体，从"用户定义"列表中选择"销钉"连接类型，单击"放置"按钮，打开"放置"下拉菜单，分别选择从动轴的"A_1"轴和泵体上的"A_2"轴。

② 在"放置"下拉菜单，单击"平移"，分别选取从动轴子装配体的"ASM_RIGHT"基准平面和泵体上的"DTM2"基准平面。在"放置"下拉菜单中，单击"旋转轴"，分别选取从动轴子装配体中的齿轮的"M_DTM"基准平面和组件上的"ASM_RIGHT"基准平面，选取"启动再生值"复选框。此时约束状态显示从动轴子装配体现在被"完全约束"，单击操控板中的 按钮，完成从动轴子装配体的装配。

(3) 销钉连接装配主动轴子装配体

① 单击工具栏中的 图标，系统弹出"打开"对话框，选择从动轴子装配体"zhudong_chilun.asm"，单击"打开"按钮，系统打开元件放置操控板，并在绘图区显示零件主动轴子装配体，从"用户定义"列表中选择"销钉"连接类型，单击"放置"按钮，打开"放置"下滑面板，分别选择主动轴的"A_1"轴和泵体上的"A_1"轴。

② 在"放置"下拉菜单中，单击"平移"，分别选取主动轴子装配体中的齿轮的"RIGHT"基准平面和泵体上的"DTM2"基准平面。在"放置"下拉菜单中，单击"旋转轴"，分别选取主动轴子装配体中的齿轮的"M_DTM"基准平面和泵体上的"RIGHT"基准平面，选取"启动再生值"复选框。此时约束状态显示主动轴子装配体现在被"完全约束"，单击操控板中的 按钮，完成主动轴子装配体的装配（图 5-54）。

③ 检验连接装配。

如果所有的连接都正确创建，则环连接将自动完成，而模型也将被装配完毕。选择 Pro/Engineer 系统主菜单"应用程序"→"机构"命令，进入"机构设计"模块，单击工具栏中的 图标，系统弹出"连接组件"对话框，单击"运行"按钮，系统将出现一个消息框，通知用户模型是否装配成功，选择 Pro/Engineer 系统主菜单"应用程序"→

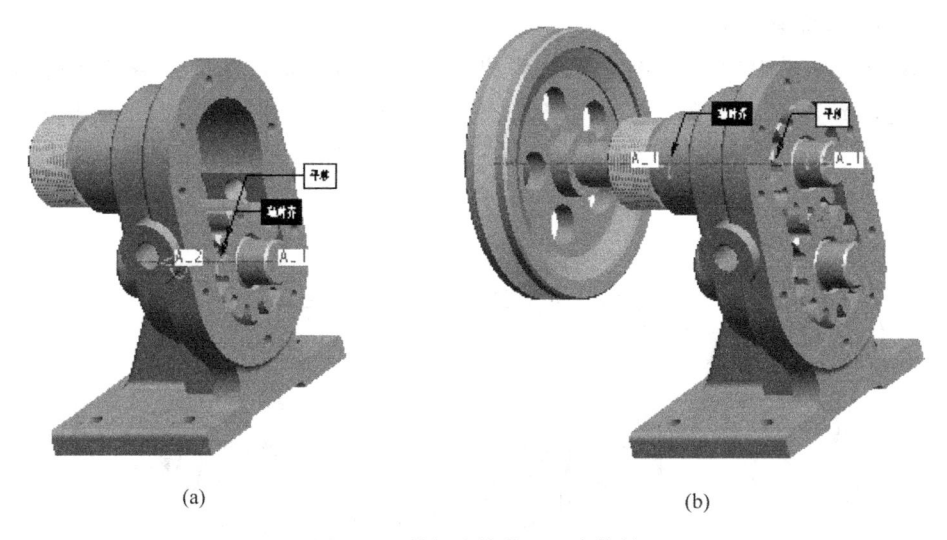

图 5-54 销钉连接装配两齿轮轴

"标准"命令,退出"机构设计"模块。

(4) 约束装配垫片

① 单击工具栏中的 图标,系统弹出"打开"对话框,选取垫片文件"10_dianpian.prt",单击"打开"按钮,系统打开元件放置操控板,并在绘图区显示零件垫片,从"约束类型"列表中选择"配对",如图 5-55 所示分别选取垫片的侧面和泵体的端面,从"偏移"选项中选择"重合"。

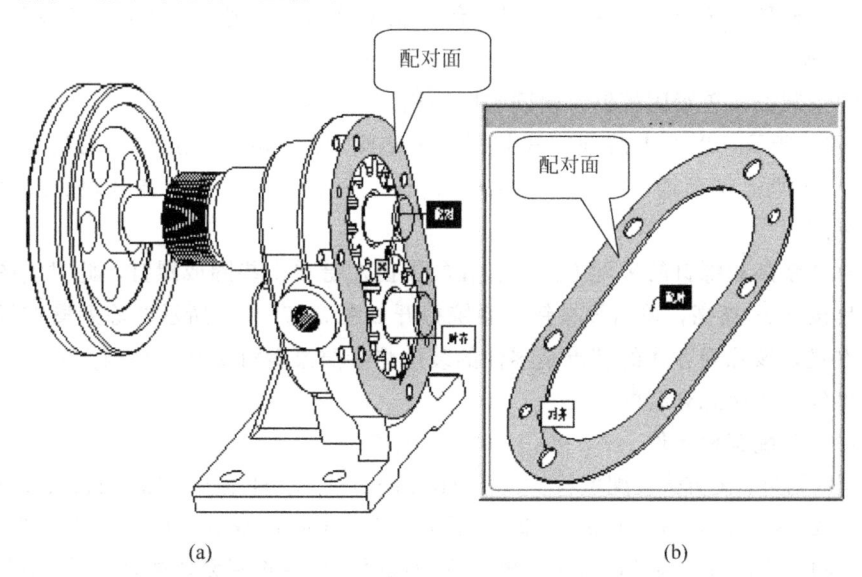

图 5-55 约束装配垫片

② 单击操控板中的"放置"按钮,打开"放置"下拉菜单,单击"新建约束",从"约束类型"列表中选择"对齐",分别选取垫片的"A_13"基准轴和泵体的"A_13"基准轴,从"偏移"选项中选择"重合"。约束状态显示垫片现在被"完全约束",单击操控板中的 按钮。

(5) 约束装配泵盖子装配体

① 单击工具栏中的 图标，系统弹出"打开"对话框，选取泵盖子装配体文件"benggai_asm.asm"，单击"打开"按钮，系统打开元件放置操控板，并在绘图区显示泵盖子装配体，从"约束类型"列表中选择"配对"，如图 5-56 所示分别选取垫片的侧面和泵盖的端面，从"偏移"选项中选择"重合"。

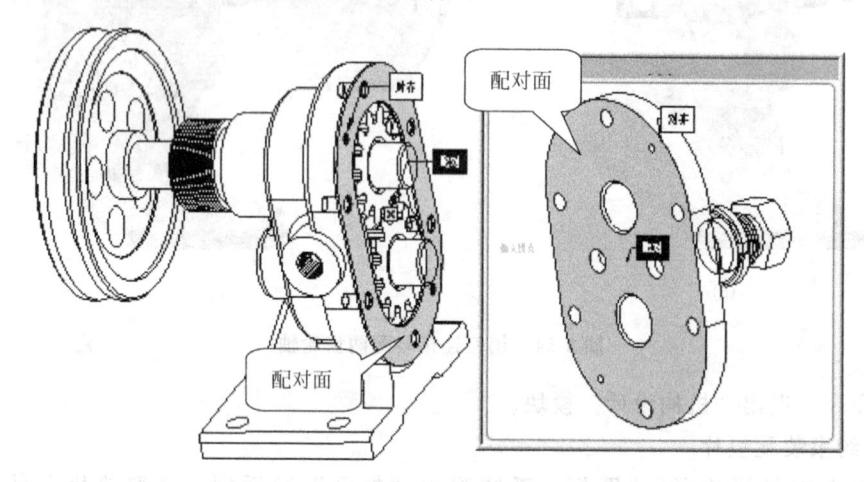

图 5-56　约束装配泵盖子装配体

② 单击操控板中的"放置"按钮，打开"放置"下拉菜单，单击"新建约束"，从"约束类型"列表中选择"对齐"，分别选取泵盖的"A_16"基准轴和垫片的"A_10"基准轴，从"偏移"选项中选择"重合"。约束状态显示垫片现在被"完全约束"，单击操控板中的 按钮。

(6) 约束装配泵盖紧固螺钉、垫圈和圆柱销

如图 5-57 所示，以约束装配方式装配一个垫圈"9_duanquan_1.prt"、螺钉"8_m6x18.prt"和两个圆柱销"5_yuanzhuxiao.prt"，注意分别以轴对齐和端面配对的方式进行约束装配。

其余两个垫圈和螺钉的装配方法是：在绘图区左键单击垫圈或螺钉，此时绘图区右侧的陈列工具按钮 高亮，单击该按钮，系统打开如图 5-57 (b) 所示的陈列操控板，默认参照陈列方式，该陈列方式的特点是零件的装配将参照泵盖沉头孔的陈列方式进行，从而完成其他零件的快速陈列装配。

(7) 约束装配其他零件

同理，以约束装配方式装配填料"11_tianliao.prtt"、填料压盖"13_tianliaoyagai.prt"、锁紧螺母"12_suojinluomu_1.prt"和压盖螺母"14_yagailuomu.prt"，注意分别以轴对齐和端面配对的方式进行约束装配即可，轴对齐约束时一定要选择泵体的基准轴"A_1"。最终装配模型图如图 5-58 所示。

2. 标识基础主体和拖动机构

选择 Pro/Engineer 系统主菜单"应用程序"→"机构"命令，进入"机构设计"模块，单击工具栏中的 图标，或选择 Pro/Engineer 系统主菜单"视图"→"加亮主体"

(a)

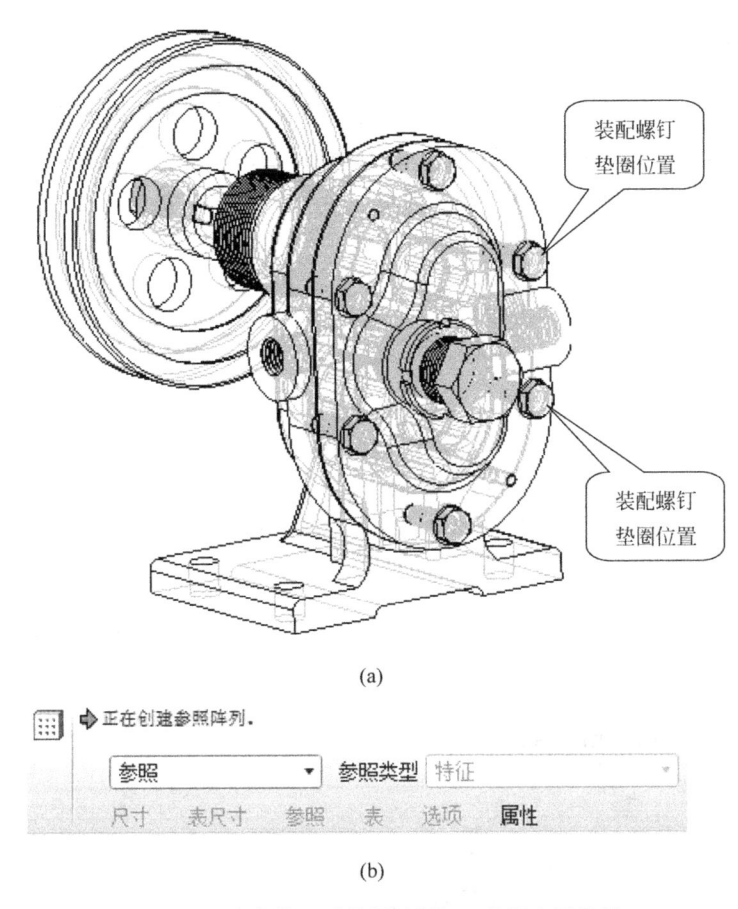

(b)

图 5-57 约束装配泵盖紧固螺钉、垫圈和圆柱销

图 5-58 齿轮油泵装配模型

命令，在拖动伺服电动机操作期间，基础主体保持固定不动，并且以绿色高亮显示。单击工具栏中的图标，并从已保存视图列表中选择"缺省"。单击工具栏中的图标，系统弹出"拖动"对话框，在主动齿轮轴左端选取一点，并拖动该点以确认模型按预期方式移动，完成后单击"关闭"按钮。

3. 定义齿轮副

单击工具栏中的 图标，系统弹出"齿轮副定义"对话框，如图 5-59（a）、（b）所示，分别选择主动齿轮轴和从动齿轮轴相对应的销钉连接作为"运动轴"，输入齿轮节圆直径"42"，单击对话框中的"应用"和"确定"按钮，完成齿轮副的定义，如图 5-59（c）所示。

(a)

(b)

(c)

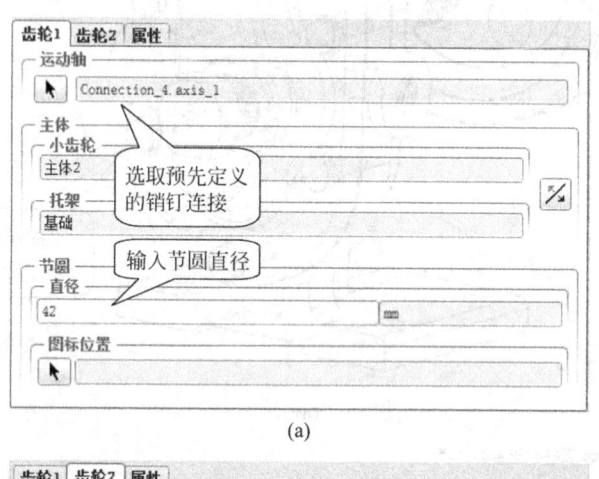

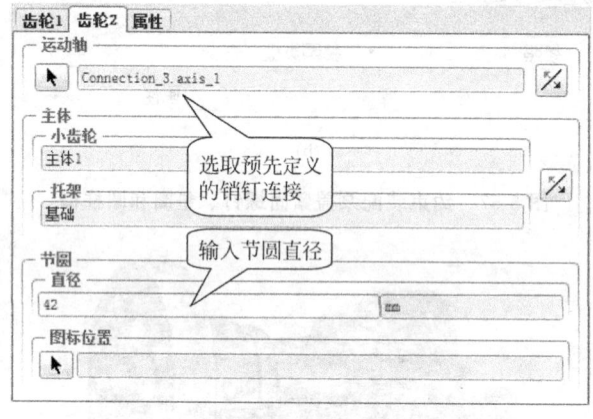

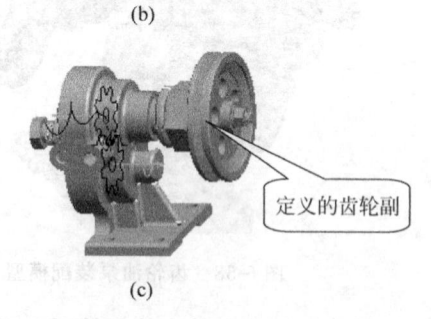

图 5-59　定义齿轮副

4. 定义伺服电动机

单击工具栏中的 图标，系统弹出"伺服电动机定义"对话框，如图 5-60 所示，在

"类型"→"从动图元"中选择"运动轴"复选框，并选择将"zhudong_chilun.asm"连接到"chilunyoubeng.asm"的运动轴"Connection_4.axis_1"，在"轮廓"选项卡上，将"规范"改为"速度"，"模"设置为"常数"。输入 A 值为"72"，单击"确定"按钮。

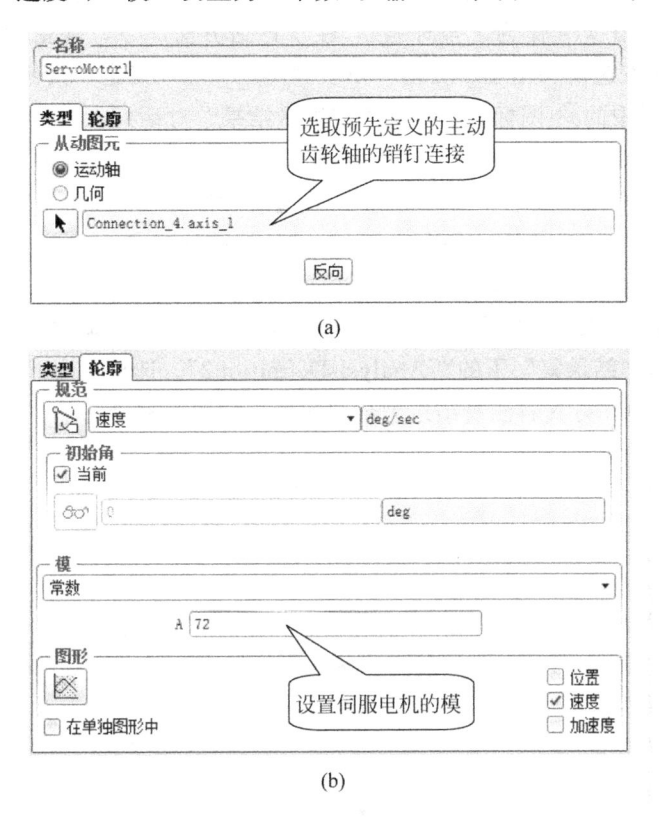

图 5-60 定义伺服电动机

5．执行运动学分析

单击工具栏中的 图标，系统弹出"分析定义"对话框，在"类型"选项中分别选择"运动学"，在"首选项"选项中设置"终止时间"为"30"，其余选择默认值，在"电动机"选项中确保列出了"伺服电动机 1"（ServoMotor1），如果未列出可单击 按钮，然后添加伺服电动机，单击"运行"按钮，模型按指定运动进行移动。必须将分析结果保存为回放文件，以便在"机构设计"的后续进程中使用。

6．保存并查看结果

将运动分析保存为回放文件，并查看机构分析的结果。

① 回放结果。单击工具栏中的 图标，系统弹出"回放"对话框，"AnalysisDefinition1"和"AnalysisDefinition2"显示在"结果集"字段中。单击 图标，系统弹出"动画"对话框，可进行播放分析，单击"关闭"按钮退出。

② 在"回放"对话框中，单击 按钮，可将结果保存为"AnalysisDefinition1.pbk"文件，在"保存分析结果"对话框中，选择默认名称。单击"关闭"按钮退出。

③ 单击工具栏中的⊠图标,系统弹出"测量结果"对话框,单击□按钮,弹出"测量定义"对话框。保留"measure2"作为测量名称,在"类型"选项中选择"速度",在从动齿轮齿部选取一个顶点(注意在模型树中隐藏泵体零件方可选取),在"分量"下选取"Z 分量",并保留 wcs 作为"坐标系",在"评估方法"下,保留"每个时间步长"。绘图区显示一个洋红色箭头指示 Z 方向,单击"应用"和"确定"按钮。

④ 单击工具栏中的⊠图标,系统弹出"测量结果"对话框,单击□按钮,弹出"测量定义"对话框。保留"measure2"作为测量名称,在"类型"选项中选择"加速度",在从动齿轮齿部选取一个顶点,在"分量"下选取"Z 分量",并保留 wcs 作为"坐标系",在"评估方法"下,保留"每个时间步长"。绘图区显示一个洋红色箭头指示 Z 方向,单击"应用"和"确定"按钮。

⑤ 在"测量结果"对话框中,选择"测量"文本框中的"measure1"和"measure2",选择"结果集"下的"AnalysisDefinition2"。选择"图形类型"为"测量对时间",单击⊠按钮,可查看测量结果为余弦曲线,如图 5-61 所示。

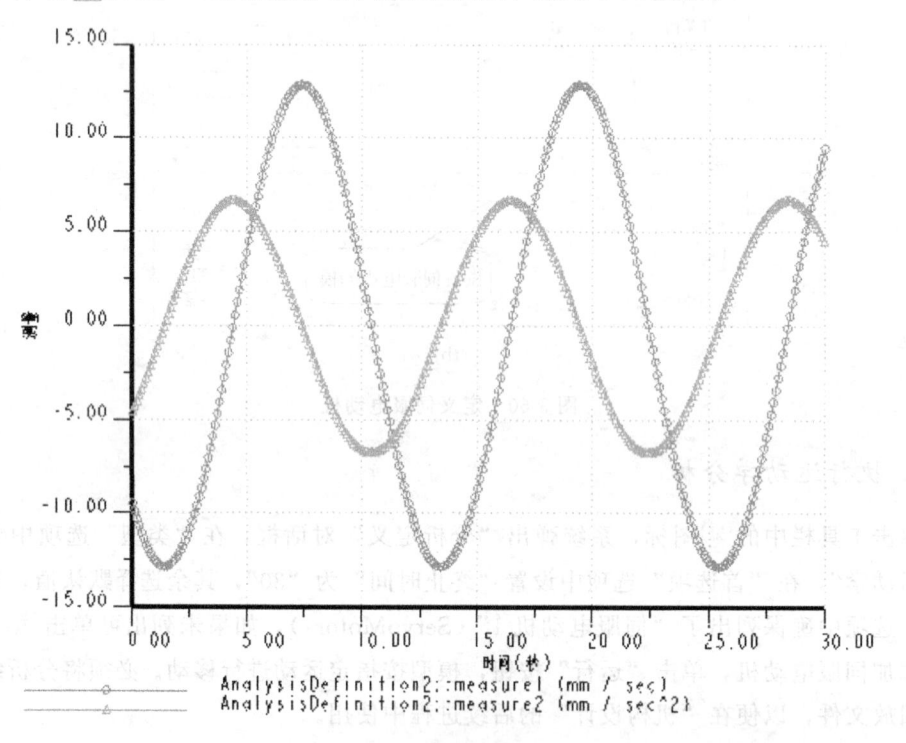

图 5-61 测量结果

第 6 章

应用 3D 打印机制作产品

6.1 应用熔融沉积成形工艺制作产品

6.1.1 创意笔筒的三维建模

在 Pro/E 软件系统中进行洗发瓶喷嘴的三维建模,完成的三维 CAD 模型如图 6-1 所示。

图 6-1 产品三维 CAD 模型

6.1.2 产品三维模型的数据处理

在 Pro/E 软件系统中对洗发瓶喷嘴的三维 CAD 模型进行数据转换,通过保存副本方式生成 STL 格式的数据文件,STL 数据处理实际上就是采用若干小三角形片来逼近模型的外表面,如图 6-2 所示。这一阶段须注意的是 STL 文件生成的精度控制,设置"弦高"为"0.1","角度"为"0.25"。

(a) (b)

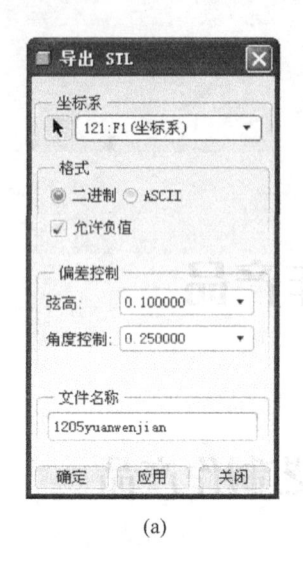

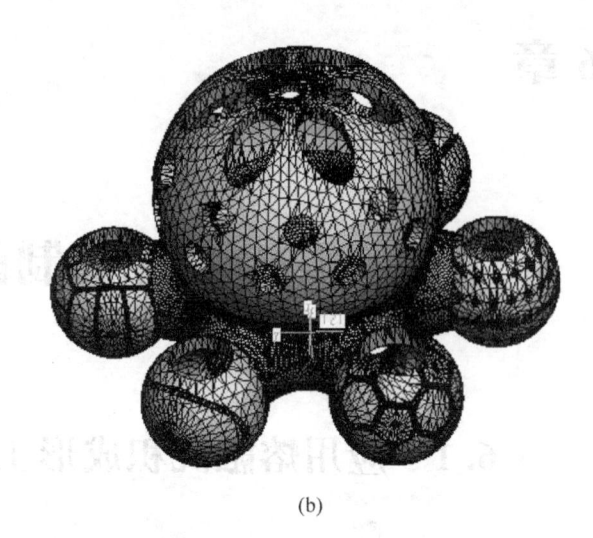

图 6-2　数据转换

6.1.3　应用 FDM 工艺制作产品

1. 启动 3D 打印设备

插上 MakerBot Replicator Z18 3D 打印机的电源，自动开机，等待 8min 左右机器显示主界面，如图 6-3 所示。

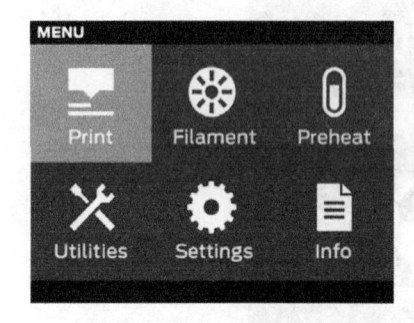

图 6-3　机器显示主界面

Print（打印）：初始化存储在 USB 驱动器或内部存储的打印件，或初始化从用户的 MakerBot 账户同步的打印件。

Filament（耗材）：在 MakerBot Replicator 智能喷头中装载或卸载耗材。

Preheat（预热）：预热智能喷头。

Utilities（实用工具）：访问、诊断和其他工具。

Settings（设置）：编辑网络和共享设置，并个性化 MakerBot Replicator Z18。

Info（信息）：查看 3D 打印机的历史记录和统计数据。

选择 Preheat（预热）图标可以预热智能喷头。当选择"Preheat"（预热）时，智能喷头会立即开始加热。主屏幕上将会显示当前和目标温度。

2. 材料加载与卸载

MakerBot Replicator Z18 使用 1.75mm 直径的 PLA 耗材来制作 3D 打印原型。

（1）加载材料

要装载 PLA 耗材，请执行以下操作：使用转盘选择"Load Filament"；解锁并取下 MakerBot Replicator Z18 的盖子，等待智能喷头预热；切割耗材末端以形成清晰边缘；

抓住喷头组件的顶部并将耗材推入智能喷头的顶部，直到可以感觉到电动机将耗材拉入。装载耗材后，将导料管插入智能喷头顶部，然后将导料管在喷头夹子中卡入位。

（2）卸载材料

要卸载耗材，请执行以下操作：使用转盘选择"Unload Filament"；解锁并取下 MakerBot Replicator Z18 的盖子；等待智能喷头预热；让智能喷头卸载耗材；等到控制面板提示从智能喷头中取出耗材。卸载耗材后，开始执行装载耗材的步骤或者更换并锁定 MakerBot Replicator Z18 的盖子。

3. Makerbot Desktop 软件分层切片参数设置

Makerbot Desktop 是 Makerbot 的 3D 打印管理软件，目前的版本是 3.7。将模型导入 Makerbot Desktop 软件可以进行分层切片参数设置。Makerbot Desktop 软件的基本界面如图 6-4 所示。MakerBot Desktop 由"Explore"（探索）、"Library"（库）、"Prepare"（准备）、"Store"（商店）和"Learn"（学习）等组成。

图 6-4 Makerbot Desktop 软件的基本界面

Explore（探索）：访问 Thingiverse 和由 Thingiverse 社区设计的成百上千的免费 3D 可打印物体。在 Thingiverse 中寻找灵感或可打印的新鲜事物，然后将其保存到相应集合或将其准备好进行打印。

Library（库）：访问 MakerBot 云库并帮助组织 3D 模型文件。通过它来存储在

Thingiverse 上收集或从 MakerBot 数字商店购买的内容以及用户自己的模型。

Prepare（准备）：将 3D 模型转换为打印文件的位置。将 3D 模型放到"Prepare"视图中，以便在虚拟打印托盘上处理这些模型。然后指定打印选项并将打印文件发送到 MakerBot Replicator Z18 上进行打印。

Store（商店）：购买高级 3D 模型的打印文件。在 MakerBot 数字商店购买某个模型后，会将适用于该打印机的打印文件添加到 MakerBot 云库中。

Learn（学习）：提供有关常用操作流程的视频教程，如导出文件、准备打印、探索 Thingiverse。新教程将在 MakerBot Desktop 的未来版本中加入。

（1）添加文件

单击 Makerbot Desktop 软件中的"ADD FILE"（添加文件）工具按钮，打开"Select Objects"（打开文件）对话框。导航到任一 STL、OBJ 或 Thing 文件的位置，并选择所需要打印模型的 STL、OBJ 或 Thing 文件，可向打印托盘中添加一个或多个模型，此处选择上述步骤所导出的 STL 文件。

注意：使用键盘快捷键 Ctrl + L 可以在托盘上自动排列多个模型。使用"Edit"（编辑）菜单中的 Copy（复制）和 Paste（粘贴）选项或键盘快捷键 Ctrl + C 和 Ctrl + V 可复制托盘上已有的模型。

系统弹出"Put object on platform"（放置模型于工作平台）对话框（见图 6-5），单击"Move to Platform"（移动至工作平台），将模型移动至工作平台上。

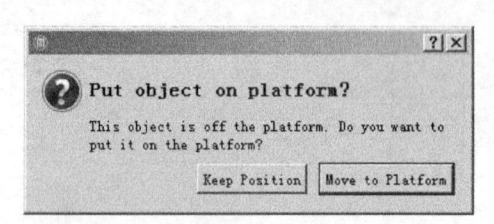

图 6-5 "Put object on platform" 对话框

（2）模型编辑

在 Makerbot Desktop 软件中可以进行模型的视图、移动、旋转和缩放等编辑。

单击 View（查看）按钮（👁）进入查看模式，单击并拖动鼠标可以旋转打印托盘，按住 Shift 键同时单击并拖动鼠标可以平移。再次单击 👁 按钮打开"Change View"（更改视图）子菜单，并访问预设视图。

单击 Move（移动）按钮（✥）进入移动模式。单击并拖动鼠标可以在打印托盘上四处移动模型。按住 Shift 键的同时单击并拖动鼠标可以沿 z 轴上下移动模型。再次单击 ✥ 按钮打开"Change Position"（更改位置）子菜单，可以将模型置于中心或沿 x、y 或 z 轴按照指定的距离移动。

单击 Turn（旋转）按钮（↻）进入旋转模式。单击并拖动鼠标可以绕 z 轴旋转模型。再次单击 ↻ 按钮打开"Change Rotation"（更改旋转）子菜单，可以平放模型或使其绕 x、y 或 z 轴按照指定的度数旋转。

单击 Scale（缩放）按钮 ⛶ 进入缩放模式，单击并拖动鼠标可以缩小或放大模型。再

次单击 按钮打开"Change Dimensions"（更改尺寸）子菜单，可以将模型沿 x、y 或 z 轴按照特定的比例进行缩放。

（3）打印设置

单击 Makerbot Desktop 软件中的"Settings"（设置）工具按钮，打开"Print Setting"（打印设置）对话框，可以在对话框中设置当前模型的基本打印参数。

Resolution（精度）：选择 Low（低）、Standard（标准）或 High（高）精度可指定 3D 打印件的表面质量。使用"Standard"（标准）精度配置文件切片的物体将使用默认设置进行打印。"Standard"（标准）精度打印速度快，并具有良好的质量。使用"Low"（低）精度配置文件切片的物体将以较厚的层进行打印，因此打印速度更快。使用"High"（高）精度配置文件切片的物体将具有更薄的层，因此打印速度慢。

Raft（底托）：选中此复选框可以在底托上生成物体。底托充当物体及任何支撑结构的基础并确保所有一切都牢固地粘附到打印托盘上。在从打印托盘上取下完成的物体后，可以轻松去除底托。

Supports（支撑）：选中此复选框可以使打印的物体具有支撑结构。MakerBot Desktop 会自动为物体的任何外悬部分生成支撑。在从打印托盘上取下完成的物体后，可以轻松去除支撑。如果的模型不包含外悬部分，不要选中此复选框。

Advanced（高级）：单击 Advanced（高级）可显示附加选项，包括打印速度和物体强度。也可以使用高级设置创建自定义配置文件，以便编辑可加热打印室的温度。

如图 6-6 所示，"Qualitg"（质量）选择"Standard"（标准），并选中"Raft"（底托）和"Supports"（支撑）复选框，设置"Layer Height"（层高）为"0.20mm"，设置"Material"（材料）为"Makerbot PLA"。完成后，单击 OK 按钮，在导出打印文件时，将会按照现有设置对模型进行切片处理。

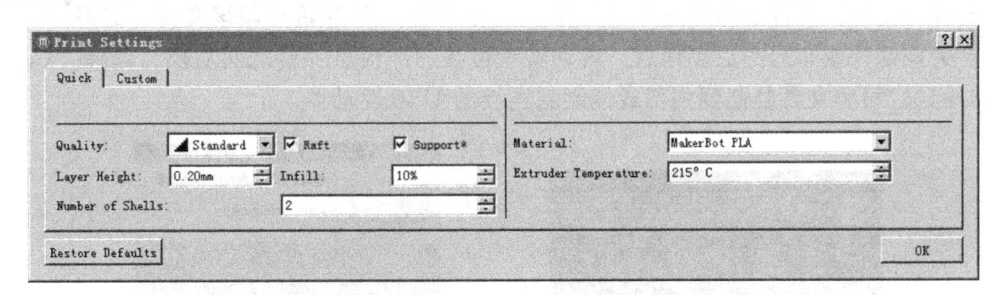

图 6-6　打印设置对话框

（4）直接打印

如果 MakerBot Desktop 软件已连接到 MakerBot Replicator Z18，可以将打印文件直接发送到 3D 打印机，单击控制面板转盘以确认并开始打印。

单击 Makerbot Desktop 软件中的 Print（打印）工具按钮，可以使用当前设置对模型切片并将 bitong.makerbot 打印文件发送至到 3D 打印机 MakerBot Replicator Z18。

（5）导出文件

如果 MakerBot Desktop 未连接到 3D 打印机，"Print"（打印）按钮将会禁用，单击"Export"（导出）可保存文件，以便通过 USB 驱动器将其传输到 3D 打印机。

单击 Makerbot Desktop 软件中的 Export Print File（导出打印文件）工具按钮，打开"Export"（导出）对话框，如图 6-7 所示，系统自动导出文件。系统弹出如图 6-8 所示的对话框，单击对话框中的"Print Preview"（打印预览）可以对模型的具体切片过程进行预览，单击"Export Now"按钮，保存"bitong.makerbot"打印文件至 U 盘中。

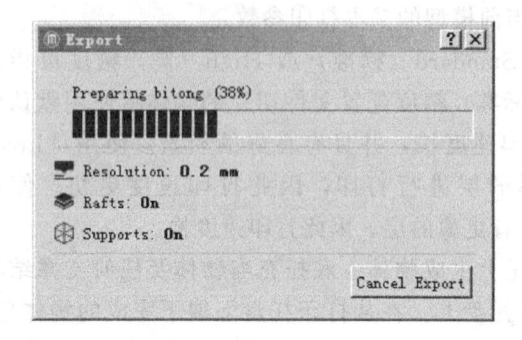

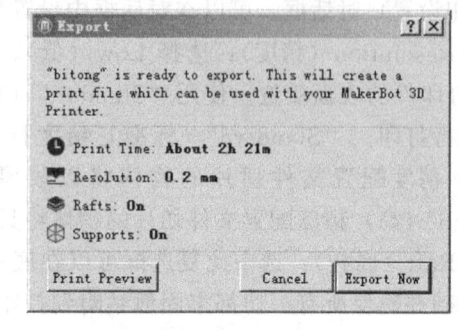

图 6-7　导出对话框 1　　　　　　　　图 6-8　导出对话框 2

（6）加载打印

将保存导出文件"bitong.makerbot"的 U 盘插入 3D 打印机的 USB 端口中，选择如图 6-3 所示的"Print"图标可以启动 USB 驱动器或内部存储中的打印件。按压转盘可选择位置，转动转盘可以滚动显示可用文件的列表，再次按压转盘可选择一个文件。如图 6-9 所示，如果选择"USB Storage"（USB 存储）可打印插入 USB 端口中的 USB 驱动器上存储的文件，如果选择"Internal Storage"（内部存储）可打印 MakerBot Replicator Z18 存储的文件。

从 USB 驱动器或内部存储中选择某个文件，控制面板将显示文件屏幕。从文件屏幕中，选择要使用该部件或布局进行的操作：选择"Print"开始打印该文件。选择"Info"了解有关该部件或布局的更多信息。转动转盘可在三个信息屏幕之间切换。选择"Copy"（见图 6-10）可将文件复制到内部或复制到连接的 USB 驱动器。

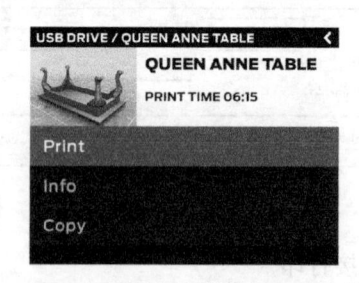

图 6-9　打印列表　　　　　　　　图 6-10　文件界面

"Print"菜单。按控制面板上的"Menu"（菜单）按钮可打开"Print"菜单。"Print"菜单包含以下选项。

① Pause（暂停）。选择此选项可以临时暂停打印，也可以通过按控制面板转盘来暂停。

② Change Filament（更换耗材）。选择此选项可以暂停打印并直接转到"Filament"（耗材）菜单。

③ Take a Picture（拍摄图片）。选择此选项可以用 MakerBot Replicator 桌面 3D 打印机的内置相机拍摄工作区的图片，该图片将被保存到内部。

④ Set Pause Height（设置暂停高度）。选择此选项可以将打印设置为在预先确定的高度暂停。

⑤ Cancel（取消）。选择此选项可以取消打印，也可以通过按后退按钮来取消打印。

（7）取下打印件

打印完成后，需要从托盘表面取下打印件。首先转动打印托盘闩锁，并向前滑动顶板将其松开，然后将顶板抬出 MakerBot Replicator Z18，将打印件轻轻拉下顶板；再将顶板安装到铝合金底座上的凸出部，并将其向后滑动以卡到位；最后转动打印托盘闩锁以固定托盘。切勿在完成打印后立即关闭 MakerBot Replicator Z18，始终让智能喷头冷却至 50℃后再断电。

（8）修整模型

观察模型整体造型是否打印完整，细节是否完整，手感是否光滑，有没有出现衔接不当结构，或出现材料结块的现象。如果出现少许的材料结块现象，一般是正常的，用小锉刀或砂纸进行轻轻打磨都可以在一定程度上消除不平整部分。

6.1.4 MakerBot Replicator Z18 问题解决

MakerBot Replicator Z18 常见问题的具体解决方案见表 6-1。

表 6-1 MakerBot Replicator Z18 常见问题的具体解决方案

问 题	解 决 方 案
无法向 MakerBot Replicator 智能喷头中装载耗材	尝试卸载并重新装载。将智能喷头固定到位，然后尝试穿入耗材。用力推，只要将智能喷头固定到位，推动耗材就不会将其损坏
无法将耗材从智能喷头中取出	尝试运行耗材进料脚本并让塑料挤出几秒，然后再次尝试卸载
耗材不从智能喷头中挤出	尝试卸载并重新装载耗材。今后，应该等智能喷头冷却至 50℃ 后再关闭 MakerBot Replicator Z18，以避免喷头堵塞
打印的物体粘在打印托盘上	从 MakerBot Replicator Z18 取下塑料顶板（如果还未这样操作）。如果仍然无法从打印托盘上取下打印件，请尝试稍微弯曲塑料板
在打印过程中，物体从打印托盘上剥落	确保打印托盘胶带干净且牢固粘贴在打印托盘上。如果打印件继续从托盘上剥落，托盘可能不再平整。此时应调平打印托盘，还可以尝试使用底托进行打印
触摸屏无响应	MakerBot Replicator Z18 上的控制面板屏幕不是触摸屏。转动转盘可在屏幕上滚动显示可用的选项，按压转盘可进行选择
无法访问 MakerBot Desktop 的"Library"（库）、"Explore"（探索）和"Store"（商店）部分	可能未登录到 MakerBot 账户。只有在登录后，才能访问这些功能。如果登录到了 MakerBot 账户而仍然无法访问"Library"（库）、"Store"（商店）和"Explore"（探索）部分，计算机可能未连接到 Internet

续表

问 题	解决方案
MakerBot Replicator Z18 连接到了网络，但 MakerBot Desktop 只允许导出，而不允许打印	可能未在 MakerBot Desktop 和 MakerBot Replicator Z18 之间建立连接。在 MakerBot Desktop 中，转到 Devices ＞ Connect to a New Device（设备＞连接至新设备）。从网络上的 MakerBot 3D 打印机列表中选择 MakerBot Replicator Z18，然后单击 Connect（连接）。收到提示时，按 MakerBot Replicator Z18 上的转盘以确认连接
智能喷头已经安装，但 MakerBot Replicator Z18 无法识别它	拆下智能喷头并通过转到 Utilities ＞ Systems Tools ＞ Attach Smart Extruder（实用工具＞系统工具＞连接智能喷头）来运行喷头连接脚本
打印意外暂停	确保 MakerBot Replicator Z18 的前门已关闭 如果在打印过程中打开前门，打印就会自动暂停。如果在启动打印时或在预热期间打开前门，则会取消打印或预热 为确保不会发生这种情况，请务必牢固关闭 Replicator Z18 的前门，然后再开始打印或预热

6.2 应用立体光固化成形工艺制作产品

6.2.1 洗发瓶喷嘴的三维建模

在 Pro/E 软件系统中进行洗发瓶喷嘴的三维建模，完成的三维 CAD 模型如图 6-11 所示。

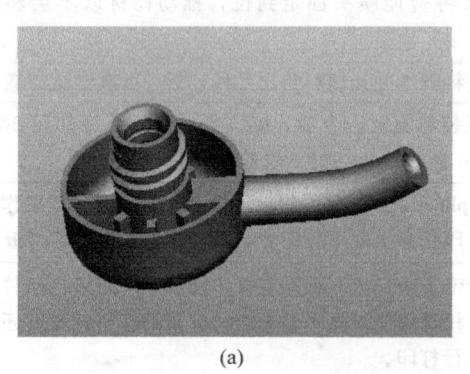

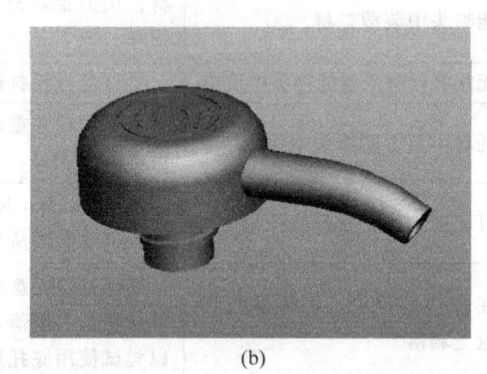

(a)　　　　　　　　　　　(b)

图 6-11　产品三维 CAD 模型

6.2.2 产品三维模型的数据处理

1. 设置参数

在 Pro/E 软件系统中对洗发瓶喷嘴的三维 CAD 模型进行数据转换，通过保存副本方式生成 STL 格式的数据文件，STL 数据处理实际上就是采用若干小三角形片来逼近模型的外表面，如图 6-12 所示。这一阶段须注意的是 STL 文件生成的精度控制，设置"弦高"为"0.2"，"角度"为"0.5"。

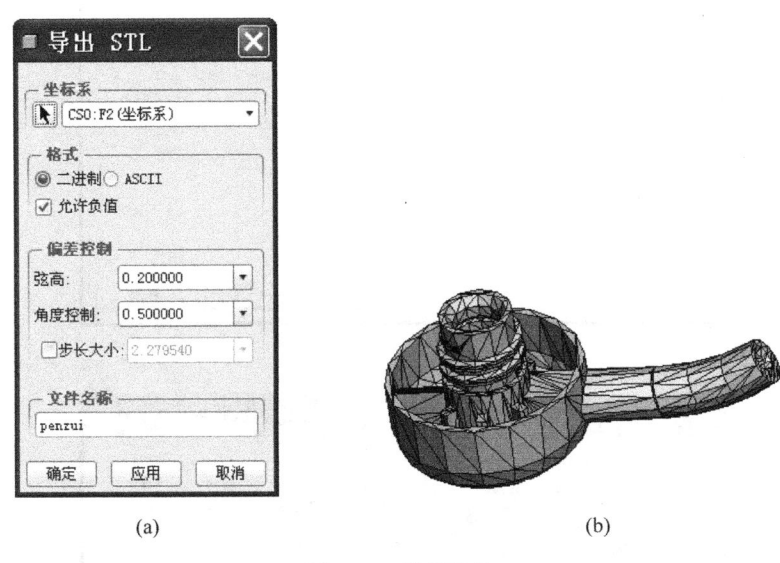

(a)　　　　　　　　　　　　　　(b)

图 6-12　数据转换

2. 加载快速成形设备

在 MAGICS 9.5 数据处理软件中加载快速成形设备 MPS280。注意设置该设备的主要数据处理工艺参数，如图 6-13 所示进行相应参数的详细设置。

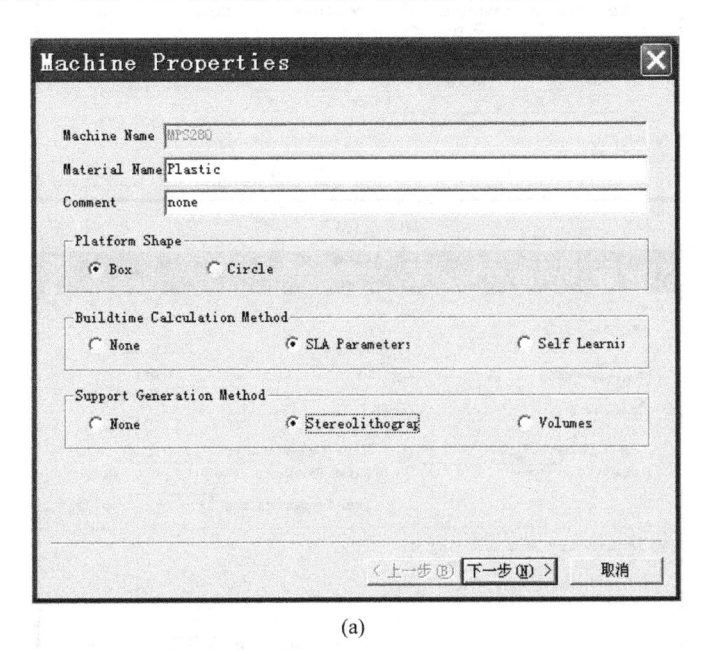

(a)

图 6-13　设置成形设备的数据处理工艺参数

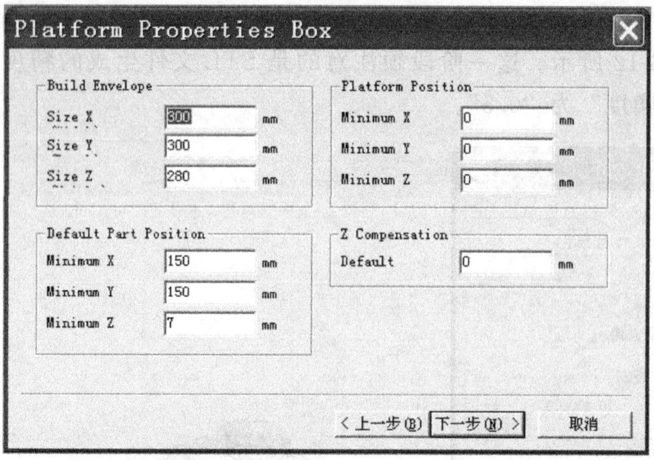

(b)

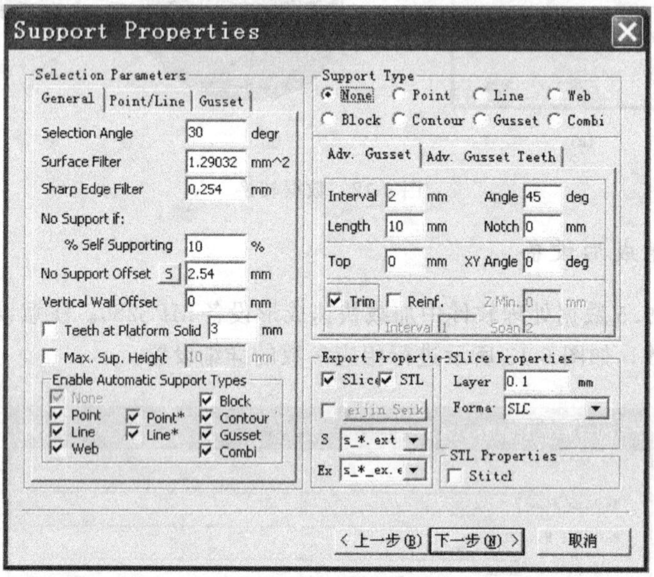

(c)

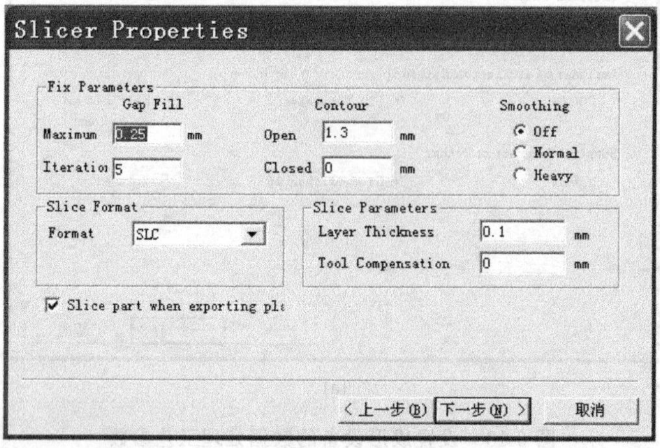

(d)

图 6-13　设置成形设备的数据处理工艺参数（续）

3. 确定产品本体模型的摆放方位

根据模型结构尺寸及精度的要求，考虑模型制作的效率以及支撑，需要确定相对比较合理的摆放方位。对于结构复杂的模型制作，摆放方位的确定是十分重要的，有时需要反复尝试后给出合理的摆放方位。有时为了减少支撑，还常常将模型倾斜一定的角度进行摆放。本产品加载到 MAGICS 9.5 软件中，默认位置如图 6-14（a）所示，通过绕 y 轴旋转 180°，再绕 z 轴旋转 90°并放置系统默认位置，如图 6-14（b）所示使用移动零件对话框中的"Translate to Default Position"（移动至默认位置），移动模型至软件坐标（150，150，7）对应位置，再移动至工作台中间位置，最终放置位置如图 6-14（c）所示。

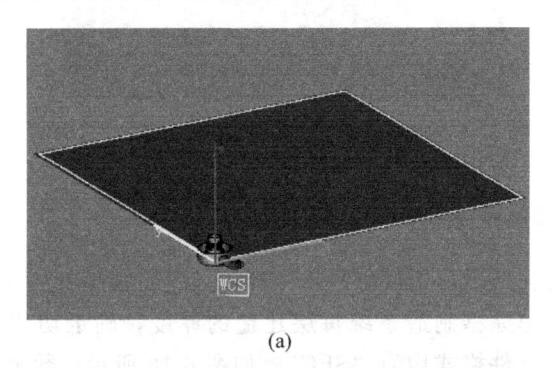

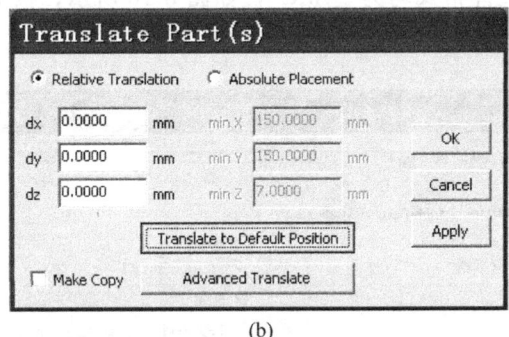

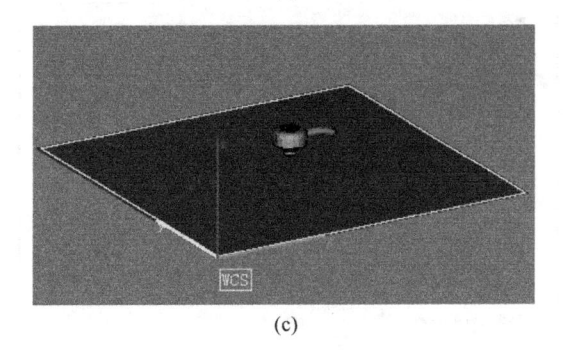

图 6-14 产品的放置

4. 对产品本体模型自动施加支撑

当模型摆放方位确定后，还应尽可能将模型置于工作台板的中心，而且模型底面要高出工作台板 7mm 以上，便于施加基础支撑。当模型的位置和方位确定后，便可以在 MAGICS 9.5 软件中进行自动支撑施加，并根据支撑强度需要手动添加必要的支撑，去除系统自动生成的不必要的支撑，最终生成的支撑文件如图 6-15 所示。

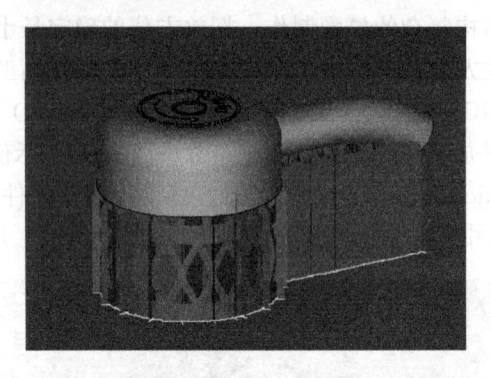

图 6-15 生成的支撑文件

5. 对产品本体模型进行切片处理

当支撑施加并处理完毕后，返回到软件主界面，进行模型的切片处理。在切片处理对话框中，主要是根据快速原型制造系统每层建造的厚度，确定切片的层厚为"0.1mm"，设置零件和支撑输入的文件格式均为"SLC"，如图 6-16 所示，数据处理完毕后输出数据处理的文件。

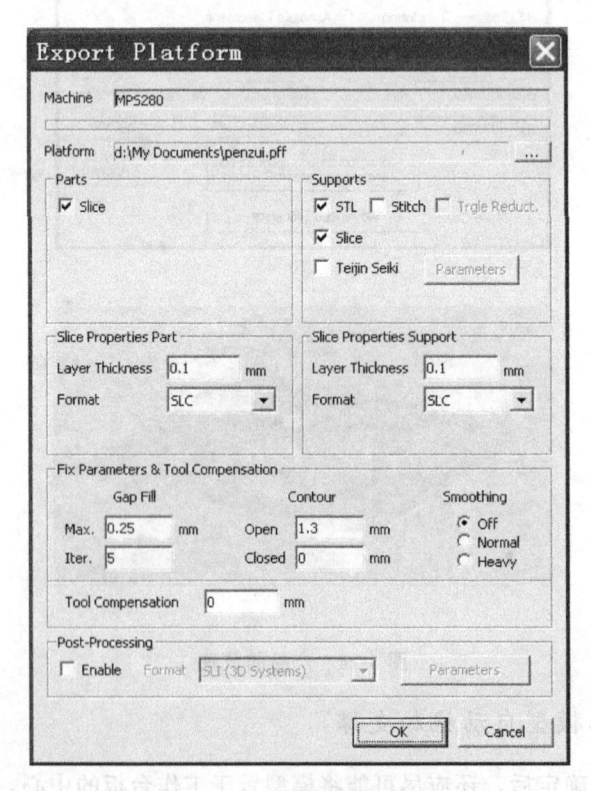

图 6-16 输出数据处理文件

6.2.3 洗发水喷嘴的快速成形制作

1. 启动快速成形设备

光固化成形过程是在专用的光固化快速成形设备系统 MPS280 上进行的,如图 6-17 所示。在原型制作前,需要提前启动光固化快速成形设备系统,使得树脂材料的温度达到预设的合理温度 32℃,激光器点燃后也需要一定的稳定时间。按下控制面板上总电源开关"ON"按钮。电源指示灯 ON 表示通电,柜门风扇通电转动。按下"加热"按钮。加热指示灯 ON,即开始给树脂加热,温度控制仪开始控制树脂加热。树脂温度上升至 32℃时,可以开始制作零件。加热过程大约需要一小时(如若工作间隔时间不长,可不必关闭加热及电源,免去长时间的加热等待)。打开激光器,旋转控制面板"激光"钥匙开关至 ON 位置,即打开激光器电源。激光器长时间没有闭合,重新闭合后需要预热 20min 左右;临时断开再闭合,需要预热 3~5min。打开计算机,启动 Windows 2000,运行 RpBuild 控制程序。打开后柜门,并旋转激光控制箱钥匙开关至 POWER ON 指示灯亮。按 QS-ON 按钮,相应灯亮。按 SHT-

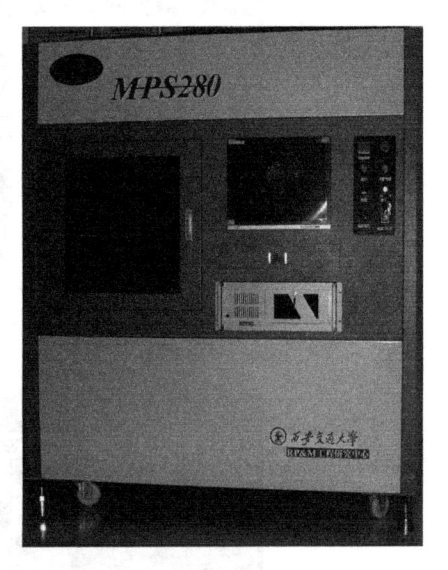

图 6-17 MPS280 快速成形系统

ON 按钮,相应灯亮。按 DIODE 按钮,相应灯亮。按 CURRENT +按钮加电流至 IS= 5.8A。按下"伺服"按钮。伺服指示灯 ON,即给伺服系统加上电源。在 RpBuild 控制程序中操作:按"控制菜单"检查 UV 光束功率应大于 130mW,按"控制菜单"中的"工作台移动",选"工作台移至零位",按"控制菜单"启用搅拌树脂程序,使树脂搅拌均匀。

2. 加载数据处理文件

设备运转正常后启动原型制作控制软件,读入前处理生成的层片数据文件。打开 SPS300C 快速成形工艺控制系统 V6.0,单击系统主菜单"文件"→"加载 SLC 数据文件",把加载数据处理的零件 SLC 文件到系统中,注意不必加载支撑 SLC 文件,因为系统将其自动和零件 SLC 文件一起加载。通过该系统可进行产品轮廓检视,如图 6-18 所示为 224 层的产品轮廓。也可进行产品的制作过程仿真,如图 6-19 所示,是第 224 层的模型制作仿真。

3. 产品快速制作

当一切准备就绪后,就可以启动叠层制作了。整个叠层的光固化过程是在软件系统的控制下自动完成的,所有叠层制作完毕后,系统自动停止。

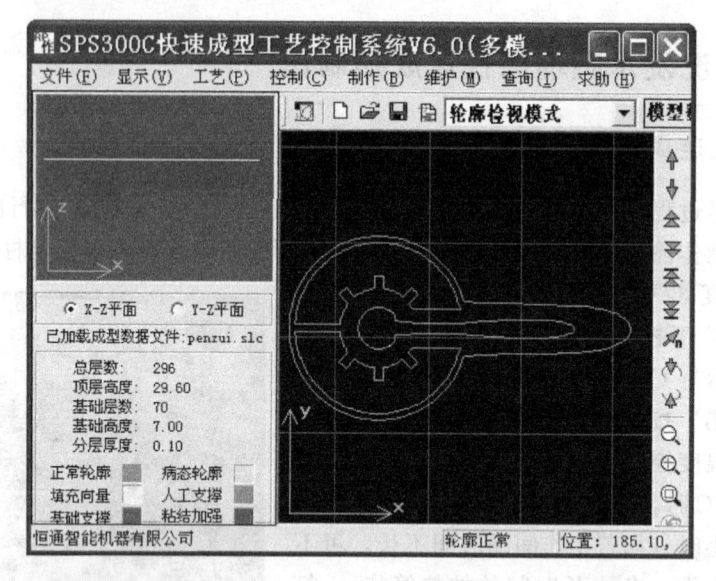

图 6-18　产品轮廓检视

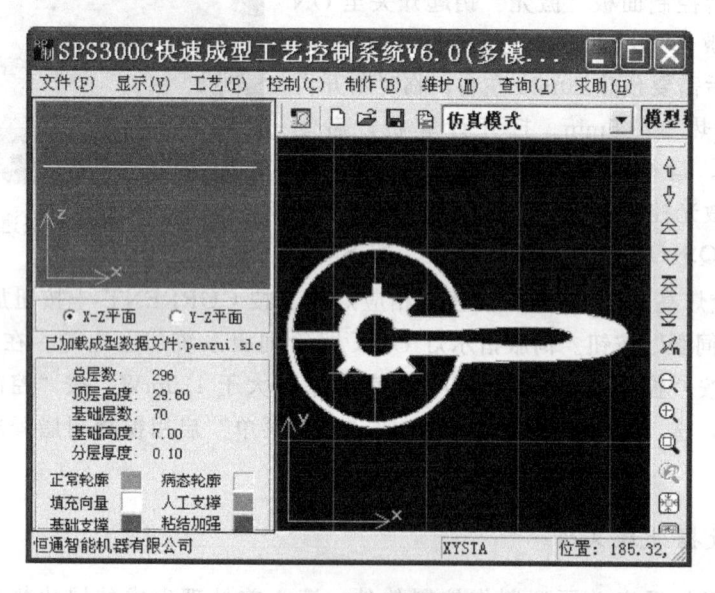

图 6-19　产品制作仿真

4. 模型的后处理

光固化原型的后处理主要包过原型的清除、去除支撑、后固化以及必要的打磨等工作。以下是其后续处理步骤和具体过程。

① 原型叠层制作结束后，工作台升出液面，停留 5～10min，以晾干滞留在原型表面和排除包裹在原型内部多余的树脂。

② 将原型和工作台网板一起斜放晾干，并将其浸入丙酮、酒精等清洗液体中，搅动并刷掉残留的气泡。如果网板是固定于设备工作台上的，直接用铲刀将原型从网板上取下，进行清洗。

③ 原型清洗完毕后，去除支撑结构。取出支撑时应注意不要刮伤原型表面和精细结构。

④ 再次清洗后置于紫外烘干箱中进行整体后固化。对于有些性能要求不高的原型，可以不做后固化处理。

最终得到的产品如图 6-20 所示。

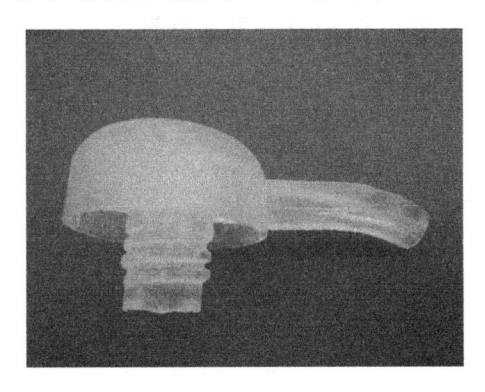

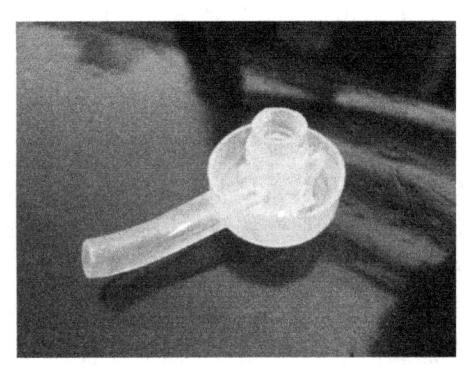

图 6-20 产品快速成形原型

5. 关机

关机步骤如下：将后柜门打开，按 CURRENT －按钮将激光控制器电流降至 0A。按下 DIODE 按钮，相应指示灯熄。按下 SHT-ON 按钮，相应指示灯熄。按下 QS-ON 按钮，相应指示灯熄。旋转激光控制箱钥匙开关，至 POWER OFF 指示灯熄。旋转控制面板"激光"开关至 OFF 位置，即关掉激光电源。注意：关闭激光器之前，不应关闭伺服及 RpBuild 控制程序。按下"加热"按钮，加热指示灯 OFF。按下"伺服"按钮，伺服指示灯 OFF，即给伺服系统断掉电源。关闭计算机。按下控制面板上总电源开关"电源 OFF"按钮。电源指示灯 OFF 表示断电，柜门风扇停止转动。

6.2.4 MPS280 激光快速成形机操作规程

1. 实验操作步骤

（1）环境达到规定要求后才能开机。电源：$220\pm10V$，$50\pm2Hz$，3kW，须配备精密净化稳压电源；室温：22～24℃，要求有空调及通风设备；照明：要求采用白炽灯照明，禁止使用日光灯等近紫外灯具，工作间窗户有防紫外窗帘，防止日光直射设备。湿度：相对湿度 30%～50%，要求有除湿设备。污染：工作间无腐蚀性、有毒气体、液体及固体物质。振动：不允许存在振动。

（2）按下控制面板上总电源开关"电源 ON"按钮。电源指示灯 ON 表示通电，柜门风扇通电转动。

（3）按下"加热"按钮。加热指示灯 ON，即开始给树脂加热，温度控制仪开始控制树脂加热。树脂温度上升至 32℃时，可以开始制作零件。加热过程大约需要一小时（如若工作间隔不长，可不必关断加热及电源，免去长时间的加热等待）。

(4) 打开激光器，步骤如下：
① 旋转控制面板"激光"钥匙开关至 ON 位置，即打开激光器电源。激光器长时间没有闭合，重新闭合后需要预热 20min 左右；临时断开再闭合，需要预热 3～5min。
② 打开计算机，启动 Windows 98/2000。
③ 运行 RpBuild 控制程序。
④ 打开后柜门，并旋转激光控制箱钥匙开关至 POWER ON 指示灯亮。
⑤ 按下 QS-ON 按钮，相应指示灯亮。
⑥ 按下 SHT-ON 按钮，相应指示灯亮。
⑦ 按下 DIODE 按钮，相应指示灯亮。
⑧ 按下 CURRENT ＋按钮加电流至 5.8A。
(5) 按下"伺服"按钮。伺服指示灯 ON，即给伺服系统加上电源。
(6) 在 RpBuild 控制程序中操作：
① 单击"控制菜单"检查 UV 光束功率应大于 130mW。
② 加载待加工零件的 *.SLC 文件。
③ 单击"控制菜单"中的"工作台移动"选择"工作台移至零位"。若继续制作上次中断的零件，则不要移动托板。
④ 单击"控制菜单"起用搅拌树脂程序使树脂搅拌均匀。
⑤ 单击重新制作，计算机提示是否自动关闭激光器，选择"否"后进入自动制作过程。
⑥ 制作完成后，屏幕出现"RP 项目制作完成"提示，单击"完成"。
⑦ 将托板升出液面，取出制件，将托板清理干净。
⑧ 清理过程中，可以按下"照明"按钮，使用照明。
⑨ 继续制作其他项目，则重复步骤②～⑧。
(7) 关机步骤如下：
① 将后柜门打开，按 CURRENT-按钮将激光控制器电流降至 0A。
② 按下 DIODE 按钮，相应指示灯熄。
③ 按下 SHT-ON 按钮，相应指示灯熄。
④ 按下 QS-ON 按钮，相应指示灯熄。
⑤ 旋转激光控制箱钥匙开关，至 POWER OFF 指示灯熄。
⑥ 旋转控制面板"激光"开关至 OFF 位置，即关掉激光电源。
注意：关闭激光器之前，不应关闭伺服及 RpBuild 控制程序。
⑦ 按下"加热"按钮，加热指示灯 OFF。
⑧ 按下"伺服"按钮，伺服指示灯 OFF，即给伺服系统断掉电源。
⑨ 关闭计算机。
⑩ 按下控制面板上总电源开关"电源 OFF"按钮。
电源指示灯 OFF 表示断电，柜门风扇停止转动。

2. 实验注意事项

(1) 设备电源
① 总电源开关建议不断开，目的在于缩短下次开机时间，延长激光器使用寿命。

② 关闭电源时，应先关闭激光电源，后关闭计算机。对其他关闭顺序无严格要求。

③ "加热"、"伺服"、"激光"任一指示灯未关时，不能按下"电源"按钮，使电源断掉。

④ 若长时间不使用机器，则应关闭各电源开关，最后关闭总电源。

（2）伺服系统

① "伺服"按钮按下后，指示灯处于"ON"状态时，表示通电。通电时，Z轴升降台电机、XY扫描系统、刮板电动机、液位控制电动机、液位传感器通电。

② 在伺服电源打开的情况时，不能用手拖动同步带运动，以防电动机失步或损坏。

（3）激光器

① 激光器是精密设备，除特殊情况外，不要频繁启动激光器，否则会对其寿命有影响。

② 零件制作完成后，如不继续制作，要及时关闭激光器电源，如短时间不再制作，只要将激光器电流降到0A。RpBuild控制程序可以不关，如长时间不制作，按正常的关闭激光器的顺序关闭激光器。

③ 前面控制面板的钥匙用来给激光器电源箱供电。

（4）托板、导轨及其他装置

① 向上手动移动托板时，注意不要超过刮板位置。

② 不加工零件时应将托板降至液面10mm以下。

③ 注意保护导轨的清洁，不受树脂的污染，并定期擦20号机油。

④ 不要长时间注视扫描光点，防止激光伤害眼睛。

⑤ 切记不可让激光直射眼睛。

⑥ 不要将外接光纤打折，并注意保护外接光纤。

⑦ 电源总开关断电时，请注意在重新开机时预热20min（以确保激光器安全）。

第 7 章

3D 打印创意产品设计与研发

3D 打印技术为创意产品设计与研发提供了创新的实现途径，不仅扩大了设计师的想象空间，缩短了设计到成形的周期，而且降低了创意设计的成本，实现产品的个性化设计。3D 打印技术对于创意产品设计不仅是技术的革新，更是其社会价值的提高，它为消费者提供了更多的个性化的创意设计，能够满足更多人的个性化需求以及高层次的追求。

7.1 创意产品设计与研发

3D 打印是一种快速成形技术，可以在较短时间内低成本、迅捷地将设计师的创意转化为形象化、立体化的三维实物原型，因此就为创意产品的研究、设计以及应用带来了前所未有的影响。3D 打印技术提供了一条极具成本价值的路径，且能够完成反复的设计迭代。在关键开发的初始阶段，及时掌握产品设计随机反馈的信息，对产品创意设计极有帮助，不仅可以迅速修改，降低成本，而且能够缩短创意产品的上市时间，快速赢得社会效益和经济效益。

3D 打印是一种离散/堆积成形技术，实现了激光、数控、材料等多种先进技术的集成，它能在很短的时间内实现设计构思者创造性思维。相较于传统模型，快速原型具有快捷、准确、忠实于创意构思者创意的特点以及任意曲面成形、可进行试验等优点，可以使设计构思者的隐性知识得以准确、迅速、忠实的显性化表现。

3D 打印是实体模型，它不仅具有不需任何文字或是口头解释的自说明性，不分人种、学识、经验的普及性，可视性、可触性、可感性，而且具有传统模型所不具备的快捷性、完全忠实于设计构思者创意的准确性、可以实现任意复杂造型的特点。

7.1.1 3D 打印技术在创意设计中的价值

1. 扩大了设计师的想象空间

3D 打印为设计师的设计拓展了想象的空间。传统设计师以往都是通过自身的努力独立承担设计任务的，但是后工业时代的今天，他们通过构建有效的设计平台，扮演着"设计组织者"这一新的角色。3D打印就是计算机借助三维软件完成模型塑造，然后以STL的文件格式传送到3D打印机上，再由3D打印机识别到片层截面，最后完成文件的输出打印。这里提及的"截面"，是物品的一种表面形态，是依靠多个三角形面模拟设计而成的，三角形面越小，所打印的物体就越精细。因此设计师就能够更加专注产品的形态创意和功能创新，并且更加地运用自如，将产品的形态、功能设计得更好。从这个层面上看，3D打印要比传统的个性化创意设计和手板模型制作等方式便捷许多。

2．缩短了设计到成形的周期

3D打印技术有效地缩短了从个性化创意设计到成形的整个周期。现今社会不断地发展，消费者的喜好也在不断地变化，而3D打印技术可以有效地应对市场，帮助厂家不断适应消费者欣赏水平的变化。设计师则可以依靠互联网这个广阔的开放性平台实施产品设计，加大"利基产品"的开发与生产，缩短产品的生产周期，从而进入产品经营的长尾时代。需要指出，3D打印更加适合小规模的生产制造，特别适合个别特殊零部件制造的高端定制产品。同时，金属材料势必在未来的发展中取代塑料，被运用到3D打印之中，成为未来个性化创意设计中重要的使用材料。

3．降低了创意设计的成本

个性化创意设计中，3D打印产品所需的原材料和能源消耗相对要少得多，仅是传统制作的1/10，无需价格昂贵的模具来完成生产注塑，不仅节约了研发成本，而且降低了企业因为开模不当所带来的损失和风险。同时，3D打印可以实现复杂的曲面制造和丰富的造型设计，能为客户提供更多的选择，满足其个性化的要求。此外，3D打印产品还可以通过远程传输，实现异地快捷传送和打印，更加方便迅速，还节省了运输成本，降低了社会资源的浪费。

4．实现产品的个性化设计

传统的个性化创意设计受工业革命影响以大批量生产方式为主，因此很难做到设计的差异性和个性化。在大批量生产方式下，消费者所购买的商品都是一样的，其个性化需求受到忽视。而3D打印技术则更加符合个性化创意设计的理念，能够满足人们各种不同的需求。比如鞋子的设计，3D打印技术会根据人的脚型、运动习惯、心理特征等设计出不同款式和功能的鞋，这种设计更加人性化，更加贴近生活。3D打印技术使想象成为可能，将这种技术应用于个性化创意设计中，根据消费者的需求和喜好，或对产品使用的情景实施针对性设计，人们因此也能认真享受个性化设计带来的愉悦。

7.1.2　3D打印技术在产品创意中的应用

"增材制造"作为引领大批量制造模式向个性化制造模式转变的一项重要技术，在降低成本、提高效率以及应对制造结构复杂的产品等方面具有明显的优势。通过增材制造，可以改变以往产品造型和结构设计的局限性，达到产品创新的目标。

1. 产品造型

产品造型的设计在时代发展和科技进步的当下，有了长足的发展，加上人文艺术的发展，工业设计师的设计造型更是取得了较大的进步。

3D 打印技术在个性化创意设计中的发展和应用，使产品摆脱了以往设计的局限，设计师的想象力不再是产品造型设计的唯一源泉。无论任何复杂的外观，都可以通过 3D 打印机打印出来。产品造型设计更加多元，使得技术含量、经济属性、环境属性、人机属性以及美学属性等要素之中美学属性的比重越来越高，产品造型的艺术化设计广受推崇，而消费者的审美观念也因产品造型相关元素的改变而变化。

2. 产品结构

3D 打印实现了将复杂的产品结构转化为极其简单化的设计与制作，而且产品的结构设计逐渐趋于一体化。在目前生产工艺的条件下，一般性的产品主要是通过一些部件组装而形成产品的主体结构。这种经过组装而成的产品，其质量、体积、复杂度以及故障的几率都在增大，而且在生产和组装的过程中造成了材料和能源的浪费。3D 打印技术依靠一体化的设计，使得产品结构更加简单，某些特殊铰接结构甚至可以不经过组装，而只需要一些辅助性材料就可以一次成形。这种制作方式无论是在产品的耐用性还是生产效率的提高上都有着革命性的变化。

3. 良好的设计交流媒介

目前个性化创意设计流程受到越来越多的设计师的重视，因为个性化创意设计流程具有很多优势：流程慎重考虑了产品生命周期的各个阶段性因素，重视后续环节中可能出现的问题，及时分析并予以解决，尽可能减少设计的反复，缩短开发的时间；在产品并行设计条件下，尽量实现产品开发过程中各个环节和各个要素间的协同运行，同时操作；另外，在产品并行设计的过程中，要加强设计团队之间的交流，以便更好地推进设计进程。高效的交流会加速个性化创意设计的成功率。重要的是，在产品概念设计环节，设计师要避免只依靠抽象的 2D 平面图纸作为媒介进行方案的讨论与对比，可以借助手工制作的概念草模以辅助讨论和研究，增强设计的直观性，但其精度、质感和触感等方面同概念设计的预期是有极大差距的，这些无疑成了限制设计团队进行设计概念交流和有效实施的影响因素。3D 打印在概念模型精准性上有着极大的优势，它可以使设计讨论更加流畅，时间大大缩短。整个设计团队的每个成员甚至包括产品用户都可以清楚直观地看到和触摸到这些模型，能够比较其结构、外形以及功能的差异，进而做出选择。3D 打印制作的概念模型可以明确地反映产品概念存在的问题，并能方便修改，不断完善产品概念。

4. 快速制作产品

个性化创意设计开发周期的缩短，能提高产品投入市场的时间，从而获得更多市场的份额。如果制作时间过长，就会成为缩短上市时间的障碍。设计团队通过产品原型的性能测试和工程评价，对设计缺陷及早反馈，可以最大限度地规避产品开发的风险。

3D 打印技术的应用可以缩短产品原型制作的时间，将几天或者几个星期缩减至几个小时。另外，使用 3D 打印制作原型，能够规避原型制作外包可能造成的知识产权泄露的风险。

3D 打印技术在个性化创意设计中兴起了一场革命，影响了设计领域的方方面面。设计师没有必要固守自身想象力的牢笼，可以有效组织设计平台，将想象力和创造力予以尽情释放；设计师还可以通过 3D 打印技术将想象尽快变为现实，创立具有独特个性的独立品牌。随着设计的"广泛性"，以往设计组织的僵化结构将不复存在，而产品设计也会逐步向消费者靠拢。

7.2　3D 打印创意笔筒设计与研发

1. 研发背景及意义

目前使用的笔筒大多功能单一，结构简单。同时由于笔筒中常常会放置橡皮、大头针、纽扣等一些小型物件，取用时很不方便，且容纳量也很有限。

3D 打印创意笔筒，是一种具有放置笔、硬币、生活小物件等功能的创意笔筒，具有容量大、空间利用率高等特点，且造型美观，可作为桌面摆件。

2. 设计调研

笔筒是书桌文案上必不可少的一种日常生活学习用品，市场上笔筒的样式尽管很多（见图 7-1），但是结构简单，并且缺乏创意。为使笔筒在结构简单的情况下实现功能多样性，我们采用曲面结构设计，使之外观柔美、结构紧凑、空间利用率高。随着 3D 打印技术的日益成熟，本产品采用 3D 打印快速成形技术，使得产品成形工艺简单，制造成本低。此多功能笔筒相比市场上的笔筒在结构和功能上有较大的改善，实现了笔筒也能作为储钱罐、收纳盒的功能。

图 7-1　市场上常见的笔筒

3. 创意构思

大自然是人类创新的源泉，人类最早的一些制作活动都以自然界中的生物体为蓝本。通过对某种生物结构和形态的模仿，达到创造新的物质形式的目的。然而，仿生与模拟造型设计绝不是对自然生物体的简单模仿,相反,模拟仿生设计是在深刻理解自然物的基础上,在美学原理和造型原则作用下的一种具有高度创造性的思维活动。在运用仿生与模拟的造型方法进行形态创意时,必须根据所要设计的产品内容展开构思。如果忽视了产品的基本使用要求、用户特征以及材料、生产技术等成形因素,有可能使设计出来的形态仅仅停留在图板上不能成为现实。

德国著名工业设计师柯拉尼可称得上是一位非常成功的仿生设计师,由于他长期研究鸟、鱼、虫等各种生物形态,而且具备精深的空气动力学知识,因而他设计的一些产品形态大都以自然中的生物形态为原型。如飞机的形态取自于鸟类展翅飞翔的动态,汽车、摩托车等陆地交通工具的形态大都取自于一些动物奔跑的姿态。即使是一些与速度无关的电视机、咖啡壶、钢琴之类的产品,也常常借用自然中的一些有机形的曲面变化,使产品形态具有亲切、宜人、充满生机的感觉。

3D打印创意笔筒的最终构思,如图7-2～图7-5所示,该产品包括插笔筒身1、硬币投掷口2、储物底座4。插笔筒身1的表面设有圆孔3;硬币投掷口2设置在插笔筒身1的上部,硬币投掷口2为花瓣状孔;球形储物底座4设置在插笔筒身1的下部作为插笔筒身1的支撑;储物球与储物底座4相连。插笔筒身1底部设有装饰性花瓣孔11。插笔筒身1均布二十个插笔圆孔3,圆孔3位置相互交错,以防止笔与笔之间发生干涉。硬币投掷口2的花瓣状孔的最大孔径大于25mm。

图7-2 创意来源于章鱼 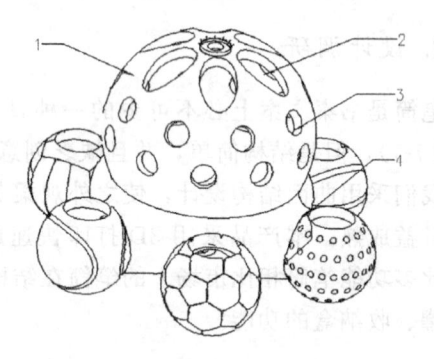　　图7-3 3D打印创意笔筒的轴测图

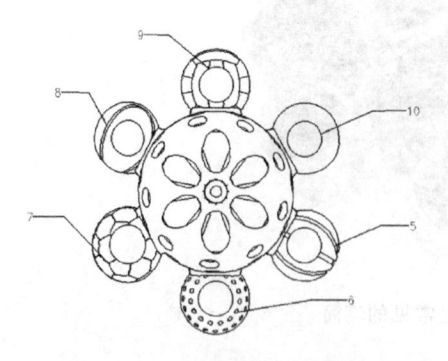

图7-4 3D打印创意笔筒的俯视图 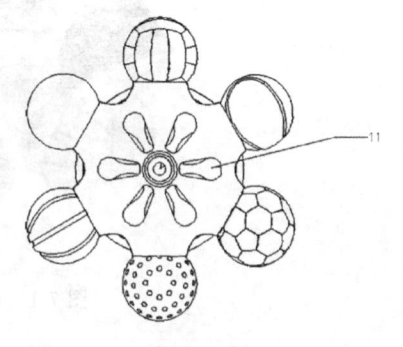　　图7-5 3D打印创意笔筒的仰视图

球形储物底座4由六种不同球体造型组成,分别为篮球造型5、高尔夫球造型6、足球造型7、网球造型8、排球造型9、乒乓球造型10。储物球为空心球体。空心壳作为储

物盒使用。多功能笔筒在使用时,将笔插入所述圆孔3中,硬币可从硬币投掷口2投入,把大头针、纽扣等小型物件放入储物球4中。

4. 设计方案

根据本产品的研发目的,确立3D打印创意笔筒的设计方案,具体设计方案如下。

① 基于三维数字化创新设计与制造技术,在三维数字化技术软件的装配模式下设计章鱼造型主题结构;

② 在三维数字化技术软件的零件模式下分别进行六个小球的三维建模;

③ 将六个小球的三维数字化模型导入装配模式中,通过布尔求和运算完成整体三维数字化模型的建模;

④ 结合实际需求,考虑3D打印机的工艺性,完成3D打印创意笔筒的细节设计。

5. 三维建模

根据上述设计方案,应用三维数字化设计与制造软件Pro/Engineer,进行3D打印创意笔筒的三维造型设计。

(1) 创建产品的装配模型

应用Pro/Engineer的模板装配文件,建立产品的三维数字化装配模型,可以在该装配模型中直接反映出零部件的装配关系和父子关系、特征、位置、约束、图层和几何等信息。在Pro/Engineer软件中,使用公制模板新建装配模型文件brush_pot.asm,如图7-6所示,构建该产品的装配模型。

(2) 创建产品的主体章鱼造型结构

在Pro/Engineer软件装配模式下,新建零件zhuti.prt,通过"构建曲线——曲面建模——加厚曲面"的思路创建产品的主体章鱼造型结构,并且创建好六个小球装配所需的六个坐标系CS0、CS1、CS2、CS3、CS4和CS5。其详细结构如图7-7所示。

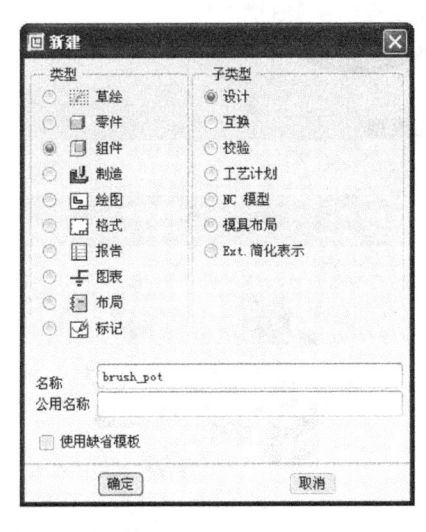

图7-6 新建装配体文件brush_pot.asm 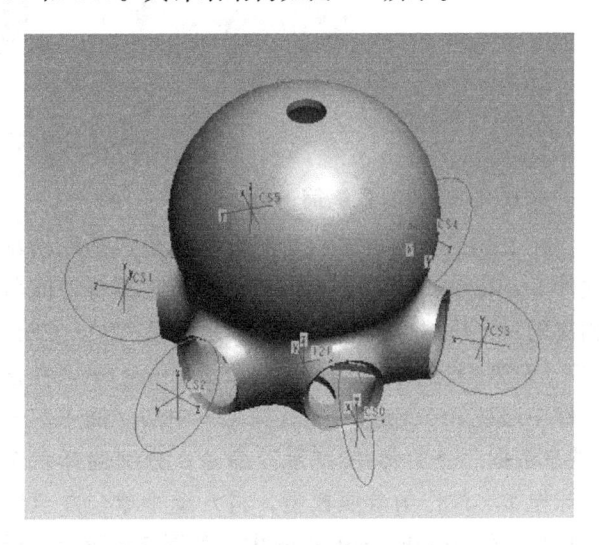   图7-7 产品的主体章鱼造型结构

(3) 创建小球的三维数字化模型

在 Pro/Engineer 软件的零件模式下,应用参数化建模技术与特征建模技术,分别进行六个小球的三维建模,其详细结构如图 7-8 所示。

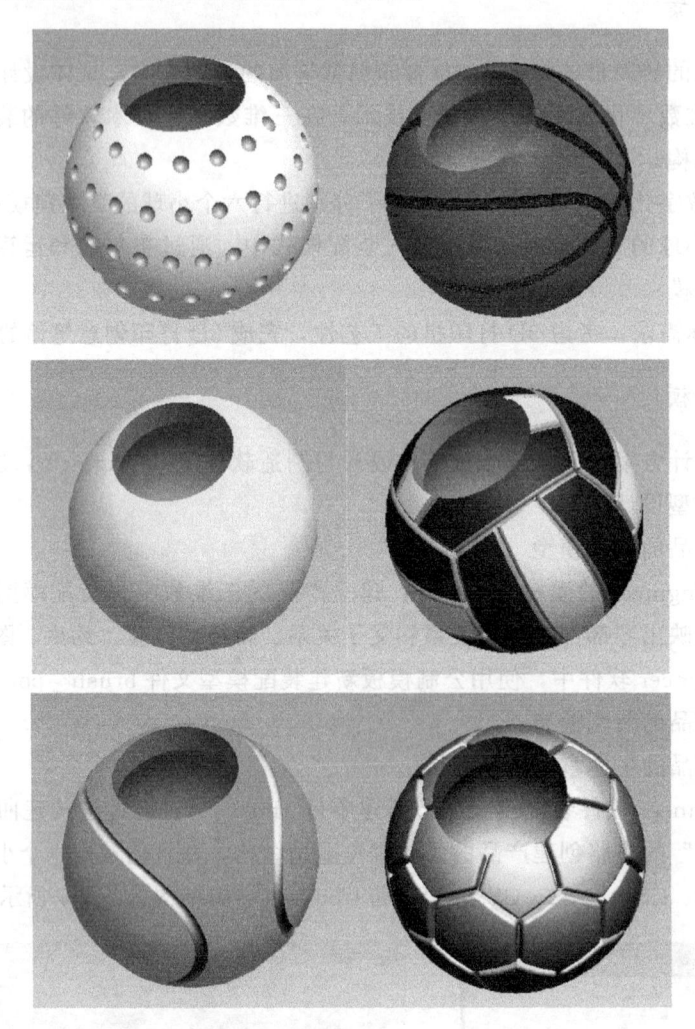

图 7-8 小球的三维数字化模型

(4) 3D 打印创意笔筒的建模

在 Pro/Engineer 软件中打开所创建的装配模型文件 brush_pot.asm,通过元件装配工具将上面所创建的六个小球分别装配至六个坐标系 CS0、CS1、CS2、CS3、CS4 和 CS5。然后激活 zhuti.prt,在该零件中通过 Pro/Engineer 软件菜单中的"插入"→"共享数据"→"合并/继承"命令,分别选择六个小球模型文件作为参照模型,将六个小球合并至装配模型文件 brush_pot.asm 中,如图 7-9 所示。最终完成 3D 打印创意笔筒的三维建模,如图 7-10 所

图 7-9 六个小球合并至装配模型文件

示。zhuti.prt 是 3D 打印创意笔筒的模型文件。

（5）3D 打印创意笔筒的渲染

将所创建的装配模型文件 brush_pot.asm 导入 Keyshot 软件中，进行渲染，最终渲染图如图 7-11 所示。

图 7-10　3D 打印创意教具的三维数字化模型　　　　图 7-11　3D 打印创意教具的渲染轴测图

6. 3D 打印制作

完成产品三维数字化模型的创建，导出产品零件的 STL 格式文件，加载到 3D 打印机中，如图 7-12 所示设置打印工艺参数，如图 7-13 所示进行该零件的 3D 打印制作，最终完成的打印模型如图 7-14 所示。

零件名称	六星拱月	加工时间/min		设备型号	
材料	ABS	加工质量/g		加工速度/(mm/s)	80
				加工精度/mm	0.4
				喷嘴规格/mm	0.4
				热床温度/℃	60
				喷头温度/℃	230
				首层层高/mm	0.3
				切除模型底部	0
				空乘速度(mm/s)	0.15
				底层打印速度(mm/s)	20
				填充打印速度(mm/s)	
				外壁打印速度(mm/s)	
				内壁打印速度(mm/s)	
				每层最少打印速度/(mm/s)	5
				层高/mm	0.2
				壁厚/mm	0.8
				上/下面厚度/mm	0.6
				填充密度/%	20
				打印速度/(mm/s)	80
				支撑类型	局部支撑
				平台附着类型	无
后处理		去除支撑，打磨表面			

图 7-12　3D 打印创意笔筒的打印工艺

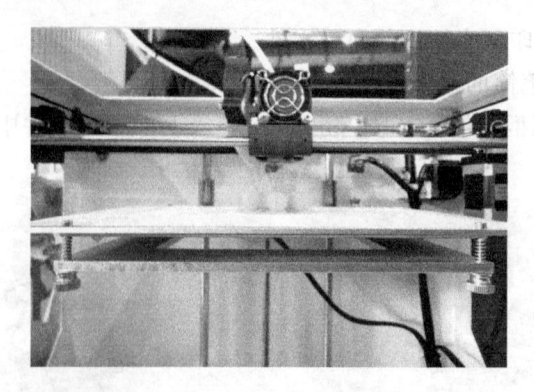

图 7-13　3D 打印制作创意笔筒

图 7-14　3D 打印创意笔筒实物模型

7.3　3D 打印创意花瓶设计与研发

1. 研发背景及意义

日常用品能体现人与环境融洽的关系，由形态、材料、色彩、装饰效果、功能、风格等方面综合而成，并通过各种不同的家居环境来展现其效果。本节以创意花瓶这一日用品为设计对象，进行创意设计与 3D 打印制作实践。

2. 设计调研

花瓶是一种器皿，多为陶瓷或玻璃制成，外表美观光滑。名贵者由水晶等昂贵材料制成用来盛放植物，花瓶底部通常盛水，让植物保持生命。现代的家居装饰品，仅仅实用是不够的。越来越多的设计者融入巧妙的心思，将美化家居的功能应用在于平凡的家居装饰品上。

3. 创意构思

由于几何形体大都具有单纯、统一等美感要素，因而在设计中常被用于产品形态的原型。但未经改变或设计的几何形态往往显得过于单调或生硬，因此，在几何形体的造型过程中设计师需要根据产品的具体要求，对一些原始的几何形体做进一步的变动和改进，如对原型进行切割、组合、变异、综合等造型手法，以获取新的几何立体形态。这一新的几何立体形态就是产品形态的雏形。在这一形态的基础上设计师通过对形态的深化和细化设计，便能最终获得较为理想的产品。

4．3D打印创意花瓶的设计方案

3D打印创意花瓶充分利用三维软件的参数化特征建模新技术，对其瓶口、瓶身、底座等局部造型分别进行创意构思和参数化造型设计。

5．3D打印创意花瓶的三维造型

根据上述设计方案，应用三维数字化设计与制造软件Pro/Engineer，进行3D打印创意笔筒的三维造型设计。

（1）新建零件文件

选择Pro/Engineer系统主菜单中的"文件"→"新建"命令，系统弹出"新建"对话框，在"类型"选项组中选择"零件"选项，在"子类型"选项组中选择"实体"选项，在"名称"文本框中输入"huaping"，取消"使用缺省模板"复选框，单击"确定"按钮，弹出"新文件选项"对话框，在"模板"选项中选择"mmns_prt_solid"公制模板，单击"确定"按钮，进入零件模式。

（2）绘制两个同心圆

单击特征工具栏中的"草绘"工具图标，系统弹出"草绘"对话框，选择"TOP"基准平面作为绘图平面，参照平面及方向选择系统默认值，进入草绘环境，以原点为圆心绘制两个不同直径的同心圆，如图7-15所示。

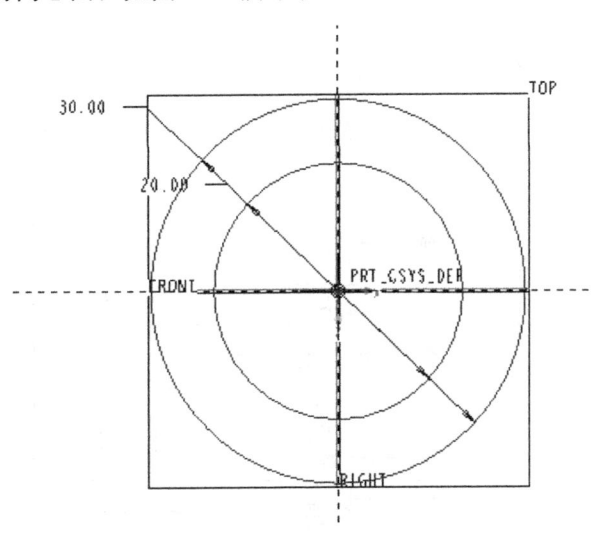

图7-15　绘制两个同心圆

（3）创建可变截面扫描特征

单击特征工具栏中的"可变截面扫描"工具图标，或选择Pro/Engineer系统主菜单"插入"→"可变截面扫描"命令，系统打开可变截面扫描特征操控板。单击操控板中的"实体"按钮，使用可变截面扫描工具创建实体特征。在"参照"下滑面板中，按住 Shift 键选择上面步骤所创建的草绘圆作为扫描轨迹,剖面控制设置为"垂直于轨迹",并在选项下滑面板中选择"可变剖面"复选框。选取上述步骤所绘制的小圆作为原点轨迹,按住 Ctrl 键选取所绘制的大圆作为第二链轨迹线,如图 7-16 所示。

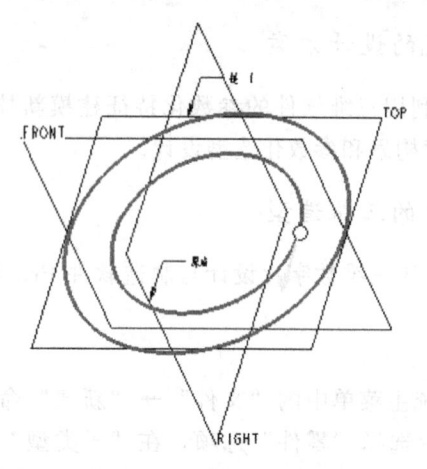

图 7-16　绘制两个同心圆

单击操控板中的"草绘"按钮,进入草绘环境,绘制可变扫描截面线如图 7-17 所示。

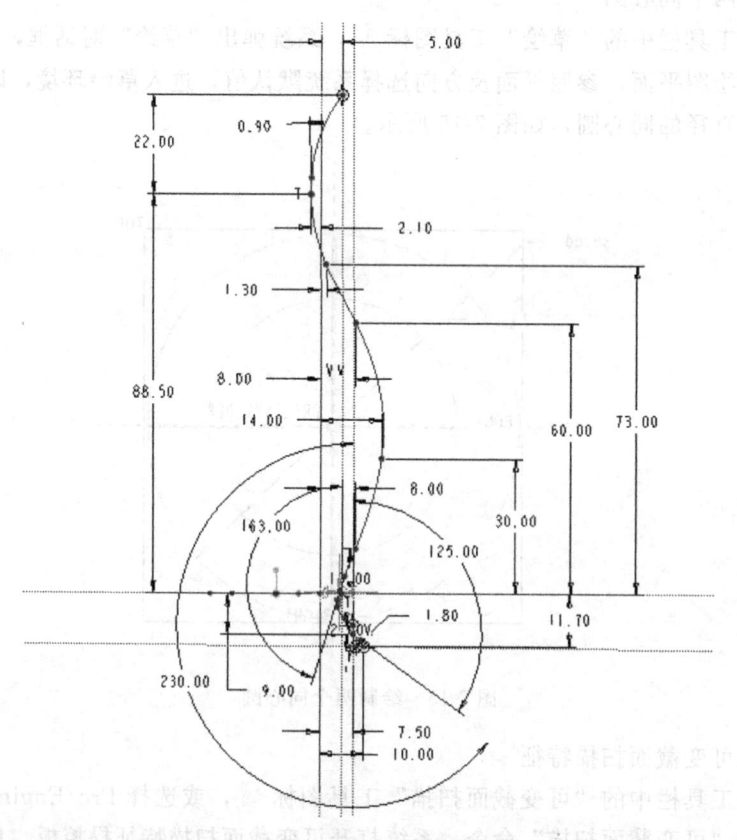

图 7-17　绘制可变扫描截面线

选择 Pro/Engineer 系统主菜单"信息"→"切换尺寸"命令，可以显示草绘中的尺寸名称，如图 7-18 所示。

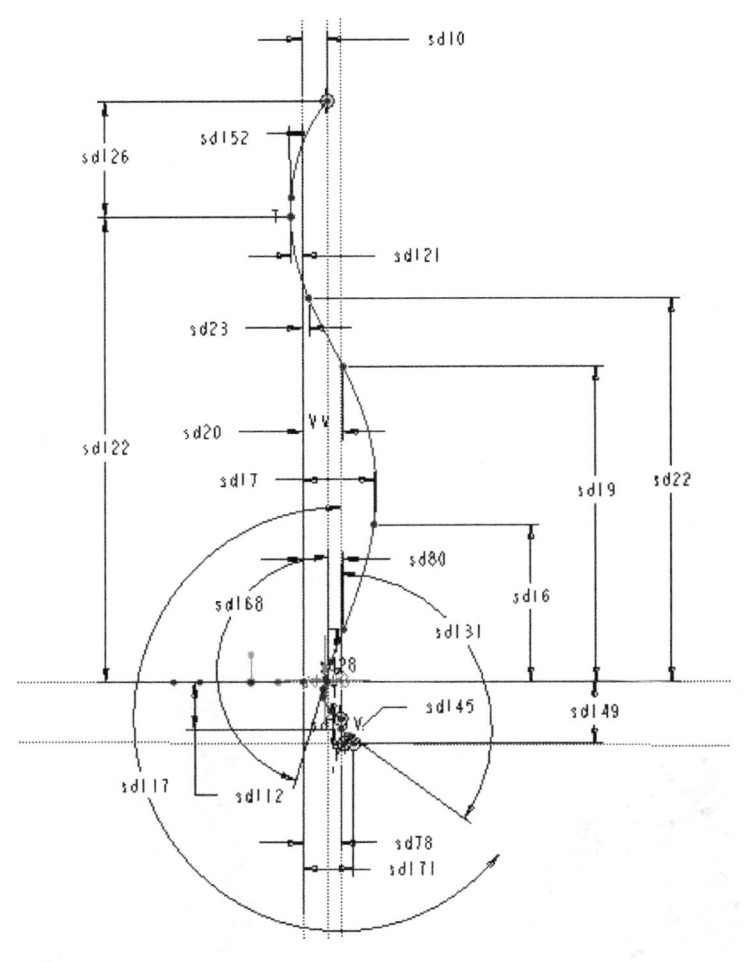

图 7-18 显示草绘中的尺寸名称

选择 Pro/Engineer 系统主菜单"工具"→"关系"命令，系统弹出"关系"对话框。在关系对话框中输入带 trajpar 参数的如下关系式："sd16＝30＋3.5＊sin（trajpar＊360＊22）、sd112＝9＋1＊sin（trajpar＊360＊15）、sd171＝10-1＊sin（trajpar＊360＊15）、sd126＝22-3＊sin（trajpar＊360＊6）"，如图 7-19 所示，单击"确定"按钮，关闭"关系"对话框。完成草绘后单击工具栏中的"完成"图标✓，创建的可变截面扫描特征如图 7-20 所示。trajpar 是 Pro/Engineer 的轨迹参数，它是从 0 到 1 的一个变量（呈线性变化），表示扫描特征的长度百分比。在扫描开始时，trajpar 的值是 0，结束时为 1。比如在草绘中加入关系式 sd＃＝trajpar＋n，此时尺寸 sd＃受到 trajpar＋n 控制。在扫描开始时值为 n，结束时值为 n＋1。截面的高度尺寸呈线性变化。若截面的尺寸受 sd＃＝a＊sin（trajpar＊360＊b）＋c 控制，则呈正弦曲线变化。读者可以尝试改变参数 a、b、c 的值，观察扫描特征的变化，并思考因何而变化及如何变化。

单击操控板中的"完成"按钮✓，完成可变截面扫描曲面特征的创建（见图 7-21）。

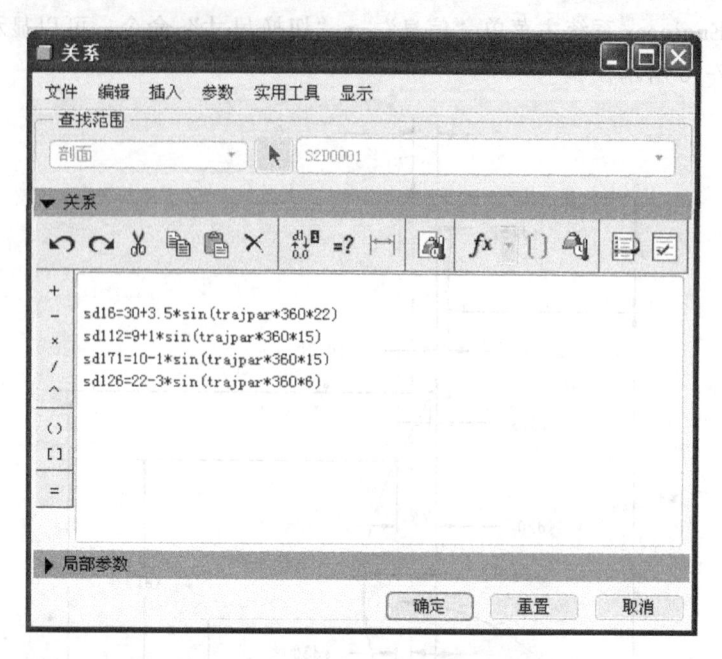

图 7-19 在关系对话框中输入关系式

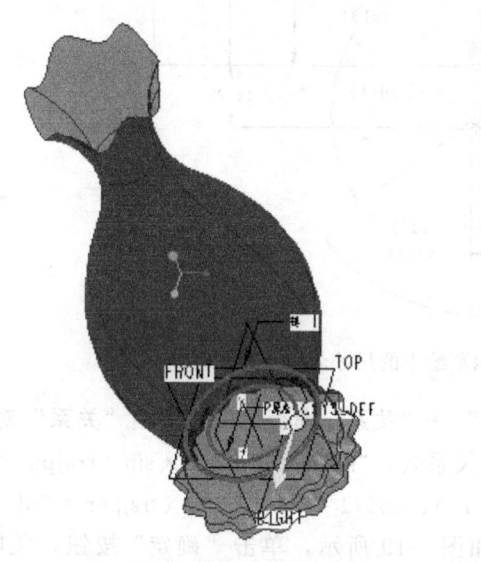

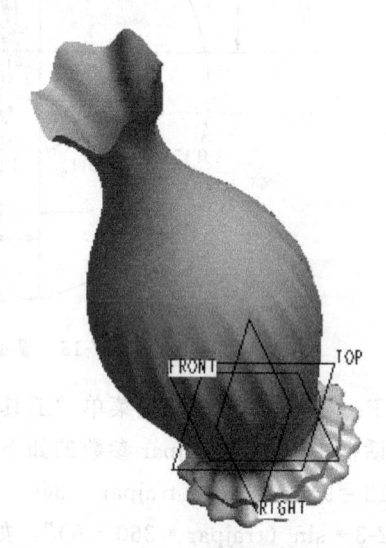

图 7-20 创建可变截面扫描特征 　　图 7-21 创建可变截面扫描曲面特征

(4) 创建花瓶实体特征

选择 Pro/Engineer 系统主菜单"编辑"→"加厚"命令,系统弹出"加厚"操控板。输入厚度值为"0.5",设置加厚方向为两侧对称加厚,单击"完成"按钮 ✓ ,完成花瓶加厚特征的创建,如图 7-22 所示。

单击特征工具栏中的"拉伸"工具图标 ,系统打开拉伸特征操控板,单击"放置"下拉菜单中的"定义"按钮,系统弹出"草绘"对话框,选择"TOP"基准平面作为草绘平面,并选择"RIGHT"基准平面作为右参照,进入草绘环境,绘制直径为 23 的圆,完成草绘后单击工具栏中的"完成"图标☑，设置拉伸方向和拉伸深度为"2"，单击操控板中的"完成"按钮☑，创建拉伸实体特征如图 7-23 所示。

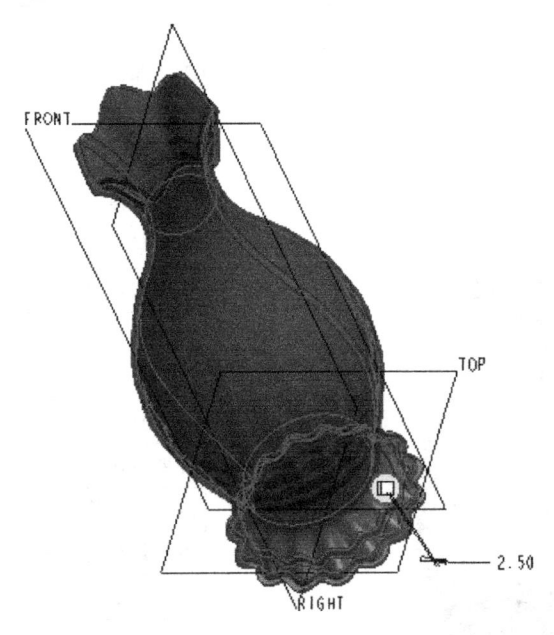

图 7-22　创建花瓶加厚特征

最终创建的花瓶三维数字化模型如图 7-24 所示。

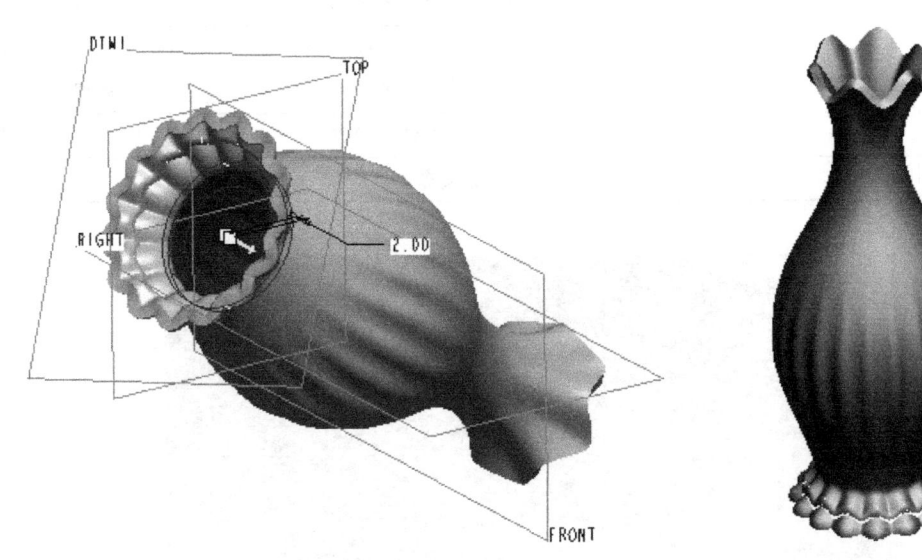

图 7-23　创建花瓶底部拉伸特征　　　图 7-24　花瓶三维数字化模型

6. 产品的 3D 打印制作

完成产品三维数字化模型的创建，导出产品零件的 STL 格式文件，加载到 3D 打印机中，设置打印工艺参数，见表 7-1。进行该零件的 3D 打印制作，最终完成的打印模型，如图 7-25 所示。

表 7-1 3D打印创意笔筒的打印工艺

零件名称	创意笔筒	加工时间/min		设备型号	
材料	ABS	加工质量/g		加工速度/（mm/s）	80
				加工精度/mm	0.4
				喷嘴规格/mm	0.4
				热床温度/℃	60
				喷头温度/℃	230
				首层层高/mm	0.3
				切除模型底部	0
				空乘速度/（mm/s）	0.15
				底层打印速度/（mm/s）	20
				填充打印速度/（mm/s）	
				外壁打印速度/（mm/s）	
				内壁打印速度/（mm/s）	
				每层最少打印速度/（mm/s）	5
				层高/mm	0.2
				壁厚/mm	0.8
				上/下面厚度/mm	0.6
				填充密度/%	20
				打印速度/（mm/s）	80
				支撑类型	局部支撑
				平台附着类型	无
后处理			去除支撑		

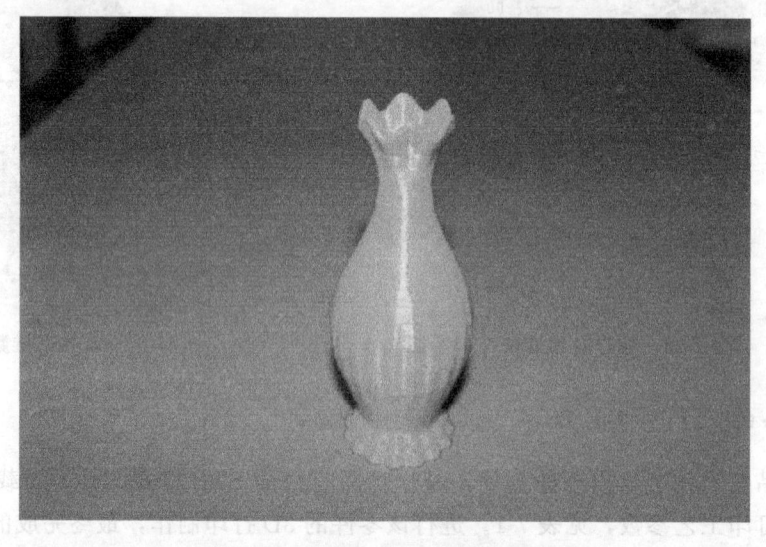

图 7-25 3D打印创意花瓶实物模型

第 8 章

3D 打印教育机器人产品设计与研发

教育机器人是一种崭新的教学工具,它可使广大学生能够在制作中学习,在探索中发现,提高自己分析与解决实际问题的能力。基于 3D 打印技术创新研发系列教育机器人新产品,不仅大大降低了研发成本,而且有效提高了教育机器人产品的研发质量。

8.1 教育机器人

8.1.1 教育机器人概况

机器人技术是在二战以后才发展起来的一项新技术。1958 年美国的 Consolidated 公司制作出了世界上第一台工业机器人,由此揭开了机器人发展的序幕。1967 年日本川崎重工公司从美国购买了机器人的生产许可证,日本从此开始了对机器人的制造和开发热潮。随着机器人在工业上的广泛应用,如何加强工人对机器人的了解从而提高对机器人的控制能力成为一个显著问题,机器人教育随之而产生,专门用于教学的教育机器人也就出现了。

国外教育机器人的研究开展较早。早在二十世纪六七十年代,日本、美国、英国等发达国家已经相继在本国大学开展了对机器人教育的研究,到了七八十年代他们在中小学也进行了简单的机器人教学,在此过程中也推出了各自的教育机器人基础开发平台。我国的机器人研究在二十世纪七八十年代就开展了,在我国的"七五"计划、"863"计划中均有相关的内容。而针对中小学的机器人教学起步较晚,直到二十世纪九十年代的中后期才得到了初步的发展,直到目前发展仍然不是很完善。

教育机器人主要是应用于机器人竞赛和课堂教学。国内外教育机器人的设计与应用活动丰富多彩。目前,全球每年有一百多项机器人竞赛,参加人员从小学生、中学生、大学生、研究生到社会研究人员。国际上主要的机器人竞赛有国际机器人奥林匹克竞赛、FLL 机器人世锦赛、机器人世界杯足球赛等。每年国内有几十到上百支代表队参加这些国际竞赛活动。我国教育部门也在政策上加以引导,积极把教育机器人引入课堂教学。各地的重点中小学均开展了机器人兴趣小组活动,条件优越的地方甚至已经开始在学生中全面开展机器人教育。北京、上海、广东、浙江、江苏、湖北等省市已经先后将教育机器人纳入地方课程。

教育机器人就是应用于教学实践中的智能机器人。教育机器人融合教育学理论和机器人技术,以教学为目的,用于讲解机器人的工作原理和机器人学的相关知识。随着机器人技术及相关学科的发展,使教育机器人有了更加丰富的内涵。教育机器人成为了一种教育工具及平台,通过软件和硬件对机器人完成一系列的操作,以达到实验教学的目的,满足人才培训的需求。

目前,常见教育机器人按照移动方式分为轮式、足式、履带式等。由于机器人技术结合了机械原理、电子传感器、计算机硬件和软件编程以及许多其他先进技术,机器人教学可以培养学生的学习能力和综合素质。在机器人教学过程中,学生需要了解教育机器人所包含的传感器,搭建机器人平台,完成机器人控制程序的编写,可以很好地培养学生发现问题和解决问题的能力,提高学生的动手能力和创新意识。普及机器人教学也可以提高机器人技术的发展速度。

8.1.2 教育机器人产品

教育机器人是一类应用于教育领域的机器人,它一般具备以下特点:首先是教学适用性,符合教学使用的相关需求;其次是具有良好的性价比,特定的教学用户群决定了其价位不能过高;再次就是它的开放性和可扩展性,可以根据需要方便地增、减功能模块,进行自主创新;此外,它还应当有友好的人机交互界面。

在机器人教育活动积极开展的同时,对于教育机器人基础开发平台的研究也得到了蓬勃发展,国内外出现不少相关产品。国外产品如乐高机器人、RB5X、IntelliBrain robot 等。国内有能力风暴机器人、广州中鸣机器人、Sunny618 机器人、通用 ROBOT 教学机器人等。据不完全统计,目前国内的教育机器人产品有近 20 种。

1. 不可编程的教育机器人

该类型的机器人教具不包含单片机、传感器及编程语言。学生使用这种教具了解机械的传动基础,体验控制机械的快乐。但是由于不可编程的机器人教具中不包含传感器,无法实现反馈,因此不适合用于教授机器人智能控制方面的知识与技能。例如一些线控机器虫以及线控的机械设备等模型都属于这类教具。

2. 可编程的机器人教具组件套装

可编程的机器人教具组件套装是一种使用广泛的机器人教具,它提供统一规格的硬件及连接件,以及可编程控制板和相关的操作系统,可以让学生用方便的操作,快速而自由地实现个人创意。

乐高"课堂机器人"是一种优秀的科技教育产品。这一独创性的教育工具是由美国麻省理工大学、美国 TUFTS 大学、乐高公司和美国国家仪器公司共同开发研制的。它将模型构建和计算机编程有效地结合在一起,使孩子们能够自己设计机器人,在计算机上编写程序,然后通过与计算机相连的红外发射器将程序下载到机器人的大脑——RCX

微型计算机中。

乐高教育机器人的主要缺点是不够开放，产品的封闭性降低了它在教学中的作用，与国内的机器人教育结合较差，并且其价格高昂。

RB5X 教育机器人由 General Robotics 公司研制，主要用于辅助课堂教学，帮助学生提高听、说、读、写能力，学习学科知识、计算机知识。利用它可开展一系列活动，锻炼学生分析问题、解决问题、逻辑思维的能力和培养团队协作精神。该类型教育机器人已广泛应用于美国各州以及其他西方发达国家。

慧鱼教育机器人是由德国发明家在其专利"六面拼接体"的基础上发明的。它由多种型号和规格的零件组合而成，类似于积木。零件的种类繁多，几乎囊括了各种机械零件和日常所见到的各种物体。用户可以使用这些零件拼装出不同的机器人模型，并在此过程中熟悉和掌握各类机械设备和自动化装置的常用结构和工作原理。但是，该模型的编程环境不够人性化，不适合中小学生使用。而且，其价格昂贵，开放性不够，中文的相关参考资料较少。

中鸣机器人由广州中鸣数码科技有限公司研制生产。它包括教学机器人、娱乐机器人、实验机器人、教育机器人。目前，该公司已成功研制并申请专利的产品有积木式机器人、智能机器甲虫、5 自由度 6 足机器兽、5 自由度 4 足机器狗、6 自由度机器手等最具代表性的机器人产品，以及学习套件和控制软件。中鸣机器人的组成部件主要包括主控制器模块、多种传感器、专用图形化控制软件、多种结构件等，具有良好的开放性和扩展性，可广泛应用于各类 DIY 机器人制作和机器人创意设计。

Sunny618 教育机器人由北京交通大学阳光公司研制。一套 Sunny618 可以组装成六足、双轮、履带三种执行机构，可以自由更换。另外，它还有三组不同减速比齿轮可以自由更换，可以搭配成三种减速箱。它的控制器完全裸露，便于学生了解控制器工作原理，并提供机器人互相通信模块。软件平台采用图形化编程和语言编程相结合，以满足不同层次用户的需要。

由于学生学习时间和动手能力有限，教育机器人一般需要提供易加工的零件、规格统一的连接件，将一些较难使用的零部件模块化，以方便学生快速、简便地实现创意。例如使用乐高单位的凸起与孔洞进行搭建，德国慧鱼的六面体燕尾槽结构可以将结构件牢固地结合在一起。学生在组建时甚至不用工具。又例如 VEX 使用螺钉、螺帽和金属孔洞来固定结构件，学生只需要使用简单的工具。

教育机器人应该提供便捷的接口模块，尽可能避免焊接较为复杂的操作。例如乐高提供了统一的按钮式接口，使用该接口时甚至不用考虑正负极，德国慧鱼、VEX 的接口虽然需要考虑极性，但使用非常方便。

3. 人形机器人教具

人形机器人教具拥有仿人的外形，受到学生的喜爱。在机器的各活动关节，例如在肩、肘、腕、腰、脚踝等部位配置多个伺服器，拥有多个自由度可以模仿人类的肢体动作。同时配备多种传感器，还配以设计优良的控制系统，通过自身智能编程软件便能自动地完成随音乐起舞、行走、起卧、武术表演、翻跟斗以及各种奥运竞赛的动作。例如，台湾俊原提供从 3 自由度到 32 自由度的研究型人形机器人开发平台，提供小型 35cm、中型 50cm、大型 1m 以上的人形机器人平台。例如，韩国 Minirobot 公司最新推出的金刚战士系列人形机器人。再如，Nao 是在学术领域世界范围内运用最广泛的类人机器人。2007 年 7 月，Nao 被机器人世界杯 RoboCup 的组委会选定为标准平台，作为索尼机器狗爱宝（Aibo）的继承者。

专门为人形机器人教具的控制设计开发程序设计语言，可以通过简单的程序语言控制舵机等运行，大大方便了编程。例如韩国 Minirobot 公司最新推出的金刚战士系列人形机器人配有专门开发的 RoboBasic 语言。

8.2 3D 打印六足教育机器人的设计与研发

1. 产品研发意义

3D 打印六足教育机器人的意义在于，基于 3D 打印技术，创新研发六足机器人新产品，满足大学机械专业课程教学与中小学机器人教育的需要，以培养大学生的机构创新设计能力，引导中小学生学习机器人原理，激发中小学生的创造热情。

2. 设计调研

设计前期调研表明，现有的六足教育机器人如图 8-1 所示，产品结构复杂、制造成本高，难以推广普及。

图 8-1 六足教育机器人

3. 创意构思

3D 打印六足教育机器人创意构思如图 8-2 所示，产品结构简单，运动平稳，且所有零部件都由 3D 打印制作，成本小，生产效率高。

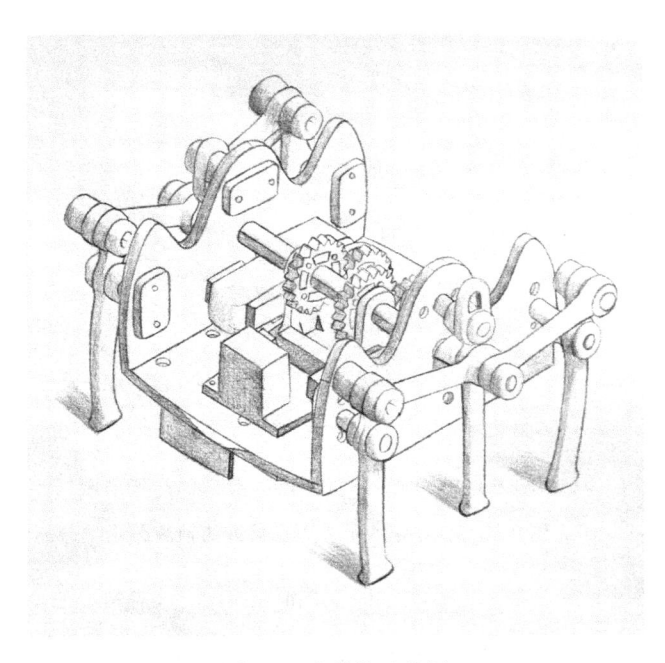

图 8-2　产品构思草图

4. 设计方案

3D 打印六足教育机器人的行走机构原理如图 8-3 所示，曲柄 L_5 传递动力给连杆 L_2 和连杆 L_3，连杆 L_2 和连杆 L_3 驱动前脚 L_1 和后足 L_4，使得前足 L_1 绕限位转动副 A 转动，后足 L_4 绕限位转动副 B 转动，完成机器人的迈步。

本产品通过以下技术方案实现：

3D 打印六足教育机器人，包括由 3D 打印机打印制作的机架、齿轮传动机构、传动轴、连杆机构，以及前足、中足、后足。其特征在于，3D 打印六足教育机器人还包括微型电动机和控制系统，机架内设左右两台微型电动机和左右两个齿轮传动机构，左右两台微型电动机分别连接左右两个齿轮传动机构，齿轮传动机构通过传动轴连接设在机架外的连杆机构，连杆机构分别连接两条前足、两条中足和两条后足，六足带动机器人整体结构步行。

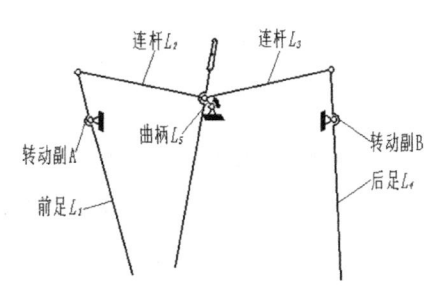

图 8-3　六足教育机器人的行走机构原理图

连杆机构、传动轴和六足之间用圆套连接，结构简单实用。传动轴与连杆之间采用曲柄轴来驱动中足，中足运动带动连杆机构运动从而驱动前足和后足运动。

控制系统采用单片机，包括单片机控制板、驱动器、电池座，单片机控制板、电池座设在机架下部，单片机控制板设在机架内部。单片机控制板和所述电池座设在机架的底部，以降低机器人的重心高度，增强机器人的运动平稳性。微型电动机与控制系统通信连接，所述微型电动机可通过控制系统控制转速，实现机器人的转向运动。

3D 打印六足教育机器人的轴测图如图 8-4 所示，俯视图如图 8-5 所示，左视图如图 8-6 所示，正视图如图 8-7 所示，六足示意图如 8-8 所示。

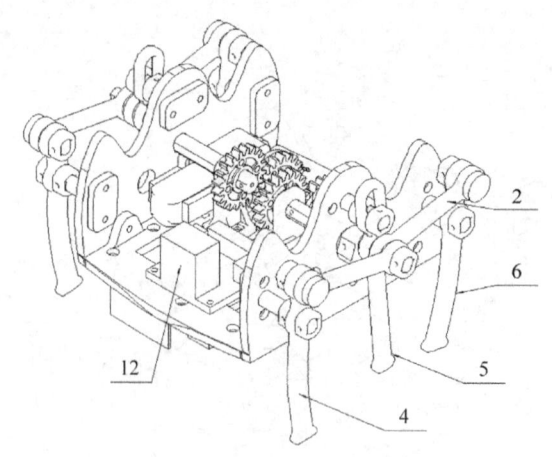

2—连杆机构；4—后足；5—中足；6—前足；12—驱动器

图 8-4　3D 打印六足教育机器人的轴测图

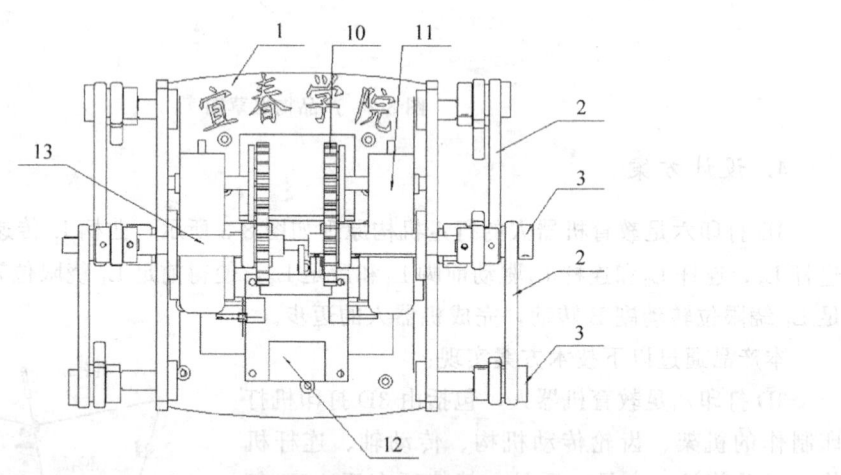

1—机架；2—连杆机构；3—圆套；10—齿轮传动机构；11—微型电动机；12—驱动器；13—传动轴

图 8-5　3D 打印六足教育机器人的俯视图

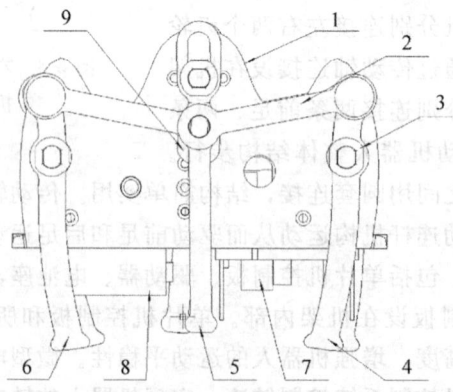

1—机架；2—连杆机构；3—圆套；4—后足；5—中足；6—前足；7—单片机控制板；8—电池座；9—曲柄轴

图 8-6　3D 打印六足教育机器人的左视图

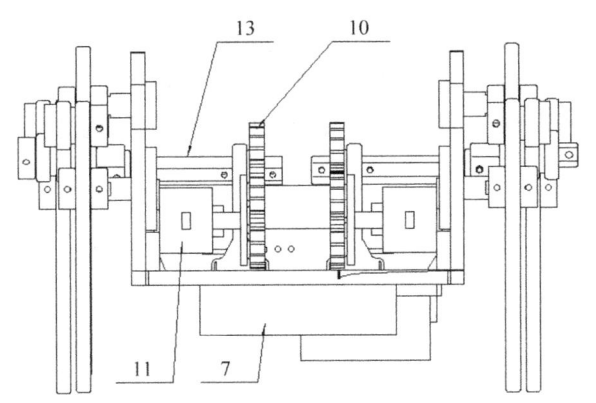

7—单片机控制板；10—齿轮传动机构；11—微型电动机；13—传动轴

图 8-7 3D打印六足教育机器人的正视图

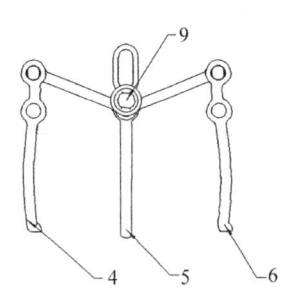

4—后足；5—中足；6—前足；9—曲柄轴

图 8-8 六足示意图

现参照图 8-4～图 8-8，3D打印六足仿生机器人包括3D打印机打印制作的机架、微型电动机、齿轮传动机构、传动轴、连杆机构、单片机控制系统，以及前足两条、中足两条、后足两条。整体连接方式为：机架内设微型电动机两台，分别连接左右两个齿轮传动机构，齿轮传动机构通过传动轴连接设在机架外的连杆机构，连杆机构分别连接前足、中足、后足，六足带动整体结构步行。连杆机构、传动轴和六足之间用圆套连接，结构简单实用。传动轴与连杆之间的采用曲柄轴来驱动中足，中足运动带动连杆机构运动从而驱动前足和后足运动。控制系统采用单片机控制，包括单片机控制板、驱动器、电池座。其中单片机控制板、电池座设在机架下部，驱动器设在机架内部。单片机控制板和电池座设在机架的底部，降低重心高度，增强机器人的运动平稳性。微型电动机可通过单片机控制转速，实现机器人的转向运动。3D打印六足机器人所有零部件由3D打印机打印制作。

5. 三维建模及运动仿真

基于 Pro/Engineer 进行3D打印六足教育机器人每个零部件的三维建模，以及装配建模，3D装配模型如图8-9所示。

图 8-9 六足教育机器人的3D装配建模

通过运动仿真将机器人的行走步态、脚的运动速度、位置、运动轨迹曲线等运动参数求出。机器人左侧三足的运动轨迹曲线如图 8-10 所示，六足机器人中脚的位置曲线和速度曲线如图 8-11 所示，对这些参数进行分析，然后再对行走机构的尺寸进行优化，最后得到一组行走平稳的数据。

图 8-10　机器人左侧三足的运动轨迹曲线

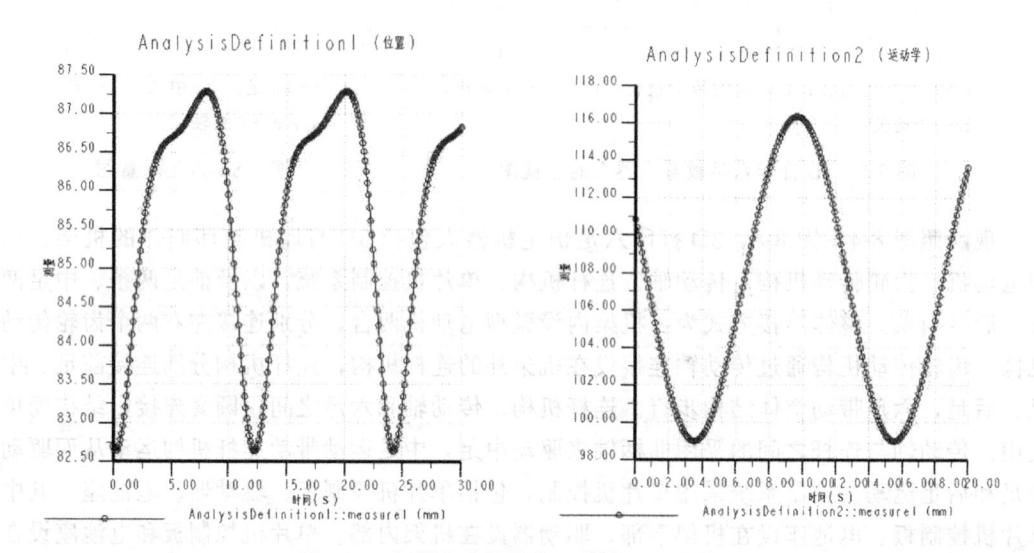

图 8-11　机器人中脚的位置曲线和速度曲线

6. 模型渲染

将 Pro/Engineer 软件所创建的装配模型直接导入 Keyshot 软件之中，基于 Keyshot 软件进行装配模型的渲染，渲染效果图如图 8-12 所示。

图 8-12　渲染效果图

7. 控制系统设计

六足教育机器人的控制系统采用开源软件 Arduino，通过 Arduino 单片机控制板控制左右两个微型电动机的转速，实现机器人的行走和转向运动。具体的 Arduino 程序如下。

```
#include   IRremote.h
int RECV_PIN = 13;                      //定义红外接收器的引脚为 13
int M1 = 5;
int M2 = 6;                             //控制电动机 1
int L1 = 10;
int L2 = 11;                            //控制电动机 2
IRrecv irrecv(RECV_PIN);
decode_results results;
void setup()
{
  Serial.begin(9600);
  pinMode(6,OUTPUT);
  irrecv.enableIRIn();                  // 初始化红外接收器
}
void loop() {
  if (irrecv.decode(&results))
  {
    if (results.value == 16736925)      //前进键,控制电动机正转
    {
    digitalWrite(5,LOW);
    digitalWrite(6,HIGH);
    digitalWrite(10,LOW);
    digitalWrite(11,HIGH);
     }
    if (results.value == 16754775)      //后退键,控制电动机反转
    {
     digitalWrite(5,HIGH);
    digitalWrite(6,LOW);
    digitalWrite(10,HIGH);
    digitalWrite(11,LOW);

    }
        if (results.value == 16720605)  //遥控器左键
   {
    digitalWrite(5,HIGH);
    digitalWrite(6,LOW);
    digitalWrite(10,LOW);
    digitalWrite(11,HIGH);
   }
     if (results.value == 16761405)     //遥控器右键
     {
    digitalWrite(5,LOW);
    digitalWrite(6,HIGH);
     digitalWrite(10,HIGH);
    digitalWrite(11,LOW);
    }
    if (results.value == 16712445)      //遥控器 ok 键,使两电动机停转
    {
```

```
    digitalWrite(5,HIGH);
    digitalWrite(6,HIGH);
    digitalWrite(11,HIGH);
    digitalWrite(10,HIGH);
    Serial.println();
  }
    irrecv.resume();                          // 接收下一个值
  }
}
```

8. 产品的 3D 打印制作及样机测试

在 Pro/Engineer 软件中将 3D 装配模型中的打印件每个零件的 STL 格式文件导出，在 3D 打印机中逐个完成每个零件的打印，如图 8-13 所示。

图 8-13 3D 打印制作机器人零部件

如图 8-14 所示，将 3D 打印制作的零件进行装配，并把 Arduino UNO 单片机控制板、微型直流电动机等装配在机器人本体上，最终完成的样机装配模型如图 8-15 所示。

图 8-14 3D 打印六足教育机器人样机装配

图 8-15　3D 打印六足教育机器人的样机模型

8.3　3D 打印八足教育机器人的设计与研发

1. 研发意义

3D 打印八足教育机器人意义是基于 3D 打印技术，创新研发八足机器人新产品，满足大学机械专业课程教学与中小学机器人教育的需要，以培养大学生的机构创新设计能力，引导中小学生学习机器人原理，激发中小学生的创造热情。

2. 设计调研

设计前期调研表明，现有的八足教育机器人如图 8-16 所示，产品结构非常复杂，制造成本较高，难以推广普及。

图 8-16　八足机器人 Halluc IIx

3. 创意构思

3D打印八足教育机器人创意构思如图8-17所示，其结构简单，步态犹如螃蟹等八足动物的步态，行走平稳；且所有零部件都由3D打印制作，结构巧妙美观；采用遥控控制八足教育机器人的行走，操作简单。

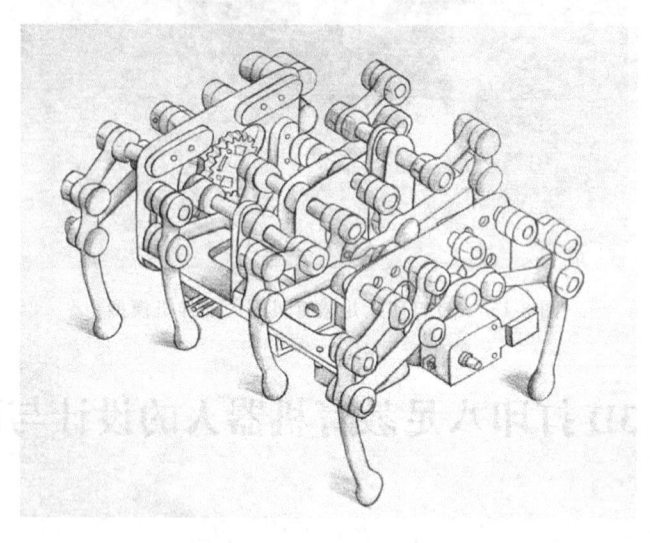

图8-17 产品构思草图

4. 设计方案

八足教育机器人的原理如图8-18所示。曲柄L_9驱动两根连杆L_3和L_4运动，连杆L_3和连杆L_4、连杆L_5连杆L_6、连杆L_7和L_8的共同作用下，驱动前足L_1和后足L_2的迈步。

八足教育机器人的腿部传动结构如图8-19所示，曲轴结构如图8-20所示，机架爆炸视图如图8-21所示，整体结构如图8-22所示。

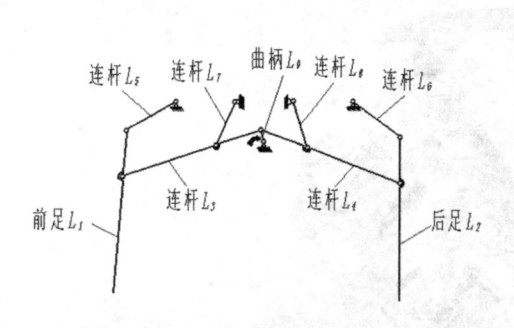

图8-18 八足教育机器人的原理图

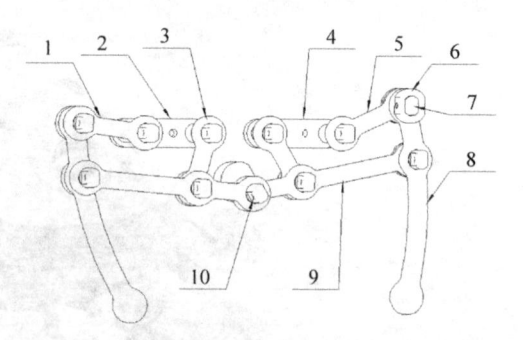

1—腿连杆；2—后销钉固定座；3—摆杆；4—前销钉固定座；5—腿连杆；6—销轴端套；7—小销轴；8—脚；9—连杆；10—曲柄

图8-19 八足教育机器人的腿部传动结构

现参照图 8-19～图 8-22，八足教育机器人包括腿连杆、后销钉固定座、摆杆、前销钉固定座、腿连杆、销轴端套、小销轴、脚、连杆、曲柄、曲轴、曲联轴器、主轴、从动齿轮、主动齿轮、机架左侧板、主轴支座、曲轴支座、机架底盘、单片机、机架右侧板、电池盒右、电池盒左、驱动器、中销轴支座。整体连接方式为：机架左右两侧设微型电动机两台，分别连接左右两个主动齿轮，两个从动齿轮分别连接曲轴，曲轴一端连接曲柄，另一端连接曲联轴器，左右两曲联轴器连接在主轴上，形成一根具有四个曲柄的大曲轴，每个曲柄连接两根连杆，驱动一对脚 8 运动，形成螃蟹等八足爬行动物行走的步态。八足机器人所有零部件由 3D 打印机打印制作。

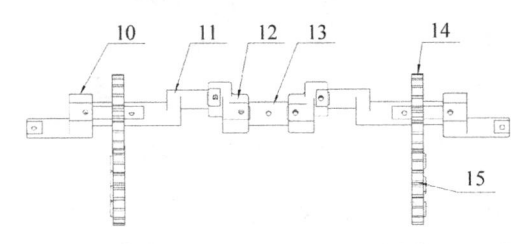

10—曲柄；12—曲联轴器；13—主轴；14—从动齿轮；15—主动齿轮

图 8-20 八足教育机器人的曲轴结构

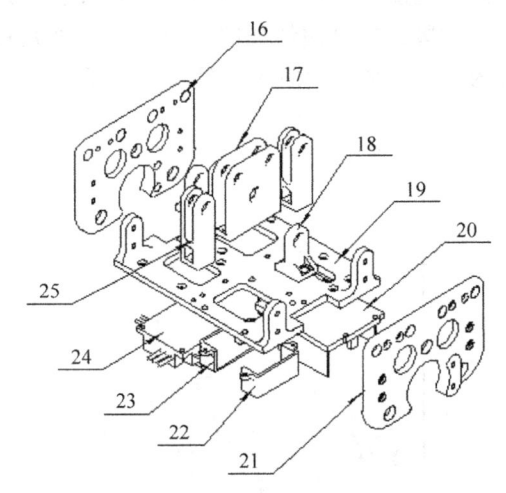

16—机架左侧板；17—主轴支座；18—曲轴支座；19—机架底盘；20—单片机；21—机架右侧板；22—电池盒右；23—电池盒左；24—驱动器；25—中销轴支座

图 8-21 八足教育机器人的机架爆炸视图

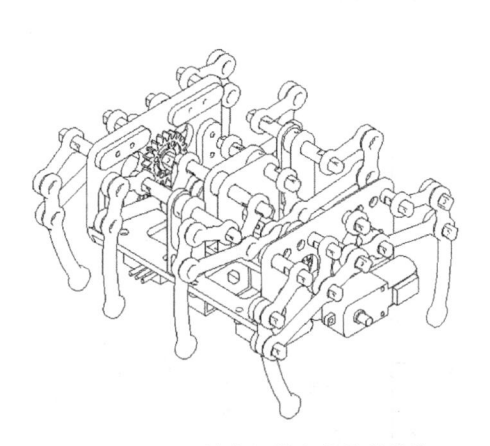

图 8-22 八足教育机器人的整体结构

5. 三维建模及运动仿真

基于 Pro/Engineer 进行 3D 打印八足教育机器人每一个零部件的三维建模，以及三维装配建模，3D 装配模型如图 8-23 所示。

图 8-23　八足机器人的 3D 装配建模

八足教育机器人的脚运动原理复杂，难以精确理论分析和设计计算，三维软件的运动仿真可以得到精确的运动参数。将这些参数与要设计的运动参数相比较分析，修改各杆件的尺寸，再分析比较就能得出所需要的各杆件尺寸。八足机器人一对脚的轨迹曲线如图 8-24 所示，八足机器人脚的速度和加速度曲线如图 8-25 所示。

图 8-24　八足机器人一对脚的轨迹曲线

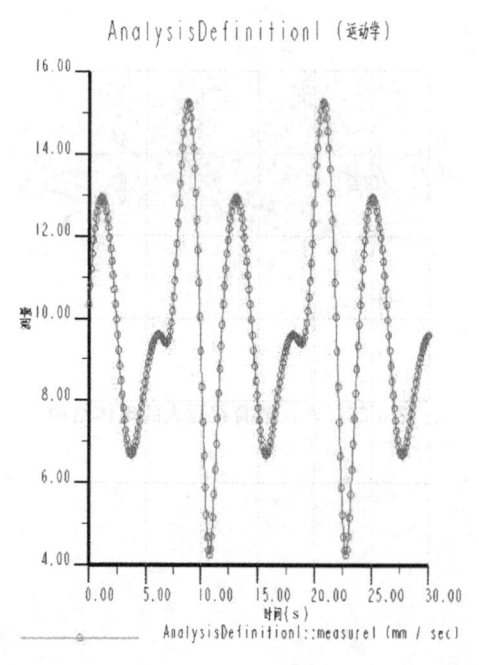

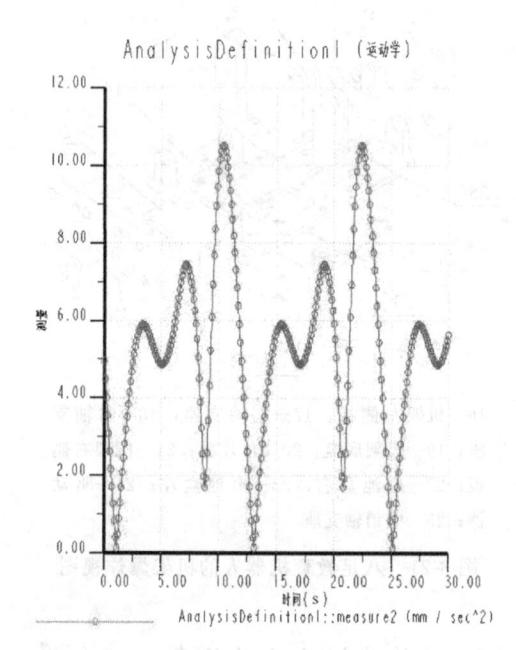

图 8-25　八足机器人脚的速度和加速度曲线

6. 模型渲染

将 Pro/Engineer 软件所创建的装配模型直接导入 Keyshot 软件之中，基于 Keyshot

软件进行装配模型的渲染，渲染效果图如图 8-26 所示。

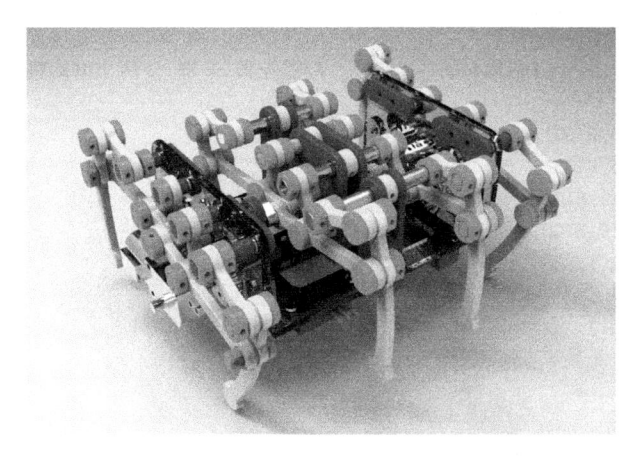

图 8-26　渲染效果图

7. 控制系统设计

八足教育机器人的控制系统采用开源软件 Arduino，通过 Arduino 单片机控制板控制左右两个微型电动机的转速，实现机器人的行走等运动。具体的 Arduino 程序如下。

```
#include  IRremote.h
int RECV_PIN = 13;                //定义红外接收器的引脚为 13
int M1 = 5;
int M2 = 6;                       //控制电动机 1
int L1 = 10;
int L2 = 11;                      //控制电动机 2
IRrecv irrecv(RECV_PIN);
decode_results results;
void setup()
{
  Serial.begin(9600);
  pinMode(6,OUTPUT);
  irrecv.enableIRIn();            // 初始化红外接收器
}
void loop() {
  if (irrecv.decode(&results))
  {
    if (results.value == 16736925) //前进键,控制电动机正转
    {
    digitalWrite(5,LOW);
    digitalWrite(6,HIGH);          //LED 点亮
    digitalWrite(10,LOW);
    digitalWrite(11,HIGH);
    }
    if (results.value == 16754775) //后退键,控制电动机反转
    {
     digitalWrite(5,HIGH);
    digitalWrite(6,LOW);           //LED 熄灭
```

```
    digitalWrite(10,HIGH);
    digitalWrite(11,LOW);
   }
   if (results.value == 16712445)          //遥控器 ok 键,使两个电动机停转
   {
   digitalWrite(5,HIGH);
   digitalWrite(6,HIGH);
   digitalWrite(11,HIGH);
   digitalWrite(10,HIGH);
   Serial.println();
   }
    irrecv.resume();                        // 接收下一个值
  }
}
```

8. 打印制作及样机测试

完成八足教育机器人三维数字化装配模型的创建,导出产品零件的 STL 格式文件,加载到 HOFI X1 3D 打印机中,设置打印工艺参数;在 3D 打印机中逐个完成每个零件的打印制作,如图 8-27 所示;然后如图 8-28 所示进行八足教育机器人的样机装配;最后完成样机装配,如图 8-29 所示。

图 8-27　3D 打印制作机器人零部件

图 8-28　八足教育机器人的样机装配

图 8-29 八足教育机器人的样机模型

8.4 项 目 总 结

2015年9月19—25日,由中国科协、教育部、科技部、工信部、中科院等共同主办的2015年全国科普日北京主场活动暨第五届北京科学嘉年华在北京奥林匹克公园中心区广场举办,基于3D打印技术自主研制的3D打印仿生机器人系列产品,集科学性、技术性、创造性、互动性、趣味性为一体,在北京主场深受国内外众多观众的喜爱,成为最受欢迎的科技产品之一。尤其是该系列产品为青少年量身打造,引导孩子们发现科技原理,激发其科技兴趣,通过仿生机器人的展示互动,让孩子们感受3D打印和机器人科技的魅力与神奇。3D打印仿生机器人系列产品展示现场如图8-30所示。

图 8-30 3D打印仿生机器人系列产品展示现场

第 9 章

3D 打印机电产品研发的项目实践

机电产品是指使用机械、电器、电子设备所生产的各类农具机械、电器、电子性能的生产设备和生活工具。基于 3D 打印技术创新研发系列机电新产品，不仅大大降低了研发成本，而且能够有效提高机电产品的研发效率，并使得机电产品的虚拟数字样机快速转化为 3D 打印实物样机，实现虚拟样机的实物制造、装配检验和功能验证，最终实现机电新产品的快速开发。

9.1 开源硬件

开源硬件（Open Source Hardware）是指用与自由及开源软件相同的方式设计的计算机和电子硬件。开源硬件设计者通常会公布详细的硬件设计资料，如机械图、电路图、物料清单、PCB 版图、HDL 源码和 IC 版图，以及驱动开源硬件的软件开发工具包等。作为开源文化的一部分，开源硬件受开源软件的启发而确立，并扩展了开源的概念域，但其实践历史却比开源或开放软件早，可追溯到集成电路发展初期。

9.1.1 开源硬件开发平台

从 3D 打印机到各类可穿戴设备，大多数开源硬件创客项目均是基于开源硬件开发平台开发的。开源硬件开发平台是一块嵌入式芯片开发板，创客们的设计、开发、调试设备都是围绕这块主板进行的。对创客教育而言，开源硬件开发平台也是其最主要的"战术武器"。学习者只有掌握了平台的使用方法，才能开展相应的创客学习项目，并从中获得成长。据统计，市场上常见的开源硬件开发平台有 50 余种，从功能、价格、开发难度、扩展硬件支持、用户群容量与服务支持、项目案例容量等角度进行考察，研究表明下述几种是最适合用于创客教育的开源硬件平台。

1. Arduino

Arduino 是最常见的一款开源平台，硬件包含各种型号的 Arduino 官方板（较常用的型号是 Arduino UNO）和驱动各种硬件、传感器的扩展板（Shields），软件开发工具是 Arduino IDE，由意大利教师马西莫·班兹和西班牙晶片工程师大卫·夸铁雷斯于 2005 年联手设计开发。起因是学生们经常抱怨找不到便宜好用的微控制器,平台使用大卫·梅利斯提供的程序设计语言。三人秉承设计时的开放源码理念,把设计图放到了网上,允许任何人生产电路板的复制品,亦能重新设计,现在市场上大量的 Arduino 板均以此为基础。Arduino 拥有类似 Java、C 语言的开发环境,即 Arduino IDE。

Arduino 的优势:

① 便宜,官网售价 24.28 美元,淘宝网开发者入门套件(包含主板、各种常用传感器、面包板、电阻、遥控器、电机灯配件)仅售 158 元,可以完成大多数基础实验。

② 简单,是所有开源平台中最易上手的平台。

③ 用户基数大,拥有庞大的网络社区用户、大量的示例项目和教程,并且可以轻松地与其他外部设备连接。

Arduino 的劣势:

① 处理能力较低,CPU 主频仅 16MHz,RAM 2KB,ROM 32KB,相对于其他平台处理能力偏弱。

② 无通用接口,没有网络、USB、视音频输出等接口,因此无法兼容普通 PC 通用外接设备。

2. BeagleBoard

BeagleBoard 是德州仪器与得捷电子、e络盟合作生产的低能耗开源开发平台,也是德州仪器 OMAP3530 芯片的展示板。设计小组最初设计这款主板的目的是为了在高校教学中展示开源硬件、软件的能力。BeagleBoard 初版于 2011 年 10 月发布,CPU 为 720MHz 的 Sitara ARM Cortex-A8,RAM 256MB,初始定价 89 美元。升级版 BeagleBoard Black 于 2013 年 4 月 23 日发布,售价 45 美元,CPU 主频增至 1GHz,RAM 512MB,还增加了 HDMI 输出和 2GB 的 eMMC 闪存。

BeagleBoard 的优势:

① 处理能力更强,CPU 处理能力更强,内存更大。

② 扩展性强,Black 版内置 2GB ROM,亦可通过 MicroSD(TF)插槽扩展存储,此外还包含了 HDMI 接口、USB 接口等通用接口,可兼容普通 PC 输入输出设备。

③ 可运行 Linux 系统,作为准系统、微型桌面机运行。

Beagleboard 的劣势:

① 价格略高。

② 开发难度比 Arduino 高。

3. 树莓派

树莓派由英国树莓派基金会开发,项目发起人是埃本·厄普顿。通过 e络盟、欧时电子两家公司许可证生产,上市后受到创客和硬件发烧友欢迎。截至 2014 年 10 月,已售出大约 380 万块树莓派开发主板。该主板集成一颗博通 ARM11 架构的 BCM2835 CPU,主频 700MHz,A 型主板 256MB 内存 1 个 USB 接口,B 型版升级为 512MB 内存 2 个 USB 接口,B+版进一步扩展到 4 个 USB 接口。可安装 Linux 系统,支持 1080P 视频硬解码,

A 型售价 25 美元，B 型、B+型均为 35 美元。

树莓派的优势：

① 价格适中，价格介于 Arduino 和 BeagleBoard 之间，功能性价比高。

② 兼容性强，接口丰富，可实现 PC 的基本功能，兼容 PC 外接设备。

③ 用户基数大，与 Arduino 类似，拥有庞大的网络社区用户、大量的示例项目和教程。

树莓派的劣势：

① 价格略高，主板价格比 Arduino 高、比 BeagleBoard 低，但由于无板载 ROM，运行系统必须添加 MicroSD 存储卡，因此平台整体花费相对较高。

② 开发难度略高，对开发者计算机系统、编程知识的要求相对 Arduino 更高。

4．pcDuino

pcDuino 平台由武汉联思普瑞公司的刘靖峰博士及其研发团队开发。最新的 V3 系列包含三款主板，均采用一颗全志 A20 ARM Cortex A7 架构，主频为 1GHz 的双核 CPU，1GB RAM，4GB ROM，同时支持 microSD 和 SATA 接口。系列三款主板中性能指标最高的 V3+型支持 WiFi 和千兆有线网络。该平台最大的特点是能够把开源软件 Linux 和硬件 Arduino 生态链整合起来，一方面全面支持 Arduino 的扩展板和针脚接口；另一方面支持多种编程语言。如该平台支持 Cloud 9 云编程工具，开发者可无须在本机部署开发环境，直接使用 Cloud 9 云编程工具结合 pcDuino 板载的 WiFi 功能无线访问、控制主板。该平台还支持麻省理工开发的专门面向儿童的简易开源编程工具 Scratch。Scratch 的命令和参数通过积木形状的模块来实现，即使学习者不认识英文单词，不会使用键盘，也能通过鼠标拖动模块"拼接"程序，这就使得 pcDuino 也同 Arduino 一样具有极低的门槛，适合更低年龄段的创客教育实践。

pcDuino 的优势：

① 性能强大，双核 A7 1GHz CPU 处理性能胜过 Arduino、BeagleBoard 和树莓派，由于配备 SATA 接口，可连接大容量存储设备，再加上本身集成无线网络，整体性能接近 PC。

② 兼容性好，完全兼容 Arduino Uno 扩展板（Shield）接口与代码，兼容大量 PC 外接设备。

③ 支持的开发语言更丰富。

pcDuino 的缺点：

① 价格高，几乎是所有主板里最贵的。

② 体积大，性能最强的 V3+版本不适宜小型项目制品的开发。

③ 功耗略高，用在电池供电并需要长时间续航（如无人机、四轴飞行器等）的项目制品上无优势。

5．Edison

Edison 由 Intel 中国研究院开发，于 2014 年 9 月 Intel 信息技术峰会（Intel Developer

Forum）上正式发布，是一枚只有 SD 卡般大小的开发板，内含一颗 22nm 500MHz Silvermount 架构的 Atom 双核 CPU 和一颗 100MHz Quark MCU，同时集成 WiFi 和蓝牙 4.0，板载 1GB RAM，集成 4GB eMMC Flash，还有个 70 针的接口，可以外接 USB、SD、UARTs、GPIOs 等，定价约 50 美元。

Edison 的优势：

① 体积小，SD 卡般的大小给创客项目开发带来无限可能，尤其是用于开发可穿戴设备。

② 集成无线网络，集成 WiFi 和蓝牙给开发者带来很大的便利，而 Arduino、树莓派、BeagleBoard 等如需相关功能则要外接设备，较 Edison 体积进一步增大。

③ 处理性能强大，虽主频仅有 500MHz，但由于是采用 Silvermount 架构的 Atom CPU，因此性能强过现有其他平台 ARM 架构 CPU。

④ Intel 设计，Intel 还为它专门准备了一个应用商店，将来还会增加特别版本对 Wolfram 编程语言的支持。

Edison 的劣势：

① 价格略高。

② 目前用户基数小，由于新出，无论网络社区用户、项目示例、教程等目前都相对匮乏，因此更适合高级开发者。

各平台都有自己的特点，不存在完美的解决方案，实践者可参照各平台的特征根据实际需求选择。而从现有的创客教育实践案例中可以看出，Arduino 是使用最广、最适宜于入门学习的平台。在更高级的或偏重多媒体功能开发的项目中，则可选择 BeagleBoard、树莓派，或性能更高的 PCDuino。三者中，PCDuino 性能最高，兼容性更好，但价格偏高，体积、功耗更大；BeagleBoard 性能强，功耗更低；树莓派平台使用量较大，开发案例多；而 Intel Edison 由于性能体积比的优势，更适于那些对所开发设备的体积有较高要求的学习项目，如可穿戴设备的开发。

9.1.2　积木式开源硬件

开源硬件开发平台均涉及程序设计，即便有 ArduBlock、Scratch 等图形化编程工具的支持，但对学生认知发展水平仍有一定要求，这就使得现有基础教育阶段基于开源硬件的创客教育实践主要集中于初中至高中阶段。而新近出现的积木式开源硬件，则进一步降低了开源硬件开发难度的门槛。如果开源硬件开发平台是创客教育常规的"战术武器"，积木式开源硬件则是创客教育的"秘密武器"。LittleBits 是这一类型开源硬件的典型代表。2009 年 4 月，LittleBits 由阿雅·布黛尔在一次创客展上展出，当即便获得了大量观众的好评。该项目获得了麻省理工媒体实验室创立者《数字化生存》的作者尼古拉斯·尼葛洛庞帝及主管伊藤穰一的资金支持。2011 年 LittleBits 被纽约当代艺术馆作为永久展品收藏。LittleBits 就像是电子版的乐高积木，与乐高的卡扣不同，LittleBits 模块间采用磁性吸附。用户可以用模块化的电子器件拼接成各种物件。目前 LittleBits 拥有超过 60 种不同的模块，包括电动机、各类传感器等。创客们可以借此制造出可靠好用的电路系统，最新的 CloudBit 模块甚至可以将电路连接至互联网，从而扩展了 LittleBits 的创意空间。创客们可以通过移动设备远程控制电路或接收反馈信息，构造如智能家居等的项目。LittleBits 对电路知识的要求几乎为零，不需要编程、焊接等工序。按照设计创客们几分钟内就可构建出想要的作品，如吉他、自行车、机器人等。创客们会把好的创意项目共享在 Github 或官网的开源社区上。官网 bitsLab 专区则更能体现开源硬件协作创新的理念，创客们将自己设计的电路模块设计方案上传到该专区，如获得 1000 以上用户的支持，LittleBits 就会生产该模块，设计者从中可以获得荣誉甚至是奖金。LittleBits 宣称为 8 岁以上的所有人设计，但在其官网的教育案例专区中也有很多更低年龄的创客教育实践案例可供参考。

9.2　3D 打印微型硬币清分机设计与研发

1. 产品研发意义

货币在人类社会中扮演着一种不可缺少的角色，人们利用它从事各种生活与工作上的活动。货币中的硬币是组成货币的重要部分，例如公交车、食堂、商店等地方每天都会收入大量硬币。由于硬币本身的材料与加工特点使得硬币的清点非常麻烦，人工清点费时费力，为了解决这个问题，特研发一种工作效率高、工作可靠性好、适合多种环境下工作的微型硬币清分机。

2. 设计调研

市面上出现了很多硬币清分装置，用于将不同币值的硬币分开。主要有漏缝式、振动式等，但此类清分机工作效率低、错误率高，放入大量硬币时机器易出现故障。如图 9-1、图 9-2 所示的微型清分机，清分数量少、效率低、容易出现卡币现象。如图 9-3 所示的振动筛式清分机，该机结构复杂，且体型笨重，制造成本高。

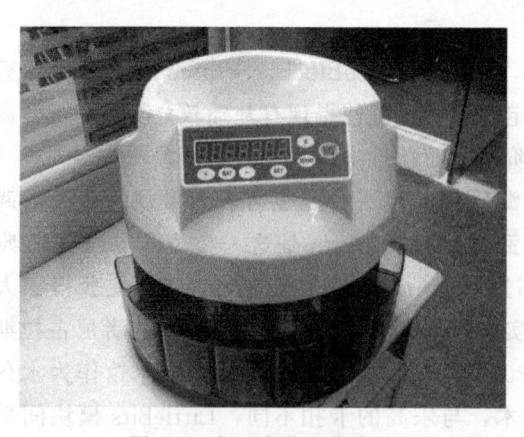

图 9-1　离心式微型清分机　　　　图 9-2　振动式微型清分机

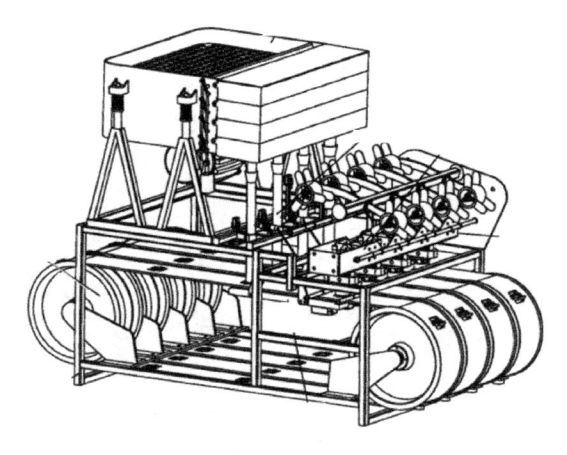

图 9-3　振动筛式清分机

3. 创意构思

微型硬币清分机漏斗初始设计为普通漏斗，考虑堵塞问题故未采用。最终方案采用搅动式四通道漏斗，增大钱币清分量，如图 9-4 所示。

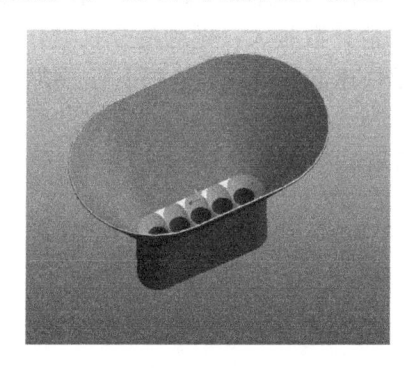

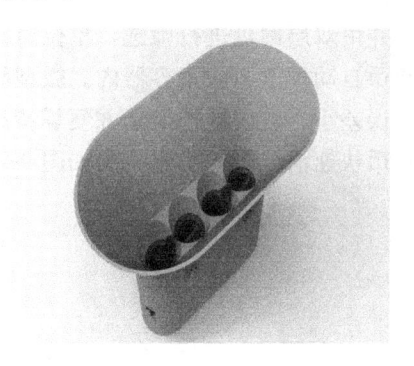

图 9-4　漏斗设计方案

联动式漏币管创新设计如图 9-5 所示，联动旋转式的漏币管可以有效解决漏币管里的硬币不平放的问题，使硬币整齐堆叠在一起。漏斗出口有搅动片，能有效解决硬币堵塞出口的问题。

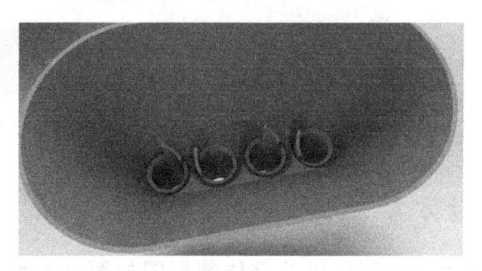

图 9-5　联动式漏币管创新设计方案

刮币圆孔设有两个直径，如图 9-6 所示，方便不同的硬币在运动时固定。本产品的主要零部件全部采用 FDM3D 打印机自主制作。

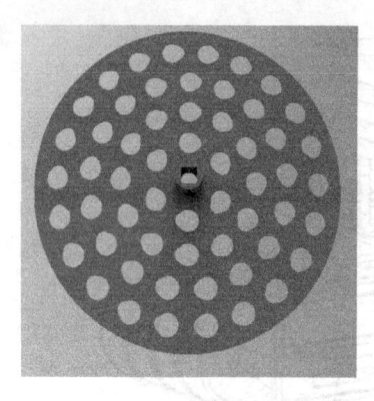

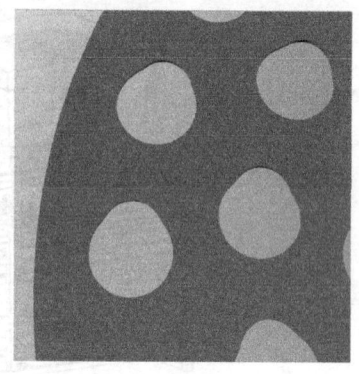

图 9-6 双直径刮币圆孔创新设计

微型硬币快速清分机主要部分为：容器架，安装于容器架上的传动装置、整理装置、清分装置、收集分类装置、电动机和料斗，传动装置位于容器架上部，整理装置、清分装置安装于传动装置上，料斗装配于整理装置上端，料斗的出口与整理装置的进口对接，整理装置的出口与清分装置的进口对接，清分装置的出口与收集分类装置的进口对接，能够自动清分不同规格硬币并达到清分、出币不间断。使用时将硬币倒入料斗内，通过内层齿管搅动整理并由双层圆盘进行筛选，单位时间内清分数量大，做到清分收集分类一体化。清分后的硬币自动掉落于收集容器内。微型硬币快速清分机具有体积小巧、结构紧凑、清分效率高、误差小、使用维护简单方便等特点。

微型硬币快速清分机的构思草图如图 9-7 所示。

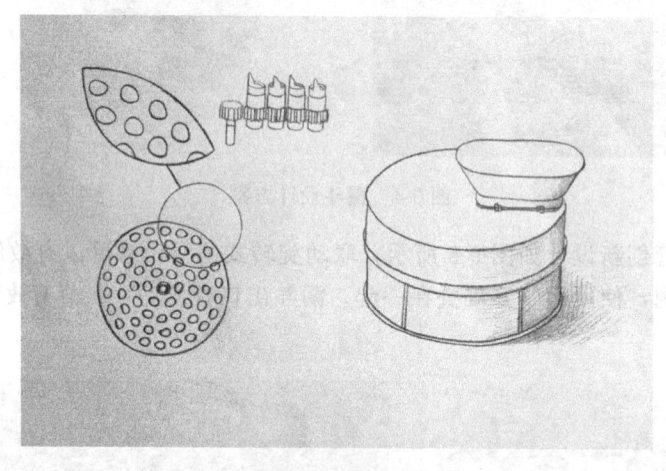

图 9-7 产品构思草图

4. 设计方案

微型硬币快速清分机的整体装配图如图 9-8 所示，整体爆炸图如图 9-9 所示，整理装置结构如图 9-10 所示。清分装置结构如图 9-11 所示。刮币圆盘结构如图 9-12 所示。刮币圆盘的局部放大图如图 9-13 所示。筛币圆盘结构如图 9-14 所示。收集分类装置结构如图 9-15 所示。收集分类装置装配如图 9-16 所示。传动装置结构如图 9-17 所示。

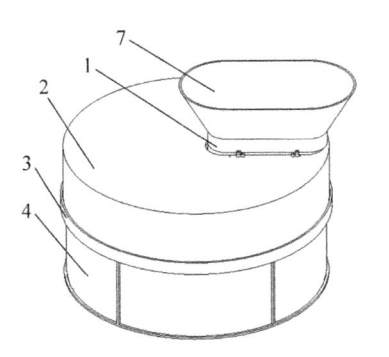

1—整理装置；2—清分装置；3—容器架；4—收集分类装置；7—料斗

图 9-8　微型硬币快速清分机的整体装配图

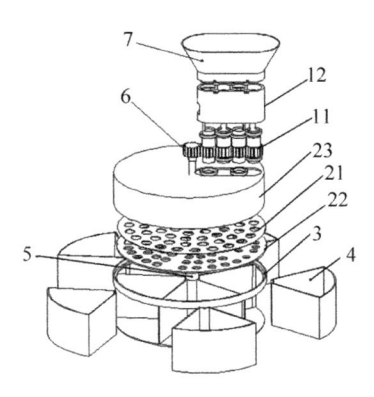

3—容器架；4—收集分类装置；5—电机；6—传动装置；7—料斗；11—内层齿管组件；12—罩壳；21—刮币圆盘；22—筛币圆盘；23—圆盖

图 9-9　微型硬币快速清分机的整体爆炸图

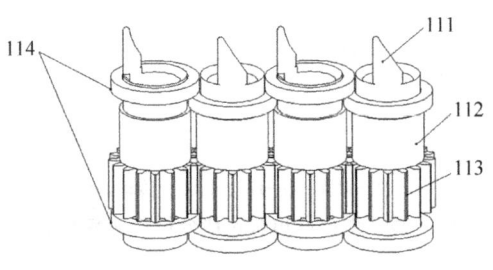

111—搅拌片；112—内层齿管；113—传动齿；114—薄壁滚珠轴承

图 9-10　微型硬币快速清分机整理装置结构

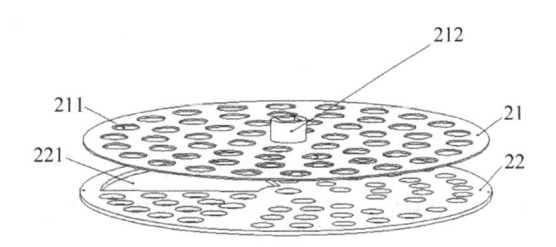

21—刮币圆盘；22—筛币圆盘；211—刮币通孔；212—柱状凸起；221—圆形孔

图 9-11　微型硬币快速清分机清分装置结构

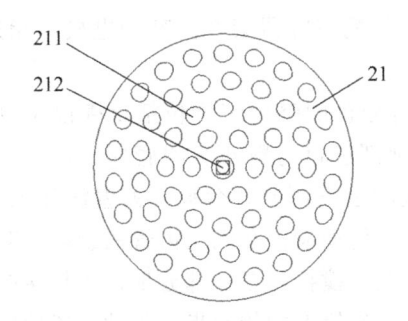

21—刮币圆盘；211—刮币通孔；212—柱状凸起

图 9-12　微型硬币快速清分机刮币圆盘结构

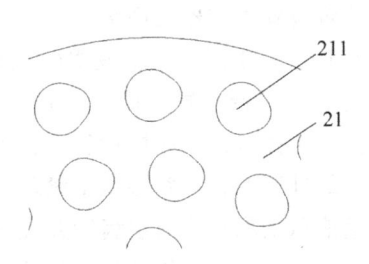

21—刮币圆盘；211—刮币通孔

图 9-13　微型硬币快速清分机刮币圆盘的局部放大图

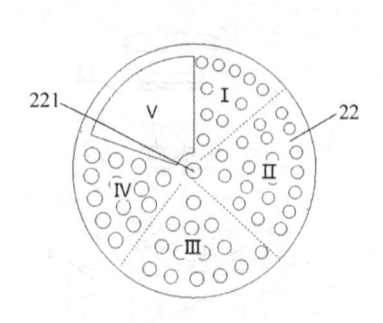

22—筛币圆盘；221—圆形孔

图 9-14 微型硬币快速清分机筛币圆盘结构

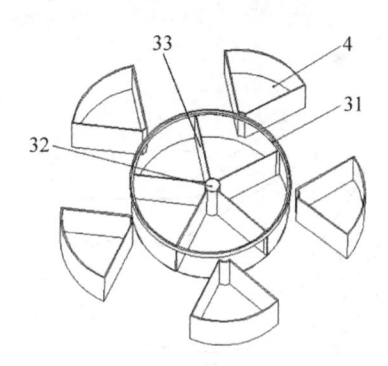

4—收集分类装置；31—上边框；32—空心柱状体；
33—隔板

图 9-15 微型硬币快速清分机收集分类装置结构

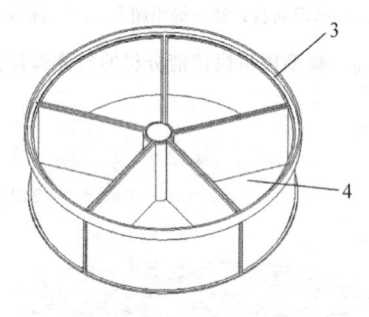

3—容器架；4—收集分类装置

图 9-16 微型硬币快速清分机收集分类装置装配

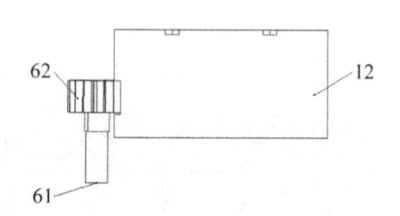

12—罩壳 61—传动轴 62—传动齿轮

图 9-17 微型硬币快速清分机传动装置结构

本产品的具体设计方案如下：

如图 9-9、9-10 所示，微型硬币快速清分机，包括容器架以及安装在容器架上的整理装置、清分装置、收集分类装置、传动装置、电机和料斗。传动装置位于容器架上部，整理装置、清分装置安装于传动装置上，料斗装配于整理装置上端，料斗的底部出口与整理装置的顶部进口对接，整理装置 1 的底部出口与清分装置的顶部进口对接，清分装置的底部出口与收集分类装置的顶部进口对接，传动装置与装配在容器架 3 内部的电机 5 相连，收集分类装置设置于容器架内部。

如图 9-10、9-11 所示，本发明的微型硬币快速清分机的整理装置包括罩壳以及设置于罩壳中的若干平行设置的内层齿管组件，罩壳的顶部进口与料斗 7 的底部出口固定连接，内层齿管组件包括一内层齿管，在内层齿管外壁的上下两端各套设一薄壁滚珠轴承，在内层齿管的外壁上、下两端薄壁滚珠轴承之间套设一传动齿，在内层齿管的顶端带有搅拌片，薄壁滚珠轴承套住内层齿管并配合安装在罩壳上，搅拌片至少部分地伸入料斗的底部出口，各内层齿管上的传动齿相互啮合，至少一内层齿管上的传动齿与传动装置的传动轴顶端的传动齿轮啮合。通过内层齿管的搅拌片搅动硬币使硬币落入内层齿管内部，再由内层齿管的旋转整平硬币的堆叠，堆叠整齐后进入清分装置，其中整理装置 1 与清分装置连接间隔小于小于一枚最薄硬币的厚度。

如图 9-10、9-18 所示，传动装置 6 包括传动轴 61 和传动齿轮 62，传动齿轮 62 设置在传动轴 61 的顶端，传动轴 61 的底部与设置在容器架 3 内部的电机 5 相连，至少一内层齿管 112 上的传动齿 113 与传动齿轮 62 啮合。

如图 9-12 至 9-15 所示，本发明的微型硬币快速清分机的清分装置包括刮币圆盘、筛币圆盘。刮币圆盘固定套设在传动轴上，筛币圆盘固定于容器架的上边框上，刮币圆盘和筛币圆盘同心层叠。刮币圆盘的中心设有柱状凸起，柱状凸起用于连接传动轴，筛币圆盘中心带有圆形孔，圆形孔的孔径大于传动轴的外径，用于传动轴的伸出。筛币圆盘包括四个分区硬币筛分区Ⅰ、Ⅱ、Ⅲ、Ⅳ和一个保险区Ⅴ，每个硬币筛分区的筛分圆孔的直径不同，分别对应四种不同面额的硬币直径，四个硬币筛分区Ⅰ、Ⅱ、Ⅲ、Ⅳ按刮币圆盘旋转方向筛分圆孔的直径由小到大排列，保险区Ⅴ为设置在筛币圆盘上的一段扇形槽，用于让没有筛分出的硬币落入指定区域。刮币圆盘上设有若干大小形状相同的刮币通孔，每个刮币通孔由两个直径不一的圆孔重叠而成，其中，两个圆孔的直径分别对应最大硬币的直径和最小硬币的直径，两圆孔中心均在刮币圆盘的同一圆周上，以刮币圆盘的旋转方向为前，大小两圆孔的排列方向为大圆孔在前，小圆孔在后。硬币由整理装置落入刮币圆盘的刮币通孔中，在摩擦力的作用下会驱使硬币向刮币通孔后面的小圆孔靠，当靠到刮币通孔的狭窄处时被夹住，以此达到固定硬币的作用。硬币由刮币圆盘带动依次经过筛币圆盘的五个分区，当硬币经过大小合适的筛币圆孔时，就会掉落，由此完成清分，硬币清分后落入收集分类装置。

如图 9-16、9-17 所示，本发明的微型硬币快速清分机的收集整理装置 4 包括多个收集盒，每个收集盒对应筛币圆盘的一个分区。容器架中心有空心柱状体，用于安放电机，柱状体周围为用以容纳收集盒的框架。收集盒的容积不一，用于配合柱状体以固定电机，容器架内部设置若干隔板，将容器架分为若干部分，用于容纳各收集盒。硬币由清分装置出口掉出后落入收集盒内。

5. 三维建模

基于 Pro/Engineer 进行 3D 打印微型硬币清分机每一个零部件的三维建模，以及装配建模，3D 装配模型如图 9-18 所示。

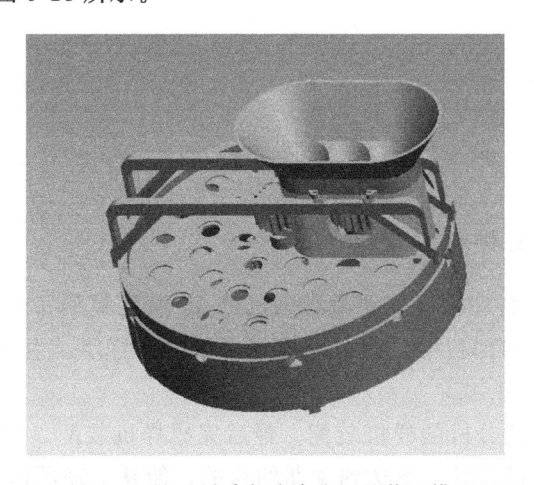

图 9-18 微型硬币自动清分机的装配模型

6. 控制系统设计

微型硬币自动清分机的控制系列采用开源软件 Arduino 进行自动控制，通过 Arduino 单片机控制板控制步进电动机的转速。具体的 Arduino 程序如下：

```
#include  Servo.h
#include  IRremote.h
Servo myservo;
int dirPin = 8;
int stepperPin = 7;
void setup()
{
  pinMode(dirPin,OUTPUT);
  pinMode(stepperPin,OUTPUT);
}
void step(boolean dir,int steps)
{
  digitalWrite(dirPin,0);
  delay(0);
  for(int i = 0;i  steps;i++)
  {
    digitalWrite(stepperPin,HIGH);
    delayMicroseconds(1000);
    digitalWrite(stepperPin,LOW);
    delayMicroseconds(1000);
  }
}
void loop(){
  step(true,1600);
  //delay(0);
  //step(false,0);
  //delay(0);
}
```

7. 3D 打印制作及样机测试

在 Pro/Engineer 软件中将微型硬币清分机的 3D 装配模型每个零件的 STL 格式文件导出，在 HOFI X1 3D 打印机中，逐个完成每个零件的打印，主要零件的打印如图 9-19 所示。

然后进行微型硬币清分机的样机装配。最后完成样机装配，如图 9-20 所示。经过后期样机测试表明，该产品设计方案达到预期的目的，能够实现国内各类硬币的自动清分，为后面开发金属材料的微型硬币清分机奠定了坚实的基础。

(a)　　　　　　　　　　　　　　(b)

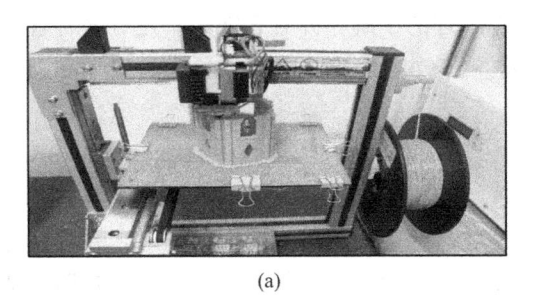

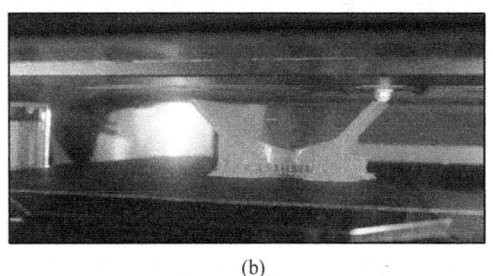

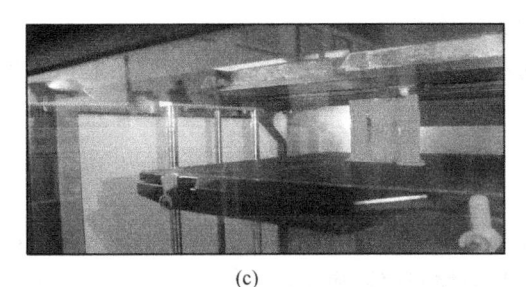

(c)　　　　　　　　　　　　　　(d)

图 9-19　3D 打印制作微型硬币自动清分机零件

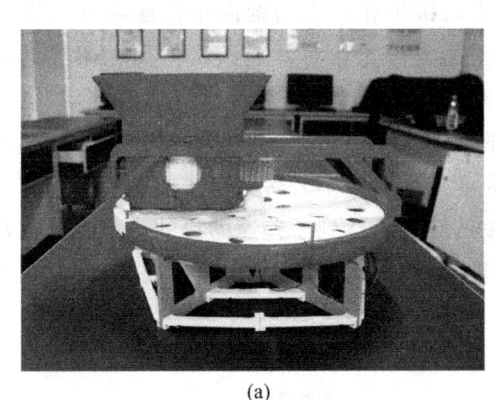

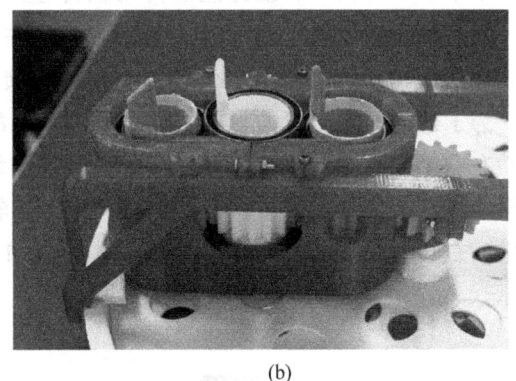

(a)　　　　　　　　　　　　　　(b)

图 9-20　微型硬币自动清分机的样机模型

9.3　差速器智能演示小车的设计与研发

差速器工作原理的演示需要一款智能演示小车，使学生感性认识差速器机构的抽象理论知识，同时将最新的 3D 打印技术、机构原理和智能控制的学习有机地结合在一起，有效地提高学生的学习兴趣和培养学生的创新精神。首先，对差速器进行设计计算，使用三维软件 Solidworks 进行三维造型；然后根据设计造型后的差速器进行小车尺寸的三维造型；最后采用最新的开源软件用于小车智能控制，对于小车中主要零部件加工采用 3D 打印制作，小车制作全过程团队互相配合。在机械原理、机械设计等课程中使用差速器智能演示小车进行教学，可以加深学生对差速器工作原理的了解，并且智能小车还有多种智能控制模块，小车的主要零部件采用 3D 打印制作，有效地激发学生自主学习的兴趣和强烈的求知欲望。

1. 研发背景及意义

差速器是汽车驱动桥的主件，它的作用就是在向两边半轴传递动力的同时，允许两边半轴以不同的转速旋转，满足两边车轮尽可能以纯滚动的形式不等距行驶，减少轮胎与地面的摩擦。差速器教具在机械、汽车、材料类等专业应用广泛。差速器是典型的机械传动机构，但是由于结构复杂，学生难以理解差速器的工作原理，差速器中行星齿轮的自转以及行星齿轮的公转难以在传统的差速器模型中真实体现。

本设计可更好地展示差速器的原理，同时将自动控制运用在小车上，实现了差速器的动感化。

2. 产品方案设计

差速器智能演示小车演示时主要表现三部分，第一部分为差速器的工作原理演示，第二部分为小车转弯功能演示，第三部分为小车智能控制模块演示。

（1）差速器机构工作原理

小车直线行驶时，动力经过传动轴传递给主动锥齿轮，主动锥齿轮传递给从动锥齿轮，同时从动锥齿轮与差速齿箱固定，使得左差速锥齿轮和右差速锥齿轮具有相等的转速，行星齿轮则绕差速齿轮公转。小车向左转弯时，使得左车轮与右车轮的转弯半径不同，为了达到顺利转弯的目的，必须使右车轮的转速大于左车轮的转速，差速器的作用就是使左右半轴的转速不一样，转弯时，行星锥齿轮产生自转不公转，使得两边的差速锥齿轮转向不同，导致右半轴获得的转速大于左半轴的转速，达到了差速的目的，使小车正常左转，右转弯即与其相反。差速器总装图如图 9-21 所示，差速器爆炸视图如图 9-22 所示。

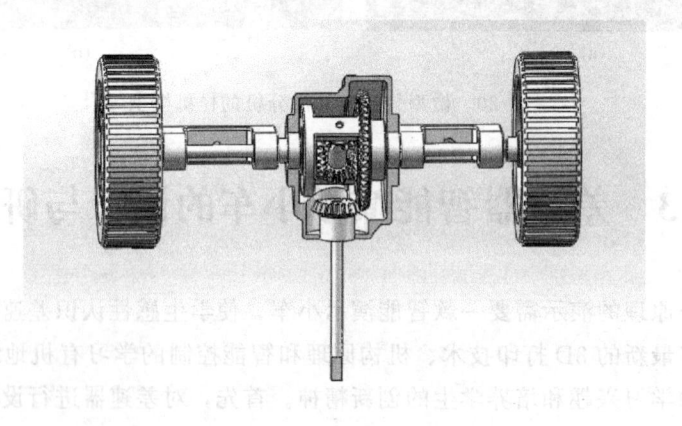

图 9-21　差速器机构总装图

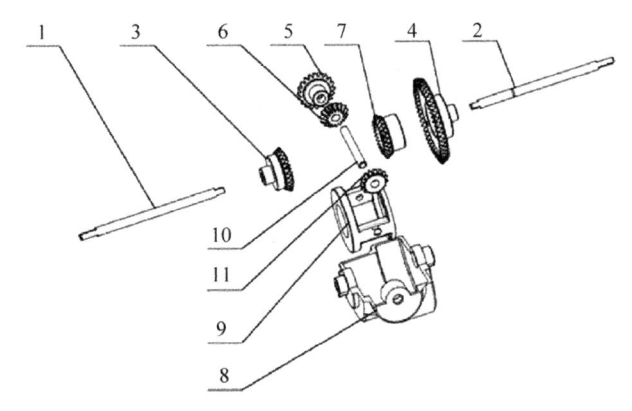

1—左半轴；2—右半轴；3—左差速锥齿轮；4—从动锥齿轮；5—主动锥齿轮；
6—行星锥齿轮1；7—右差速锥齿轮；8—差速外壳；9—齿轮架；10—字轴；
11—行星锥齿轮2

图 9-22　差速器机构爆炸视图

(2) 转弯机构工作原理

小车转弯主要是通过智能控制，分别为红外线遥控控制其转弯、遇到障碍物时通过避障自动转弯、红外线感应控制其自动转弯。当红外线遥控控制其左转时，舵机旋转 40°，连杆使得导向杆向左旋转 40°，带动导向杆转动，带动左右导向体带动车轮向左转动 40°，红外线遥控控制其向右转向时，使得车轮向右转动 40°。避障感应转弯、红外线感应寻迹转弯与红外线遥控转弯工作原理相同。小车转弯总装图如图 9-23 所示，转弯机构爆炸视图如图 9-24 所示。

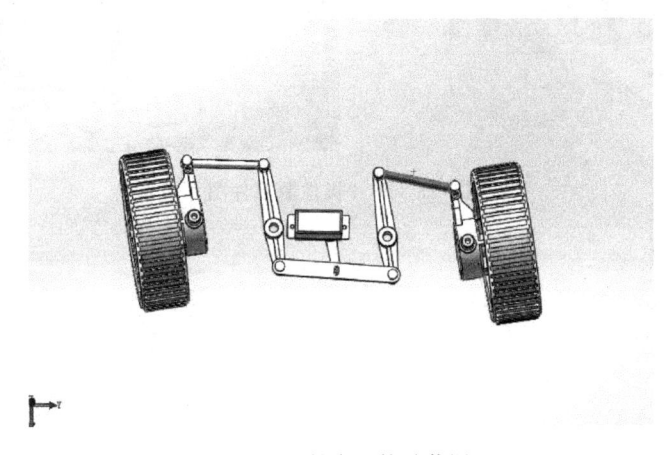

图 9-23　转弯机构总装图

(3) 智能控制系统工作原理

演示小车的智能控制采用开源软件 Arduino 进行，如图 9-25 所示。小车的主要控制模块为红外线感应、红外线寻迹、红外线避障，主要功能为小车遇障自动转弯、小车自动轨迹行走、小车红外线控制转弯。

演示小车红外线遥控转弯控制模块：小车通过红外遥控向左右转弯，这时候差速器开始工作，红外线遥控控制转弯的程序见 Arduino 程序 1。

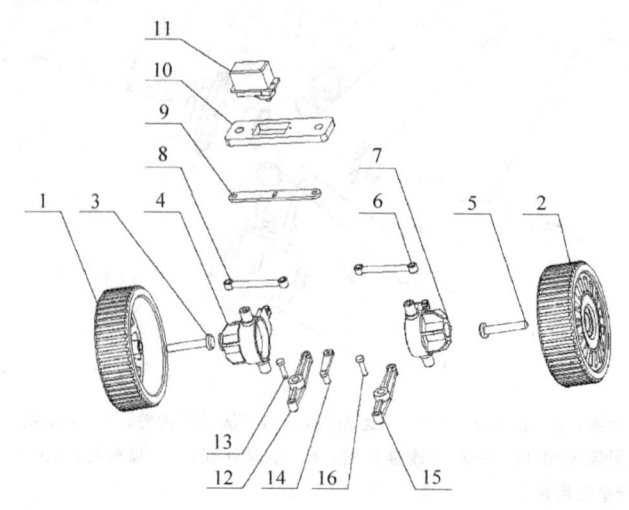

1—前车轮1；2—前车轮2；3—螺钉；4—导向件；5—螺钉；6—套筒01；7—导向件；8—套筒；9—连接杆；10—舵机安装板；11—舵机；12—导向杆1；13—螺钉；14—转臂；15—导向杆；16—螺钉

图 9-24 转弯机构爆炸视图

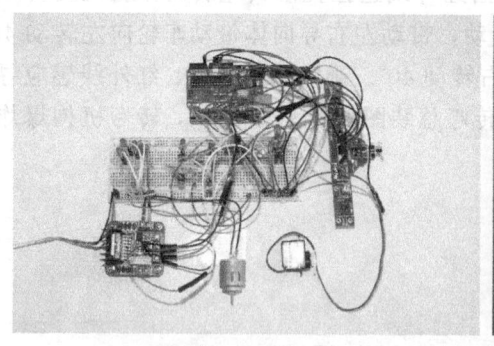

图 9-25 单片机控制部件图

Arduino 程序 1

```
#include  Servo.h
#include  IRremote.h
Servo myservo;
int pos = 0;
int PND =  6;
int val = 0;
int i;
IRrecv irrecv(PND);
decode_results PNG;
void setup()
{
        myservo.attach(9);
        myservo.write(90);
    Serial.begin(9600);
```

```
    irrecv.enableIRIn();
    pinMode(10,OUTPUT);
        pinMode(11,OUTPUT);
        pinMode(12,OUTPUT);
        pinMode(13,OUTPUT);
        pinMode(5,OUTPUT);
        pinMode(3,OUTPUT);
        pinMode(2,OUTPUT);
        pinMode(8,INPUT);
}
void loop()
{
     if (irrecv.decode(&PNG))
        {
     if(PNG.value == 0xFF18E7) //2
                {
                    digitalWrite(2,HIGH);
    digitalWrite(10,HIGH);
                    digitalWrite(11,LOW);
                    digitalWrite(12,HIGH);
                    digitalWrite(13,LOW);
        }
            else if(PNG.value == 0xFF4AB5) //8
            {
                digitalWrite(2,HIGH);
                digitalWrite(10,LOW);
                digitalWrite(11,HIGH);
                digitalWrite(12,LOW);
                digitalWrite(13,HIGH);
            }
            else if(PNG.value == 0xFF10EF) //4
                {myservo.write(130); {digitalWrite(3,LOW);digitalWrite(5,HIGH);}delay
(50);digitalWrite(3,HIGH);digitalWrite(5,HIGH);}
            else if(PNG.value == 0xFF5AA5) //6
                {myservo.write(50); {digitalWrite(5,LOW);digitalWrite(3,HIGH);}delay
(50);digitalWrite(3,HIGH);digitalWrite(5,HIGH);}
            else if(PNG.value == 0xFF38C7){myservo.write(90);}
            else if(PNG.value == 0xFFA25D) //POW
            {
              digitalWrite(12,HIGH);
              digitalWrite(13,HIGH);
              digitalWrite(10,LOW);
              digitalWrite(11,LOW);
              digitalWrite(2,LOW);
            }
             irrecv.resume();
            }
}
```

小车红外线自动感应寻迹模块：小车按照黑线寻迹，感应到黑线行走，黑线有曲线时进行转弯，这时差速器开始工作，小车红外线自动寻迹（黑色）程序见 Arduino 程序 2。

Arduino 程序 2

```
#include Servo.h
Servo myservo;
int pos;
int val3;
int val2;
int val4;
int i;
void setup()
{
        myservo.attach(9);
        myservo.write(90);
        pinMode(8,INPUT);
        pinMode(4,INPUT); //ss2/val2
        pinMode(1,OUTPUT);
        pinMode(7,INPUT); Z/ss4/val4
        pinMode(10,OUTPUT);
        pinMode(11,OUTPUT);
        pinMode(2,OUTPUT);
for(i=1;i 4;i++){digitalWrite(2,HIGH);delay(1000);digitalWrite(2,LOW);}
}
void loop()//Zou hei xian
{
                val2=digitalRead(4);
                val4=digitalRead(7);
                if(val2==HIGH)
                {
                if(val4==HIGH){    digitalWrite(12,HIGH);
digitalWrite(13,HIGH);digitalWrite(2,LOW);digitalWrite(10,LOW);digitalWrite(1,HIGH);} if
(val4==LOW){digitalWrite(12,HIGH);digitalWrite(13,LOW);digitalWrite(2,HIGH);digitalWrite
(10,HIGH);digitalWrite(1,LOW);myservo.write(75);}
                }
                if(val4==HIGH)
                {
                        if(val2==HIGH){digitalWrite(12,HIGH);
digitalWrite(13,HIGH);digitalWrite(2,LOW);digitalWrite(10,LOW);digitalWrite(1,HIGH);} if
(val2==LOW){digitalWrite(12,HIGH);digitalWrite(13,LOW);digitalWrite(2,HIGH);digitalWrite
(10,HIGH);digitalWrite(1,LOW);myservo.write(105);}
                }
                if((val2==LOW)&&(val4==LOW))
                {
                 digitalWrite(1,LOW);
                digitalWrite(2,HIGH);
                digitalWrite(12,HIGH);
                digitalWrite(13,LOW);
                digitalWrite(10,HIGH);
                myservo.write(90);
                }
```

小车红外线遇障自动转弯模块：小车红外线感应到障碍物时，小车转弯，这个时候差速器开始工作，小车红外线遇障自动转弯程序见 Arduino 程序 3。

Arduino 程序 3

```
#include  Servo.h
Servo myservo;
int pos = 0;
int val = 0;
void setup()
{
        myservo.attach(9);
        myservo.write(90);
        pinMode(8,INPUT);
}
void loop()
{
                digitalWrite(12,HIGH);
                digitalWrite(13,LOW);
                 val = digitalRead(8);
                if(val == HIGH)
                {digitalWrite(12,LOW);
                digitalWrite(13,HIGH);
                { myservo.write(50);delay(3000); digitalWrite(12,HIGH); digitalWrite(13,LOW);{myservo.write(130); delay(5000); } myservo.write(90); }
                }
                  else
                   myservo.write(90);   }
```

3. 设计计算

驱动小车的减速电动机输出转速为 1.34r/s。

输出额定转矩为 1.6kg/cm。

设计时合理地取差速器从动锥齿轮分度圆直径：50mm。

模数 m：1mm。

齿数 z_1：50。

为详细地演示差速器实际的工作原理，在设计时合理地取小车驱动轮直径为 80mm，在演示时移动速度为 1.5m/s。

计算可得驱动轮转速相应为 0.6r/s。

根据差速器原理可得：

$1.34/0.6 = z_1/z_2$　　（z_2 为主动轮齿数）

$z_2 = 22.3$　　（设计时主锥齿轮的齿数 z_2 取 20）

减速电动机与驱动轮的转速比 = 5/2。

4. 产品三维装配建模

基于 Pro/Engineer 进行 3D 打印差速器智能演示小车每一个零部件的三维建模，以及三维装配建模，3D 装配模型如图 9-26 所示。

图 9-26　3D 装配模型

5. 零部件 3D 打印制作

小车差速器锥齿轮及相关零部件采用 3D 打印机制作，首先采用 Solidworks 进行零件三维建模，然后分别输出 STL 文件，加载到 HOFI X13D 打印机的制作软件中，打印完毕后去除支撑材料。3D 打印机制作的车轮如图 9-27 所示，制作差速器结构如图 9-28 所示。

图 9-27　3D 打印机制作的车轮

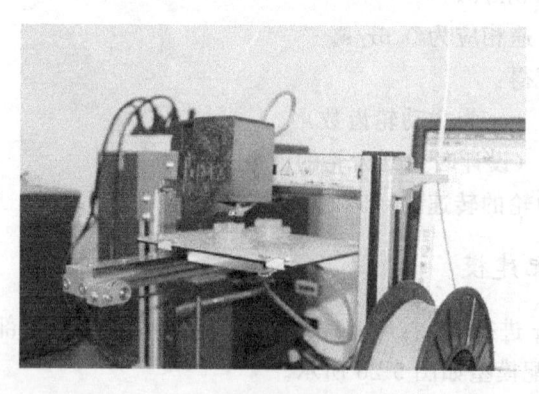

图 9-28　制作差速器结构

6. 实物样机装配测试

如图 9-29 所示，进行智能演示小车的样机装配。

图 9-29　智能演示小车的样机装配

最后完成智能演示小车样机装配，如图 9-30 所示。

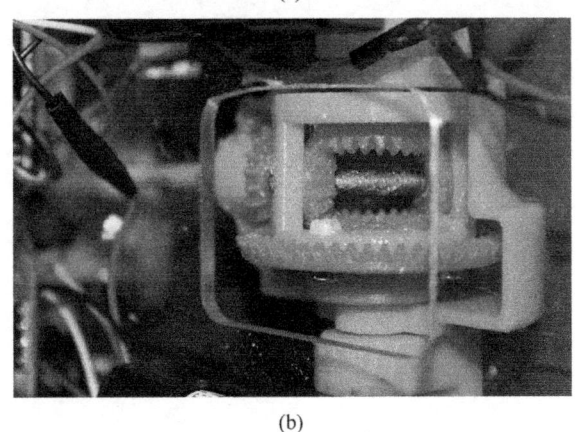

(a)

(b)

图 9-30　作品实物图片

7. 产品功能及特点

对比以前的差速器演示模型，本实验所设计的差速器工作原理智能演示小车具有以下特点。

① 目前差速器模型不能形象地展示差速器的工作原理，学生在理解上有很大的困难。本作品将差速器工作原理的演示与自动控制相结合，形象地向学生展示差速器的工作原理，使学生感性认识本机构涉及的抽象理论知识，小车的智能控制能够吸引学生对差速器工作原理的了解。本作品很好地解决了传统差速器模型所遇到的问题。

② 小车在机械零件的加工方面采用3D打印技术，将最新技术引入教学，并且自主完成小车差速器的装配与小车整体装配，极大提高了学生的自主解决问题和发现问题的能力，也为课堂教学提高了生动感。

③ 小车的自动控制采用最新的开源软件Arduino，将自动控制运用在小车转弯差速器的讲解，真正实现了机电一体化，同时本产品将3D打印技术、机构原理和智能控制的学习有机地结合在一起，可以有效地提高学生的学习兴趣和培养学生的创新精神。

参 考 文 献

[1] 王广春.快速原型技术及其应用[M].北京：化学工业出报社，2006.
[2] 刘伟军.快速成形技术及应用[M].北京：机械工业出版社，2005.
[3] 卢秉恒，李涤尘.增材制造(3D打印)技术发展[J].机械制造与自动化，2013，42(2)，1-4.
[4] 李涤尘，苏秦，卢秉恒，李涤尘.增材制造——创新与创业的利器[J].航空制造技术 2015(10)，40-43.
[5] 王忠宏，李扬帆，张曼茵.中国3D打印产业的现状及发展思路[J].经济纵横，2013(1)，90-93.
[6] 柳建，雷争军，顾海清，李林岐.3D打印行业国内发展现状[J]，制造技术与机床，2015(3)，17-25.
[7] 刘杰.面向快速成形的设备控制、工艺优化及成形仿真研究[D].广州：华南理工大学，2012.
[8] 陈杰.光固化快速成形工艺及成形质量控制措施研究[D].济南：山东大学，2007.
[9] 高金岭.FDM快速成形机温度场及应力场的数值模拟仿真[D].哈尔滨工业大学硕士学位论文，2014.
[10] 黄江.FDM快速成形过程熔体及喷头的研究[D].内蒙古科技大学硕士学位论文，2014.
[11] 倪荣华.熔融沉积快速成形精度研究及其成形过程数值模拟[D].山东大学硕士学位论文，2013.
[12] 杨永强，王迪，吴伟辉.金属零件选区激光熔化直接成形技术研究进展[J].中国激光，2011，38(6)：1-11.
[13] 庞国星.粉末激光烧结快速成形工艺及后处理涂层研究[D].中国矿业大学博士学位论文，2009.
[14] 颜永年，齐海波，林峰，何伟，张浩然，张人佶.三维金属零件的电子束选区熔化成形[J].机械工程学报，2007，43(6)：87-92.
[15] 陈哲源，锁红波，李晋炜.电子束熔丝沉积快速制造成形技术与组织特征[J].制造技术研究，2010(2)：36-39.
[16] 颜永年，林峰，齐海波，张人佶.电子束选区熔化成形技术及在模具中的应用[J].模具加工，2006，(10)：25-28.
[17] 汤慧萍，王建，逯圣路，杨广宇.电子束选区熔化成形技术研究进展[J].中国激光，2015，34(3)：225-233.
[18] 陈鹏.机械CAD/CAM——Pro/Engineer应用实训[M].北京：机械工业出版社，2010.
[19] 陈鹏.Pro/Engineer Wildfire5.0产品设计高级教程[M].北京：北京航空航天大学出版社，2011.
[20] 刘永辉，刘永辉，张玉强，张渠.从快速成形走向直接产品制造——3D打印技术在家电产品设计制造中的应用(上)[J].家电科技，2015，(10)：24-25.
[21] 肖潇.3D打印技术在个性化创意设计中的应用[J].设计艺术研究，2015，5(1)：70-73.
[22] 熊兴福，曲敏，张峰.产品设计中的形态创意[J].包装工程，2005，26(6)：171-173.
[23] 冯金珏.教育机器人的开发与教学实践，[D].上海交通大学硕士学位论文，2012.
[24] 雒亮，祝智庭.开源硬件——撬动创客教育实践的杠杆[J].中国电化教育，2015，(4)：8-14.